2024年版全国一级建造师执业资格考试辅导

民航机场工程管理与实务

全国一级建造师执业资格考试辅导编写委员会 编写

中国建筑工业出版社
中国城市出版社

图书在版编目（CIP）数据

民航机场工程管理与实务章节刷题/全国一级建造
师执业资格考试辅导编写委员会编写．—北京：中国城
市出版社，2024.4
2024年版全国一级建造师执业资格考试辅导
ISBN 978-7-5074-3699-0

Ⅰ.①民… Ⅱ.①全… Ⅲ.①民用机场—建筑工程—
资格考试—习题集 Ⅳ.①TU248.6-44

中国国家版本馆CIP数据核字（2024）第075620号

责任编辑：余　帆
责任校对：芦欣甜

2024年版全国一级建造师执业资格考试辅导

民航机场工程管理与实务章节刷题

全国一级建造师执业资格考试辅导编写委员会　编写

*

中国建筑工业出版社、中国城市出版社出版、发行（北京海淀三里河路9号）

各地新华书店、建筑书店经销

建工社（河北）印刷有限公司印刷

*

开本：787毫米×1092毫米　1/16　印张：$15\frac{1}{4}$　字数：366千字

2024年4月第一版　　2024年4月第一次印刷

定价：**68.00**元（含增值服务）

ISBN 978-7-5074-3699-0

（904716）

如有内容及印装质量问题，请联系本社读者服务中心退换

电话：（010）58337283　QQ：2885381756

（地址：北京海淀三里河路9号中国建筑工业出版社604室　邮政编码：100037）

出 版 说 明

  为了满足广大考生的应试复习需要，便于考生准确理解考试大纲的要求，尽快掌握复习要点，更好地适应考试，根据"一级建造师执业资格考试大纲"（2024 年版）（以下简称"考试大纲"）和"2024 年版全国一级建造师执业资格考试用书"（以下简称"考试用书"），我们组织全国著名院校和企业以及行业协会的有关专家教授编写了"2024 年版全国一级建造师执业资格考试辅导——章节刷题"（以下简称"章节刷题"）。此次出版的章节刷题共 13 册，涵盖所有的综合科目和专业科目，分别为：

- 《建设工程经济章节刷题》
- 《建设工程项目管理章节刷题》
- 《建设工程法规及相关知识章节刷题》
- 《建筑工程管理与实务章节刷题》
- 《公路工程管理与实务章节刷题》
- 《铁路工程管理与实务章节刷题》
- 《民航机场工程管理与实务章节刷题》
- 《港口与航道工程管理与实务章节刷题》
- 《水利水电工程管理与实务章节刷题》
- 《矿业工程管理与实务章节刷题》
- 《机电工程管理与实务章节刷题》
- 《市政公用工程管理与实务章节刷题》
- 《通信与广电工程管理与实务章节刷题》

  《建设工程经济章节刷题》《建设工程项目管理章节刷题》《建设工程法规及相关知识章节刷题》包括单选题和多选题，专业工程管理与实务章节刷题包括单选题、多选题、实务操作和案例分析题。章节刷题中附有参考答案、难点解析、案例分析以及综合测试等。为了帮助应试考生更好地复习备考，我们开设了在线辅导课程，考生可通过中国建筑出版在线网站（wkc.cabplink.com）了解相关信息，参加在线辅导课程学习。

  为了给广大应试考生提供更优质、持续的服务，我社对上述 13 册图书提供网上增值服务，包括在线答疑、在线视频课程、在线测试等内容。

  章节刷题紧扣考试大纲，参考考试用书，全面覆盖所有知识点要求，力求突出重点，解释难点。题型参照考试大纲的要求，力求练习题的难易、大小、长短、宽窄适中。各科目考试时间、分值见下表：

序　号	科目名称	考试时间（小时）	满　分
1	建设工程经济	2	100
2	建设工程项目管理	3	130
3	建设工程法规及相关知识	3	130
4	专业工程管理与实务	4	160

　　本套章节刷题力求在短时间内切实帮助考生理解知识点，掌握难点和重点，提高应试水平及解决实际工作问题的能力。希望这套章节刷题能有效地帮助一级建造师应试人员提高复习效果。本套章节刷题在编写过程中，难免有不妥之处，欢迎广大读者提出批评和建议，以便我们修订再版时完善，使之成为建造师考试人员的好帮手。

中国建筑工业出版社

中国城市出版社

2024 年 2 月

购正版图书　享超值服务

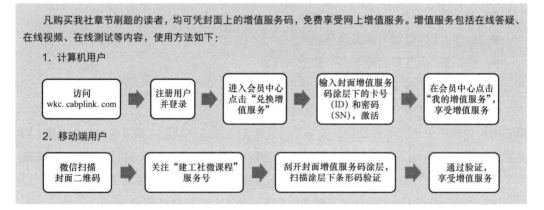

　　凡购买我社章节刷题的读者，均可凭封面上的增值服务码，免费享受网上增值服务。增值服务包括在线答疑、在线视频、在线测试等内容，使用方法如下：

1. 计算机用户

访问 wkc.cabplink.com ➡ 注册用户并登录 ➡ 进入会员中心点击"兑换增值服务" ➡ 输入封面增值服务码涂层下的卡号（ID）和密码（SN），激活 ➡ 在会员中心点击"我的增值服务"，享受增值服务

2. 移动端用户

微信扫描封面二维码 ➡ 关注"建工社微课程"服务号 ➡ 刮开封面增值服务码涂层，扫描涂层下条形码验证 ➡ 通过验证，享受增值服务

　　读者如果对图书中的内容有疑问或问题，可关注微信公众号【建造师应试与执业】，与图书编辑团队直接交流。

建造师应试与执业

目　　录

第1篇　民航机场工程技术

第1章　民航机场的功能及构成

1.1　民航机场工程总体

复习要点

微信扫一扫
在线做题＋答疑

1．民航机场的功能

（1）航空运输。民航机场是航空运输系统的关键组成部分，用于接收和发送乘客、货物和邮件，提供了飞机起降、停靠、维护和供应的基础设施，以便安全、高效地运营航班。

（2）旅客服务。民航机场提供旅客服务，包括：办理登机手续、行李托运、安全检查、候机室、餐饮和购物等设施，旨在提供舒适和便捷的旅行体验。

（3）货物运输。除了乘客运输，民航机场还提供货物运输服务，通常设有货运终端，用于处理和运输货物，包括：货运飞机的起降和货物仓储。

（4）紧急救援。民航机场在紧急情况下扮演着重要角色，提供灭火、救援和医疗服务，通常有应急服务队伍和设备，以处理各种意外事件。

（5）维护和维修。民航机场通常有维护和维修设施，用于飞机的例行维护、修理和保养，有助于确保飞机的安全和运行效率。

（6）航空管理。民航机场的空中交通管制塔台协调和监督着飞机的起降，以确保航班的安全和有序进行，机场与航空公司和其他相关机构合作，以协调航班计划和航线。

（7）经济贡献。民航机场通常对周边地区的经济产生重要影响，机场创造了就业机会，吸引了旅游业和商业投资，促进了地区的经济增长。

2．民航机场的组成

机场按功能划分主要由飞行区、航站区、工作区、进出机场的交通系统等组成。还可将民航机场分为空侧和陆侧两部分。空侧是机场内的飞机活动区、与其连通的场地和建筑物，为航空安全保卫需实施通行管制和检查的隔离区域。陆侧是机场内空侧以外的区域。

3．总图工程

机场总图（Airport Master Plan）是一份详细的规划文档，用于指导民用机场的长期发展和管理。机场总图是一个动态的文件，通常需要定期更新以反映新的需求、技术和法规，是确保机场能够在未来继续有效运营的关键工具，同时也有助于确保机场发展与社区和环境的和谐共存。

4．机场净空

1）障碍物限制面

机场净空限制面包括了与飞行程序、飞机性能、助航灯光、规划控制等相关的障碍物限制面。为保障飞机起降安全和机场安全运行，防止由于机场周围障碍物增多而使机场无法使用，国际民航组织在《国际民用航空公约》附件14《机场》中规定了几个主要障碍物限制面，以限制机场及其周围地区障碍物的高度。

2）障碍物限制要求

跑道一端或两端同时作为飞机起飞和降落使用时，障碍物限制高度应按较严格的要求进行控制；内水平面、锥形面与进近面相重叠部分，障碍物限制高度应按较严格的要求进行控制；当一个机场有几条跑道时，应分别确定每条跑道的障碍物限制范围，其相互重叠部分应按较严格的要求进行控制。不同类型跑道应设的障碍物限制面、障碍物限制面的尺寸和坡度各不相同。

在机场障碍物限制范围内超过起飞爬升面、进近面、过渡面、锥形面以及内水平面的现有物体应予拆除或搬迁，除非该物体被另一现有不能搬迁的障碍物所遮蔽，或经过航行研究后确定该物体不致有害飞行安全或严重地影响飞机的正常运行，该物体应按规定设置障碍灯和（或）标志。新物体或现有物体进行扩建的高度不应超出起飞爬升面、进近面、过渡面、锥形面以及内水平面，除非该物体被另一现有不能搬迁的障碍物所遮蔽。

5．机场环境的基本要求

1）航空噪声

现行标准根据机场周围区域各类城乡用地的噪声敏感性差异，将机场周围区域土地利用类型分为两类。

一类区域：特殊住宅区；居住、文教区，噪声标准值应小于等于70dB。

二类区域：除一类区域以外的生活区，噪声标准值应小于等于75dB。

2）电磁环境保护

各类民用航空地面无线电台站的设置地点，应当符合保证飞行安全的需要，并满足所用设备的技术要求。民用航空各类无线电业务均属于安全业务，不应受到有害干扰，必须予以保护。

3）鸟类活动控制

机场飞行区内生态环境治理应当至少包括：

（1）机场飞行区、围界、通道口和排水沟的出口能防止影响飞行安全的动物侵入飞行区。

（2）及时对草地、树木进行灭虫处理。

（3）及时驱赶、捕捉或者清除老鼠、兔子等哺乳动物。

（4）及时清除影响飞行安全的鸟巢。

（5）尽可能减少地表水，及时排除水坑、洼地内的积水，定期清理排水沟，避免昆虫和水生物滋生。

（6）禁止种植农作物和吸引鸟类和其他动物的植物、进行各类养殖活动、设置露天垃圾场和垃圾分拣场。

一 单项选择题

1. 以下（   ）不属于民航机场的主要功能。
    A. 旅客服务   B. 经济贡献
    C. 政治需要   D. 维护和维修

2. 进出机场的交通系统通常为（   ），指由城市通向机场的道路系统。
    A. 水上交通   B. 轻轨
    C. 地铁   D. 公路

3. 机场总图是一个动态的文件，涵盖了许多方面，以下（   ）不是机场总图通常包含的内容。
    A. 背景和概述   B. 旅客和货物需求分析
    C. 安全和安保   D. 文化考虑

4. 复飞面的界限应包括（   ）和 1 条外边。
    A. 1 条内边、1 条侧边   B. 1 条内边、2 条侧边
    C. 2 条内边、1 条侧边   D. 2 条内边、2 条侧边

5. 除由于其功能需要应设置在（   ）上的易折物体外，所有固定物体不应超出内进近面、内过渡面或复飞面。
    A. 升降带   B. 净空道
    C. 滑行带   D. 机坪

6. 根据机场周围区域各类城乡用地的噪声敏感性差异，将机场周围区域土地利用类型分为两类。一类区域噪声标准值应小于等于（   ）dB。
    A. 65   B. 70
    C. 75   D. 80

二 多项选择题

1. 机场按功能划分主要由（   ）组成。
    A. 货运区   B. 飞行区
    C. 航站区   D. 进出机场的交通系统
    E. 工作区

2. 航站区由（   ）等组成。
    A. 航站楼   B. 站坪
    C. 交通设施   D. 货机坪
    E. 滑行道

3. 飞行区规划包括（   ）等内容。
    A. 跑道构型规划   B. 站坪规划
    C. 滑行道规划   D. 飞行区交通设施规划
    E. 货机坪规划

4. 以下跑道中，（ ）应设内进近面。

    A. 非仪表跑道   B. 非精密进近跑道

    C. Ⅰ类精密进近跑道   D. Ⅱ类精密进近跑道

    E. Ⅲ类精密进近跑道

5. 以下（ ）属于机场周围区域土地利用类型中的一类区域。

    A. 商业区   B. 工业区

    C. 特殊住宅区   D. 居住区

    E. 文教区

6. 机场飞行区内生态环境治理应当至少包括（ ）等。

    A. 不定期清理排水沟，避免昆虫和水生物滋生

    B. 禁止种植农作物和吸引鸟类和其他动物的植物

    C. 及时对草地进行灭虫处理，树木无需进行灭虫处理

    D. 及时驱赶、捕捉或者清除老鼠、兔子等哺乳动物

    E. 及时清除影响飞行安全的鸟巢

【答案与解析】

一、单项选择题（有答案解析的题号前加 *，全书同）

1. C;　　*2. D;　　*3. D;　　4. B;　　5. A;　　6. B

【解析】

2.【答案】D

进出机场的交通系统指由城市通向机场的道路系统，通常为公路，有时也会有轨道交通（地铁、轻轨、磁悬浮等）和水上交通。

3.【答案】D

机场总图涵盖了许多方面，通常包含的内容有：① 背景和概述；② 规划的目标和原则；③ 旅客和货物需求分析；④ 设施规划；⑤ 地面交通和交通规划；⑥ 环境影响评估；⑦ 财务规划；⑧ 安全和安保；⑨ 社区关系和公众参与；⑩ 时间表和实施计划。

二、多项选择题

1. B、C、D、E;　　2. A、B、C;　　3. A、C、D;　　4. C、D、E

*5. C、D、E;　　　*6. B、D、E

【解析】

5.【答案】C、D、E

一类区域：特殊住宅区；居住、文教区；二类区域：除一类区域以外的生活区。

6.【答案】B、D、E

机场飞行区内生态环境治理应当至少包括：机场飞行区、围界、通道口和排水沟的出口能防止影响飞行安全的动物侵入飞行区；及时对草地、树木进行灭虫处理；及时驱赶、捕捉或者清除老鼠、兔子等哺乳动物；及时清除影响飞行安全的鸟巢；尽可能减少地表水，及时排除水坑、洼地内的积水，定期清理排水沟，避免昆虫和水生物滋生；

禁止种植农作物和吸引鸟类和其他动物的植物、进行各类养殖活动、设置露天垃圾场和垃圾分拣场。

1.2　运输机场的分类及功能

复习要点

1．运输机场的分类

1）按进出机场的航线性质划分

依照《运输机场总体规划规范》MH/T 5002—2020 的规定，运输机场按航线性质分为国际机场和国内机场。

2）按机场规划年旅客吞吐量规模划分

依照《运输机场总体规划规范》MH/T 5002—2020 的规定，机场按规划年旅客吞吐量规模分为超大型机场、大型机场、中型机场、小型机场。

3）按跑道导航和助航设施等级划分

（1）非仪表跑道——飞机用目视进近程序飞行的跑道，代字为 V。

（2）仪表跑道——供飞机用仪表进近程序飞行的跑道。

① 非精密进近跑道，代字为 NP。

② 精密进近跑道分为：Ⅰ类精密进近跑道，代字为 CAT Ⅰ；Ⅱ类精密进近跑道，代字为 CAT Ⅱ；Ⅲ类精密进近跑道，又根据对目视助航设备的需要程度分为 A、B、C 三类，分别以 CAT Ⅲ A、CAT Ⅲ B、CAT Ⅲ C 为代字。

4）按安全保卫的等级划分

5）按救援和消防的等级划分

2．飞行区的组成及功能

民用机场飞行区是供飞机起飞、着陆、滑行和停放使用的场地。一般包括：跑道、滑行道、机坪、升降带、跑道端安全区，以及仪表着陆系统、进近灯光系统等所在的区域。

活动区指飞行区内供航空器起飞、着陆、滑行和停放使用的部分，由机动区和机坪组成。机动区是飞行区内供航空器起飞、着陆和滑行的部分；机坪是机场内供航空器上下旅客、装卸邮件或货物、加油、停放或维修等使用的一块划定区域。

3．航站区的组成及功能

航站区（旅客航站区）是机场航站楼及其配套的站坪、交通、服务等设施所在的区域，是机场的一个重要功能区。站坪是指航站楼附近供客运航班上下旅客、装卸货物、加油、停放的机坪。机场航站区规模决定于机场规划目标年的年旅客吞吐量。根据《运输机场总体规划规范》MH/T 5002—2020，航站区指标按机场规划目标年的年旅客吞吐量划分为 7 个等级。

航站区具有下列三项基本功能：陆侧和空侧的转换；办理手续；不同交通模式的转换。

4.其他主要功能区

运输机场除飞行区、航站区外，还有其他主要功能区，如货运区、机务维修区、工作区等。

一 单项选择题

1. 依照《运输机场总体规划规范》MH/T 5002—2020，运输机场的安全保卫等级与（   ）有关。

　　A．年旅客吞吐量　　　　　　　　B．使用该机场的飞机机身尺寸

　　C．该机场的飞行区指标Ⅰ　　　　D．该机场的航线性质

2. 若使用某跑道的各类飞机中最长的基准飞行场地长度为1300m，则对应的飞行区指标Ⅰ为（   ）。

　　A．1　　　　　　　　　　　　　　B．2

　　C．3　　　　　　　　　　　　　　D．4

3. 某机场的跑道磁方向角为169°/349°，则（   ）为其南偏东端跑道号码。

　　A．35　　　　　　　　　　　　　 B．17

　　C．16　　　　　　　　　　　　　 D．34

4. 以下滑行道中，（   ）是联系航站区与进、出口滑行道的主干滑行道。

　　A．机位滑行通道　　　　　　　　B．穿越滑行道

　　C．进口滑行道　　　　　　　　　D．平行滑行道

5. 机场的组成部分中，（   ）是航站区的核心。

　　A．航站楼　　　　　　　　　　　B．登机大厅

　　C．候机区　　　　　　　　　　　D．公共交通系统

6. 若机场机务维修规划等级为航线维护级，则以下（   ）符合其机务维修规划等级。

　　A．可承担飞机一般定检维修并需要入库检修的业务内容

　　B．只承担日检、周检并在机坪进行维护的业务内容

　　C．可承担飞机定检高级别维修、重大改装、特种维修的业务内容

　　D．可承担部分飞机定检高级别维修的业务内容

二 多项选择题

1. 机场的救援和消防级别根据（   ）分类。

　　A．飞机机身全长　　　　　　　　B．最大机身宽度

　　C．年旅客吞吐量　　　　　　　　D．最繁忙连续3个月内的起降架次

　　E．是否开通国际航线和（或）我国港澳台地区航线

2. 飞机起飞着陆区包括（   ）等。

　　A．跑道　　　　　　　　　　　　B．净空道

　　C．滑行道　　　　　　　　　　　D．防吹坪

　　　E. 机坪
3. 影响跑道长度的因素有很多，其中包括（　　　）等。
　　A. 预定使用该跑道的飞机（特别是要求最高的那种机型）的性能
　　B. 飞机起降时的速度
　　C. 机场海拔高度
　　D. 气象条件，主要是机场基准温度和风的状况
　　E. 跑道条件，如纵坡坡度、表面状况
4. 航站区的主要功能包括（　　　）等。
　　A. 保障航空器的安全　　　　　B. 陆侧和空侧的转换
　　C. 处理航班的到达、出发和转运　D. 办理手续
　　E. 不同交通模式的转换
5. 航站区的主要组成部分包括（　　　）等。
　　A. 候机区　　　　　　　　　B. 货机坪
　　C. 行李系统　　　　　　　　D. 升降带
　　E. 安全和海关控制点
6. 货运区通常包括（　　　）等。
　　A. 货物存储区　　　　　　　B. 海关和边检设施
　　C. 货物运输通道　　　　　　D. 行李系统
　　E. 货运航班坪位

【答案与解析】

一、单项选择题
1. A；　2. C；　*3. A；　4. D；　5. A；　*6. B
【解析】
3.【答案】A
跑道方位一般以跑道磁方向角度表示，由北顺时针转动为正。跑道号码标志（跑道方位识别号码）由两位数字组成。将跑道着陆方向的磁方向角度除以 10，而后四舍五入，即得到这个两位数。若同一方向有两条平行跑道，则在每个跑道号码标志数字后面（或下面）必须增加一个英文字母；所加字母为从着陆方向看去自左至右的顺序。如两条跑道则为"L"（Left）、"R"（Right）。

6.【答案】B
机场机务维修规划等级划分为：① 航线维护级——只承担日检、周检并在机坪进行维护的业务内容；② 定检维修级——可承担飞机一般定检维修并需要入库检修的业务内容；③ 基地维修级——可承担飞机定检高级别维修、重大改装、特种维修的业务内容。

二、多项选择题
1. A、B、D；　　　*2. A、B、D；　　　3. A、C、D、E；　　4. B、D、E；
*5. A、C、E；　　　6. A、B、C、E

【解析】

2.【答案】A、B、D

起飞着陆区是活动区内供航空器起飞或着陆用的部分，是飞行区的最重要组成部分，由跑道、道肩、跑道掉头坪、防吹坪、升降带、跑道端安全区以及可能设置的停止道与净空道等组成，又称为起降运行区。

5.【答案】A、C、E

航站区通常包括以下主要组成部分和布局元素：航站楼、登机口和登机桥、候机区、旅客服务设施（如：商店和免税店、餐厅和咖啡馆）、信息柜台和显示屏、行李系统、安全和海关控制点、租车服务和出租车站、公共交通系统和其他设施。升降带属于飞行区，货机坪属于货运区，不属于航站区的组成部分。

第 2 章　飞行区场道工程技术

2.1　飞行区场道工程内容及特点

复习要点

微信扫一扫
在线做题 + 答疑

1. 飞行区场道工程的组成和功能

飞行区场道工程主要包括：岩土工程、道面工程、排水工程、桥梁及涵隧工程、附属设施工程。

岩土工程和道面工程共同形成平整、坚实的场地供飞机及服务车辆行驶。岩土工程通过地质勘测、岩土测试和地下水位分析，确定适合建设的地点和工程地质条件。通过地基处理、土石方填筑、地下排水系统建设等，提高地基的承载能力，为在其上铺筑的道面工程提供长期稳定的支撑。对于机场飞行区，岩土工程需要通过合理的地势设计达到飞行区道面高程相对平坦的目的。道面工程通过合理的结构组合以及适宜的材料设计，铺筑具有能够满足飞机高速滑跑要求的道面，道面应具有足够的结构承载能力以及良好的平整度和抗滑性能。

飞行区排水工程通过道面坡度、排水管道、集水设施和排水设备等确保地表水通过排水系统迅速排水飞行区之外，避免 / 减轻飞行区积水情况。飞行区桥梁及涵隧工程用于跨越道路、铁路、水体和其他障碍物，使得飞机、车辆和行人能够安全、高效地穿越各种障碍物。围界是飞行区的边界墙或栅栏，用于确保机场的安全，防止未经授权的人员和车辆进入飞行区域，以确保机场的安全性。

2. 场道工程的特点

1）岩土工程特点

飞行区岩土工程一般具有地形起伏较大、地质条件复杂、土石方材料多样且工程量巨大等特点，以及由此带来的场地稳定、地基与填筑体沉降和差异沉降、高边坡稳定等方面的问题。飞行区高填方工程是一个由土方、石方或土石混合体共同构成的不同部位承载着不同功能的"三面一体"的系统，这个系统的工程形态主要由"基底面""临空面""交接面"和"填筑体"四个要素构成，平衡并控制好"三面一体"，即解决了这个系统的主要工程技术问题。

2）道面工程特点

机场道面用于满足飞机起降和滑行的需要。与公路路面相比，机场道面强度要求更高，道面平整度要求更高，道面抗滑性能要求更高，道面平面和纵断面线形更加缓和，对于道面表面破损的情况更加敏感。道面施工和维护过程中，需要充分考虑助航灯光系统（灯具和电缆）施工的影响；道面纵坡坡度很小，地表水主要通过道面坡度形成的径流进行排水，因此道面高程的设计与公路路面有较大差异。

3）排水工程特点

机场飞行区排水工程与公路排水工程有一些明显的不同特点：排水建设标准更高，排水构筑物需要更高的承载能力，排水系统布置更加完善，便于施工和抢修。

4）飞行区桥梁工程特点

飞机荷载桥梁在荷载作用、结构形式、运行需求等方面有其自身特点。我国机场滑行道桥特点如下：

（1）主跨：9～39.5m。

（2）总宽：44～81m。

（3）飞机荷载：C类、E类或F类飞机。

（4）结构形式：钢筋混凝土、预应力混凝土结构，钢结构。

5）飞行区涵隧工程的特点

飞行区下穿通道主要供飞行区服务车辆使用，有时与飞行区管廊、捷运通道合并设置。由于飞行区地面服务车辆在几何尺寸、行驶性能等方面存在较大特殊性，且下穿通道需要承受飞机荷载的作用，与一般市政下穿通道相比，其在道路几何设计、结构设计、管线综合等方面，必须充分考虑民航专业工程方面的设计标准及对不停航施工的特殊要求。

一　单项选择题

1. 围界工程主要发挥飞行区与航站区及周边地区的（　　　）作用。

 A. 连接   B. 协调

 C. 隔离   D. 围绕

2. 以下（　　　）不是机场道面的特点。

 A. 强度要求更高

 B. 抗滑性能要求更高

 C. 对于道面表面破损的情况更加敏感

 D. 纵坡坡度更大

3. 穿越道面的排水结构物一般采用（　　　）结构。

 A. 普通水泥混凝土   B. 钢筋混凝土

 C. 浆砌块石   D. 钢筋网

二　多项选择题

1. 飞行区场道工程包括（　　　）等。

 A. 土石方工程   B. 填海工程

 C. 地基处理工程   D. 消防管网工程

 E. 围界工程

2. "三面一体"包括（　　　）和填筑体。

 A. 基底面   B. 过渡面

 C. 临空面   D. 交接面

 E. 交界面

3. 排水工程具有的特点有（　　）等。

  A．排水建设标准更高　 B．排水构筑物需要更高的承载能力

  C．排水线路较短　 D．排水构筑物种类少

  E．排水系统布置更加完善

【答案与解析】

一、单项选择题

1．C； 2．D； *3．B

【解析】

3．【答案】B

穿越道面的排水结构物要选用整体性好、不易漏水的结构形式，一般采用钢筋混凝土结构。在工程地质条件不良的地区，道面附近或穿越道面的排水结构物不宜采用浆砌块石砌筑。

二、多项选择题

1．A、C、D、E； 2．A、C、D；   *3．A、B、E

【解析】

3．【答案】A、B、E

以下是机场飞行区排水工程的主要特点：排水建设标准更高，排水构筑物需要更高的承载能力，排水系统布置更加完善，便于施工和抢修。

2.2　飞行区岩土工程

复习要点

1. 岩土工程技术要求

飞行区岩土工程应满足场地分区建（构）筑物对地形、标高、坡度、填料及强度等要求；应结合自然地形，减少土石方数量，宜做到挖填平衡，就近调配，并减少对生态环境的不良影响；平整后的场地地势应有利于排水和防洪，并与周边的道路等设施相衔接，高程尚应考虑与远期规划区的衔接。民航机场岩土工程设计指标应包括：地基沉降变形指标、边坡稳定性指标、地基设计控制指标以及其他特性指标。机场岩土工程应根据不同的位置采用不同的技术标准。

2. 飞行区不良地质作用

飞行区存在不良地质作用时，应在查明其成因、规模、稳定状况及发展趋势的基础上，遵循因地制宜、防治结合、力求根治的原则，根据技术、经济、工期和环境影响等进行方案比选。飞行区不良地质作用场地地基处理方案所需参数，宜通过原位测试、地球物理勘探以及室内试验等确定。

1）岩溶处理方法

（1）地表岩溶处理方法：对岩溶漏斗、岩溶洼地和地面塌陷，可根据所处场地分

区和充填物厚度，采用相应能级填石强夯处理或换填处理；对落水洞可填充并采取反滤措施，必要时可在洞口采用盖板跨越；对石芽、石笋宜剔除一定深度，用砂、土夹石作为褥垫层；对溶槽宜挖除软弱土，回填砂石。

（2）隐伏溶洞处理方法：隐伏溶洞应结合场地分区、荷载情况、填挖方分区及其填挖高度对岩溶充填物或顶板厚度影响、填料性质等工程实际，判别其对地基稳定性的影响。

2）滑坡处理

可能或已经发生的滑坡，应采取下列处理措施：

（1）排水。应设置地表截、排水沟以防止地表水浸入滑坡地段，必要时尚应采取防渗措施。地下水影响较大时，应根据地质条件设置地下排水工程。

（2）支挡。根据滑坡推力的大小、方向及作用点，可选用抗滑挡墙、抗滑桩、预应力锚索（杆）等抗滑结构。抗滑挡墙的基底及抗滑桩的桩端应埋置于滑动面以下的稳定土（岩）层中，并验算墙（桩）顶以上的土（岩）体从墙（桩）顶滑出的可能性。

（3）卸载。在保证卸载区上方及两侧岩土稳定的情况下，可在滑体主动区卸载，不得在滑体被动区卸载。

（4）反压。在滑体的阻滑区段可增加竖向荷载以提高滑体的阻滑安全系数。

3）液化处理

对于地基中的可液化土层，应根据具体情况和规范的规定，选择下列抗液化或减轻液化危害的处理措施：

（1）采用非液化土置换浅层可液化土层时，置换回填土的压实度应符合考试用书的相关规定。

（2）采用人工加密土层措施处理时，可根据处理深度选择振动碾压法、冲击碾压法、强夯法、挤密法等。

（3）可采用减弱地震液化因素的方法，如增加上覆非液化土层厚度等。

3. 飞行区特殊性岩土

1）软弱土处理

（1）对渗透性好或采取措施可降低含水率的地基，宜采用重锤夯实、强夯、冲击碾压、振动压实等机械压（夯）实浅层处理方法，处理有效深度宜通过现场试验确定。

（2）对较厚淤泥和淤泥质土地基，宜采用预压排水固结处理方法，预压荷载宜大于设计荷载，预压时间应根据排水通道设置、预压荷载大小及地基固结情况等综合确定，并应考虑预压荷载和堆载速率对堆载效果、场地稳定和周围建筑物的影响。

（3）当地基处理需设置垫层或采用换填法时，垫层或换填材料应采用性能稳定、无侵蚀性的材料，如中砂、粗砂、砾砂、角（圆）砾、碎（卵）石、矿渣、灰土、轻质材料等。

（4）局部软弱土层以及暗塘、暗浜、暗沟等可采用换填、复合地基或其他方法处理。

2）湿陷性黄土处理

湿陷性黄土应采用以地基处理为主的综合治理方法。湿陷性黄土地基处理方法有：冲击碾压法、换填垫层法、强夯法、挤密法和其他方法。

3）膨胀土处理

飞行区膨胀土地基处理应根据场地地势设计和场地平整情况划分为挖方地基处理、填方地基处理和边坡防护加固处理，应考虑场区经填挖方等土方作业之后的地下水重分布因素，以防水、保湿、防风化为主。挖方、填方地基处理应分别考虑。

4）盐渍土处理

飞行区道面影响区和填方边坡稳定影响区盐渍土地基处理应符合下列要求：

（1）清除表层的植被、盐壳、腐殖质土、强盐渍土和超强盐渍土。

（2）过湿地段应排除积水，挖除表层湿土后换填碎石、砾石、砂等粗颗粒土，粗颗粒土含盐量应小于 0.3%。

（3）填方区道基顶面高出地面、地下水位或地表长期积水位的最小高度，应不低于规定的值。挖方区地基换填厚度应结合地基盐胀和冻胀深度综合确定，应不小于 1.0m。

（4）受地表水或地下毛细水影响的道基可设置隔断层，隔断层设计应根据当地材料、道基填方高度及水文地质情况，并进行技术经济比较后确定。隔断层可采用砂、砾石和隔水复合土工膜，应高出地面和地表长期积水位，并延伸到飞行区土面区一定范围。

5）冻土处理

冻土地区机场建设应注意环境保护，减轻对地表植被的破坏，做好地表和内部排水系统。

（1）季节冻土场地抗冻措施应采用防水排水、道基填料选取及提高压实标准等。

（2）多年冻土场地地基应根据冻土的类型及年平均气温，采用保护、不保护或破坏的原则处理。

6）填土处理

（1）素填土、冲填土、由建筑垃圾或性能稳定的工业废料组成的杂填土可作地基土，由有机质含量较高的生活垃圾和对建（构）筑物有腐蚀性的工业废料组成的杂填土，不得作为地基土。

（2）填土地基处理应符合下列要求：

① 换填法可用于处理填土厚度不大、填土成分不适合作地基土的填土地基。

② 分层压实法、振动碾压法和冲击碾压法可用于处理填土厚度不大、填土成分可作地基土的填土地基。

③ 强夯法可用于处理填土厚度较大、填土成分可作地基土的填土地基。

（3）填土地基大面积处理前宜进行现场地基处理试验，以验证选用地基处理方法的有效性，优化地基处理设计参数。

4．边坡支护

边坡支护形式有坡率法、重力式挡墙、扶壁式挡墙、悬臂式挡墙、桩板式挡墙、板肋式或格构式锚杆挡墙、排桩式锚杆挡墙、抗滑桩、加筋土、岩石喷锚等多种。在高填方边坡设计时，应优先采用坡率法或重力式挡墙。采用坡率法时宜充分利用有利地形或设置反压平台等稳固坡脚，边坡支挡可采用衡重式或仰斜式的重力式挡墙、加筋土挡墙、悬臂式桩板挡墙、扶壁式挡墙等形式。

一　单项选择题

1．暴雨或连续降雨条件下，填筑体稳定安全系数应为（　　　）。
　　A．1.10～1.20　　　　　　　　B．1.30～1.35
　　C．1.02～1.05　　　　　　　　D．1.35～1.40

2．以下（　　　）是水对可溶性岩石（碳酸盐岩、石膏、岩盐等）进行以化学溶蚀作用为主，流水的冲蚀、潜蚀和崩塌等机械作用为辅的地质作用，以及由这些作用所产生的现象的总称。
　　A．岩溶　　　　　　　　　　　B．水土流失
　　C．危岩　　　　　　　　　　　D．水溶

3．飞行区土面区为挖方时，对设计顶面开挖出露的岩石，宜超挖并回填满足植被生长的填土，超挖厚度（　　　）mm。
　　A．不宜大于300　　　　　　　B．不宜大于200
　　C．不宜小于300　　　　　　　D．不宜小于200

4．土石方填方工程中，以下（　　　）不得使用。
　　A．碎石土　　　　　　　　　　B．砂土
　　C．淤泥　　　　　　　　　　　D．细砂

5．在高填方边坡支护设计时，应优先采用（　　　）的支护形式。
　　A．坡率法或重力式挡墙　　　　B．扶壁式或悬臂式挡墙
　　C．桩板式挡墙　　　　　　　　D．板肋式或格构式锚杆挡墙

6．填筑体排水层的厚度不宜小于（　　　）层填筑碾压层厚。
　　A．1　　　　　　　　　　　　B．2
　　C．3　　　　　　　　　　　　D．4

7．坡脚排水、坡顶排水沟底纵坡坡度和马道排水沟底纵坡坡度分别应不小于（　　　）。
　　A．0.5%，0.1%　　　　　　　B．0.1%，0.3%
　　C．0.5%，0.3%　　　　　　　D．0.1%，0.5%

8．岩土工程监测时，遇变形速率增大、暴雨、地震及其他意外情况，应（　　　）。
　　A．立即停止监测　　　　　　　B．暂停监测并等待处理
　　C．立即监测并加密监测频率　　D．立即监测并降低监测频率

二　多项选择题

1．当飞行区存在不良地质作用时，应遵循（　　　）的原则。
　　A．因地制宜　　　　　　　　　B．防治结合
　　C．力求根治　　　　　　　　　D．预防为主
　　E．治理为辅

2．以下（　　　）属于飞行区特殊岩土。
　　A．软弱土　　　　　　　　　　B．膨胀土

C．盐渍土　　　　　　　　D．冻土

E．砂砾土

3．由（　　）组成的杂填土可作为地基土。

A．素填土　　　　　　　　B．冲填土

C．有机质含量较高的生活垃圾　D．建筑垃圾

E．性能稳定的工业废料

4．湿陷性黄土的处理措施有（　　）。

A．换填垫层法　　　　　　B．CGF 桩

C．冲击碾压法　　　　　　D．强夯法

E．掺加石灰和粉煤灰

5．土方开挖施工应符合（　　）等要求。

A．不得乱挖超挖，条件允许时可掏底开挖

B．填料应分类开挖、分类使用

C．土方开挖至接近设计高程时，应对高程加强测量检查

D．应采取临时排水措施，确保开挖作业面、地面不积水

E．土方开挖应自下而上进行

6．下列（　　）属于边坡的工程防护。

A．砌石　　　　　　　　　B．混凝土框架

C．栽植灌木　　　　　　　D．铺草皮

E．水泥混凝土预制块

7．边坡排水应满足（　　）等要求。

A．坡面排水设施可采用竖向和横向排水沟

B．边坡坡脚排水沟的出水口应结合地形设置，将水排引至场内排水设施

C．坡顶汇水宜通过边坡排水

D．边坡排水结构可采用砌石结构、混凝土结构等

E．坡顶汇水宜排入场外排水系统，不宜排入场内排水系统

8．对于填方边坡高于 8m 的软土地基监测，（　　）是应做项目。

A．表面垂直位移　　　　　B．表面水平位移

C．内部垂直位移　　　　　D．内部水平位移

E．孔隙水压力

【答案与解析】

一、单项选择题

1．A；　　2．A；　　3．D；　　*4．C；　　5．A；　　6．A；　　7．D；　　8．C

【解析】

4．【答案】C

土石方填方工程中，应优先选用碎石土、砂土等粗粒土作为填料，不得使用不良填料，如泥炭、淤泥、植物土、生活垃圾、冻土以及液限大于 50%、塑性指数大于 26

的细粒土等。当采用细砂、粉砂作填料时，应考虑振动液化的影响。

二、多项选择题

1．A、B、C；　　　2．A、B、C、D；　*3．A、B、D、E；　*4．A、C、D；

*5．B、C、D；　　*6．A、B、E；　　7．A、D；　　8．A、B、D

【解析】

3．【答案】A、B、D、E

素填土、冲填土及由建筑垃圾或性能稳定的工业废料组成的杂填土可作地基土，由有机质含量较高的生活垃圾和对建（构）筑物有腐蚀性的工业废料组成的杂填土，不得作为地基土。

4．【答案】A、C、D

湿陷性黄土地基处理可按表2.2-1选择，可采用一种或多种方法相结合。

表2.2-1　不同的地基处理方法

处理方法	适用范围	处理厚度（m）
冲击碾压法	地下水位以上	0～1.4
换填垫层法	地下水位以上	1～3
强夯法	地下水位以上，饱和度 $S_r \leqslant 60\%$ 的湿陷性黄土	3～7
挤密法	地下水位以上，饱和度 $S_r \leqslant 65\%$ 的湿陷性黄土	5～15
其他方法	需试验验证	

5．【答案】B、C、D

土方开挖施工应符合下列规定：填料应分类开挖、分类使用，不得混杂堆放或填筑；开挖如遇特殊性土或暗坑、暗穴等不良地质作用，应按设计要求进行处理，设计文件无处理要求时应报建设单位、监理单位和设计单位确定处理方案；土方开挖应自上而下进行，不得乱挖超挖，不得掏底开挖；应采取临时排水措施，确保开挖作业面、地面不积水；土方开挖至接近设计高程时，应对高程加强测量检查，并根据土质情况预留压（夯）实沉降量，不得超挖；开挖，应尽快进行道床施工；如不能及时进行道床施工，宜在设计道床标高以上预留厚度不小于300mm的保护层。

6．【答案】A、B、E

植物防护宜与边坡绿化相结合，可采用种草或喷播植草、铺草皮、栽植灌木等形式。工程防护可采用砌石、混凝土框架、水泥混凝土预制块等形式，高寒地区宜采用混凝土框架。土工格室、土工网、土工网垫等土工合成材料也可用于工程防护。

2.3　飞行区道面工程

复习要点

1．机场道面的基本要求

机场道面的最基本要求是耐久、平整和抗滑。耐久性是指道面具有足够长的使用寿命，要求道面结构具有足够的荷载影响与环境影响适应能力；抗滑性是对道面表面特性的要求，是道面安全保证的前提；平整性是为了保证道面的行驶舒适性——机场道面由于飞机行驶速度快，平整性要求更高。由于机场道面维护工作对于机场正常运行的影响很大且机场运行安全要求很高，因此，更加耐久、更加平整和更持久抗滑性能是民航机场道面设计、施工与运维管养的目标。

（1）道面的结构性要求：道面的结构承载能力不仅应该满足一次荷载作用下道面结构不出现极限破坏（断裂），还要求在长期、反复的荷载与环境共同作用下不出现疲劳破坏。

（2）道面的功能性要求：平整、抗滑等。

2．基层（垫层）工程

1）水泥混凝土道面的基层

水泥混凝土面层具有较大的刚性和承载能力，不需要设置以承重为目的的基层，水泥混凝土道面基层（垫层）的主要功能是：

（1）防止或者减轻唧泥和错台现象。

（2）有助于减少或控制道基不均匀冻胀或不均匀变形对于混凝土面层的不利影响。

（3）为面层施工提供稳定而坚实的工作面。

2）沥青混凝土道面的基层

沥青混凝土道面的基层是承载沥青混凝土面层传递下来的荷载，并进一步向下扩散的主要结构层，主要作用包括：

（1）进一步扩散来自沥青混凝土面层荷载，减小垫层和道基所承受的竖向应力（应变）。

（2）减小沥青混凝土面层和道基（垫层）之间的模量比，以减小沥青混凝土面层底面的弯拉应变和应力，延长沥青混凝土面层的疲劳寿命。

（3）减少道基不均匀变形或不均匀冻胀对沥青混凝土面层的不利影响。

（4）为沥青混凝土面层施工提供稳定的行驶面和工作面。

3）基层的施工工序

道面基础的材料不同，施工方法也不尽相同。无机结合料稳定类基层厂拌法施工工序：混合料拌合、摊铺、碾压、养护。级配碎石基础施工工序：拌合、运输、摊铺、压实。

3．水泥混凝土面层工程

1）施工准备

设置拌合站、材料及设备检查、基层检查与整修。

2）模板制作与安装

模板应选用钢材制作。在弯道部位、异形板部位可采用木模。

3）混凝土拌合及运输

混凝土拌合物应采用双卧轴强制式搅拌机进行拌合。搅拌机装料顺序宜为细集料、水泥、粗集料，或粗集料、水泥、细集料。

4）水泥混凝土铺筑

机场水泥混凝土面层在施工前应铺筑试验段，试验段宜在次要部位铺筑。混合料的摊铺厚度应按所采用的振捣机具的有效影响深度确定。水泥混凝土振捣宜采用自行排式高频振捣器，异形板、钢筋混凝土板和板的局部补强处可采用平板振捣器或手持振捣器。应根据振捣形式采用不同的方法。

5）水泥混凝土道面接缝施工

每天施工结束时，或因机械故障、停电及天气等原因中断混凝土铺筑时，应在设计的接缝位置设置施工缝。相邻板的横向施工缝应错开。施工缝中应按设计要求放置传力杆。平缝应以不带企口的模板铺筑成型。拆模后缝壁应平直，并在缝壁垂直面上涂刷一层沥青。

6）水泥混凝土养护拆模

水泥混凝土面层应选择合理养护方式，保证强度增长及其他性能，防止混凝土产生微裂纹与裂缝。水泥混凝土道面拆模时不应损坏混凝土板的边角、企口。

4．沥青混凝土面层工程

1）施工准备

施工前应根据相关标准、规范检查基层或下层质量，符合要求后方可铺筑沥青混合料，施工前应对工作面高程进行复测，加铺沥青层时，应按设计要求提前进行原道面和基础处理，以及表面清理等工作，沥青道面铺筑前，应完成各类管线铺设、助航灯光灯具定位等工作。

2）试验段铺筑

沥青混凝土道面各层在施工前应铺筑试验段，试验段不宜铺筑在道面的关键部位上，其位置与面积大小应根据试验目的确定。试验段铺筑过程中应做好记录，对每个工序存在的问题进行分析，提出改进措施。铺筑试验段时应由各方技术人员共同参加，铺筑结束后编写完整的试验段总结报告。

3）混合料拌合

沥青混合料的拌合时间应根据拌合设备的类似工程经验由试拌确定，以沥青均匀裹覆集料为宜，拌合时间宜满足相应要求。

4）混合料装卸与运输

沥青混合料宜采用状态良好的高底盘自卸卡车运输，运输能力应大于拌合设备生产能力。运输车使用前后应将车厢清洗干净，并涂刷隔离剂或防粘结剂，但不得使用柴油，且不应有积液。运输车在拌合站接料时宜多次前后移动，以减小混合料离析。运输车箱体四周和混合料表面应进行覆盖保温，车箱侧面宜钻孔，用插入式温度计逐车检测沥青混合料温度，其传感器的埋入深度宜大于 1/3。

5）混合料摊铺

沥青混合料摊铺宜采用履带式全自动控制摊铺机。摊铺机熨平板宜采用拼装式，在变宽段可采用液压伸缩式，熨平板应具有较好的摊铺密实功能。

6）混合料压实

振动压路机的振动频率和振幅应根据沥青混合料类型、压实难易程度、铺层厚度和环境条件等因素选用。沥青混合料碾压宜分为初压、复压和终压三个阶段进行。

7）施工接缝

沥青混凝土道面的纵向施工接缝宜为热接缝，因特殊原因产生纵向冷接缝时，宜加设挡板或切除厚度与压实度不足部分。横向施工接缝应垂直接缝。当同时存在纵缝和横缝时，应先碾压纵缝，再碾压横缝，然后纵向碾压成一体。

一　单项选择题

1. 道面水泥混凝土的设计强度应采用（　　）d 龄期弯拉强度。

   A．7　　　　　　　　　　　　　B．14

   C．21　　　　　　　　　　　　 D．28

2. 机场道面平整度采用（　　）进行评价。

   A．VBI　　　　　　　　　　　　B．标准差

   C．IRI　　　　　　　　　　　　 D．BPN

3. 水泥混凝土道面基层（垫层）的主要功能不包括（　　）。

   A．防止或者减轻唧泥和错台现象

   B．有助于减少或控制道基不均匀冻胀或不均匀变形对于混凝土面层的不利影响

   C．承重

   D．为面层施工提供稳定而坚实的工作面

4. 沥青混凝土道面的基层不宜选用（　　）。

   A．水泥混凝土类材料　　　　　B．无机结合料稳定类材料

   C．沥青稳定类材料　　　　　　D．粒料类材料

5. 碾压混凝土基层碾压成型后应适时切缝，深度宜为碾压混凝土厚度的（　　）。

   A．1/3～1/2　　　　　　　　　 B．1/4～1/3

   C．1/5～1/4　　　　　　　　　 D．1/5～1/3

6. 混凝土混合料的稠度试验采用维勃稠度仪控制稠度时应大于（　　）s。

   A．5　　　　　　　　　　　　　 B．10

   C．15　　　　　　　　　　　　　D．20

7. 水泥混凝土道面模板应优先采用（　　）制作。

   A．木材　　　　　　　　　　　 B．钢材

   C．铁　　　　　　　　　　　　　D．铝材

8. 沥青混合料碾压宜分（　　）个阶段进行。

   A．2　　　　　　　　　　　　　 B．3

   C．4　　　　　　　　　　　　　 D．5

二　多项选择题

1. 以下（　　）是机场道面最基本的要求。

   A．耐久　　　　　　　　　　　 B．平整

   C．抗滑　　　　　　　　　　　 D．抗冲击

   E．抗冻

2. 道面的行驶舒适性与（　　）有关。

   A．温度　　　　　　　　　　　 B．平整度

   C．起落架的振动特性　　　　　D．机翼大小

　　　　E．人对振动的反应

3．沥青混凝土道面的基层主要作用包括（　　　）。

　　　　A．进一步扩散来自沥青混凝土面层的荷载

　　　　B．提高垫层和道基所承受的竖向应力（应变）

　　　　C．减小沥青混凝土面层和道基（垫层）之间的模量比

　　　　D．减少道基不均匀变形或不均匀冻胀对沥青混凝土面层的不利影响

　　　　E．为沥青混凝土面层施工提供稳定的行驶面和工作面

4．级配碎石基（垫）层材料的运输、摊铺和碾压应符合（　　　）的要求。

　　　　A．混合料用自卸汽车运到摊铺现场后，应用平地机或其他合适的机具将混合料均匀摊铺

　　　　B．摊铺完成的混合料应按设计高程或坡度进行整平

　　　　C．碾压过程中应保持碎石干燥

　　　　D．碾压完成后应检查表面，视情况撒布细料并补充碾压

　　　　E．级配碎石基层碾压成型后应适时切缝

5．水泥混凝土面层的拌合站设置应满足（　　　）的要求。

　　　　A．施工前，至少应储备正常施工 7～10d 的集料

　　　　B．拌合站内应设置防扬尘设施，混凝土原材料不应受到二次污染

　　　　C．矿物掺合料不应与水泥混罐

　　　　D．必要时可在拌合站设置蓄水池

　　　　E．禁止在集料堆上部架设顶棚或进行覆盖

6．以下项目中，（　　　）的允许偏差为 10mm，且在传力杆两端测量。

　　　　A．传力杆加工长度　　　　　　B．传力杆端上下偏位

　　　　C．传力杆端左右偏斜　　　　　D．传力杆前后偏位

　　　　E．传力杆上下偏斜

7．水泥混凝土面层在高温期应采取包括（　　　）在内的措施。

　　　　A．入模（仓）温度应不超过 26℃

　　　　B．宜安排在早晨、傍晚或夜间施工

　　　　C．集料应设遮阳棚

　　　　D．随时检测气温及水泥、搅拌用水和拌合物温度

　　　　E．适当延长各道工序的间隔时间

8．SMA 混合料振动碾压应遵循（　　　）的方式。

　　　　A．紧跟　　　　　　　　　　　B．慢压

　　　　C．多次　　　　　　　　　　　D．高频

　　　　E．低幅

【答案与解析】

一、单项选择题

1. D；　　2. C；　　*3. C；　　4. A；　　5. A；　　6. C；　　7. B；　　*8. B

【解析】

3.【答案】C

水泥混凝土面层具有较大的刚性和承载能力，不需要设置以承重为目的的基层。

8.【答案】B

沥青混合料碾压宜分为初压、复压和终压三个阶段进行。

二、多项选择题

1．A、B、C；　　　2．B、C、E；　　　3．A、C、D、E；　　　4．A、B、D；

5．B、C、D；　　　*6．C、E；　　　*7．B、C、D；　　　8．A、B、D、E

【解析】

6.【答案】C、E

传力杆设置精确度应满足表 2.3-1 的规定。

表 2.3-1　传力杆设置精确度

项目	允许偏差（mm）	检查方法	检验频率
传力杆加工长度	5	量取长度	传力杆总数的 20%
传力杆端上下、左右偏斜	10	在传力杆两端测量	
传力杆上下、前后、左右偏位	10	以板面和接缝中心为基准测量	

7.【答案】B、C、D

高温期施工应采取以下措施：① 高温期施工时，宜安排在早晨、傍晚或夜间施工。② 高温期施工时，集料应设遮阳棚。模板、基层表面及补强钢筋在铺筑混凝土前应洒水润湿、降温。③ 高温期施工时混凝土入模（仓）温度应不超过 28℃。④ 高温期施工时混凝土拌合可微调加水量，运输混凝土的车辆应予以覆盖，做面作业宜在遮阳棚内进行。⑤ 高温期施工时应随时检测气温及水泥、搅拌用水和拌合物温度，监测水泥混凝土面层内部温度。⑥ 高温施工时应尽量缩短各道工序的间隔时间。作业完毕应及时喷洒养护剂，并覆盖、洒水养护，养护用水与混凝土表面温差不宜超过 15℃。

2.4　飞行区排水工程

复习要点

1．机场排水系统的组成

机场排水系统根据其所处位置的不同，可分为场内排水系统、场外排水和防洪系统。机场排水系统中所有构筑物根据主要功能的不同，可分为调节、导水、容泄及附属四类，其中前三类为机场排水系统的核心部分。

场内排水通常是指飞行场区内的排水，它主要排除道面和土面区的水等。飞行区排水系统主要包括：飞行区内的箱涵工程、明沟工程、盖板沟工程、管道工程、拱涵工程及附属构筑物等。场外排水和防洪系统是指位于机场用地范围以外的排水和防洪系统，包括：场外排水沟、截水沟、排洪沟、防洪堤等。场外排水系统应能将场内雨水通过排水干渠（沟、管）输送至安全可靠的承泄区。

2．箱涵工程

（1）沟槽开挖及支撑：沟槽底部的开挖宽度应符合设计要求。沟槽挖深较大时应分层开挖。沟槽开挖宜自出水口或其起点位置向上游进行，开挖的沟槽底部高程和纵向坡度应符合设计要求。

（2）垫层：垫层的类型主要有灰土垫层、级配碎石（砂砾）垫层、水泥混凝土垫层等。

（3）钢筋：钢筋在运输、存放及施工过程中应做好相关防护措施。

（4）模板及支架：模板及支架应具有足够的承载力、刚度和整体稳定性，保证工程结构和构件各部分形状、尺寸位置准确，且应便于钢筋安装和混凝土浇筑、养护。

（5）水泥混凝土：预拌混凝土应符合《预拌混凝土》GB/T 14902—2012 的规定，混凝土配合比设计应经试验确定。

（6）箱涵接缝：箱涵接缝传力杆应按照设计位置准确安放，传力杆的涂层加工应符合设计要求。箱涵接缝应按设计要求采用止水带、填缝料、接缝板等材料封缝。

（7）预制箱涵：当排水结构采用预制箱涵时，应针对施工工况进行必要的吊装施工验算。预制箱涵安装应在垫层施工完毕后进行。

（8）沟槽回填。

3．土质明沟

填方区的土质明沟宜在土石方工程完成且沉降收敛后开挖。土质明沟沟体土的压实度应符合设计要求，沟内不得有松土，沟底应平顺，不得有倒坡，边坡应平整、稳定，禁止贴坡。草皮护坡时，施工宜在潮湿天气进行，铺草皮应由沟顶向沟底逐行铺砌，接头应交错，采用木桩、竹签或倒钉加固时，打入土中深度应不小于 300mm。

4．管道工程

1）管基与管座

混凝土管基与管座采用管枕支垫并一次浇筑时，宜采用对称浇筑施工方式。采用二次浇筑时，先浇筑混凝土管基，达到一定强度后安装管节。砂石类管基铺设前应先对槽底进行检查，槽底高程及槽宽应符合设计要求，且不应有积水和软泥。若加固为钢筋混凝土结构，在管座施工时应预埋钢筋，使加固后的管外壁密切贴合。

2）管道安装及固定

下管方式视管道长度、管径、重量及现场条件而定，管道较重时宜采用机械下管，管道较轻时可用人工下管，但在槽深较大或管径较大时，宜用非金属绳索兜住管节下管。

3）管道沟槽回填

管道沟槽回填前应对槽底进行检查，清除槽内杂物，不得有积水。管道沟槽回填时，应采取必要措施避免管道受损。

一　单项选择题

1．下列不属于机场排水系统的核心部分的是（　　）。

A．道面边缘的盖板沟

    B．检查井

    C．机场附近的河流

    D．将各调节部分所汇集的水引导至容泄区的管路

2．机场排水系统中是（　　　）用以直接吸收土中多余水分或直接拦截表面水的排水构筑物。

    A．调节部分　　　　　　　　　B．导水部分

    C．容泄区　　　　　　　　　　D．附属构筑物

3．箱涵工程沟槽回填时，若采用素土回填，含水率宜控制在最佳含水率（　　　）范围内。

    A．±1%　　　　　　　　　　　B．±2%

    C．±3%　　　　　　　　　　　D．±4%

4．预制钢筋混凝土盖板的盖板混凝土强度达到设计强度的（　　　）以上时，方可进行吊装、运输或集中堆放。

    A．75%　　　　　　　　　　　B．80%

    C．85%　　　　　　　　　　　D．90%

5．管道沟槽回填施工过程中当同一沟槽中多排管道的基础底面高程不同时，应先回填（　　　）。

    A．基础较低的沟槽　　　　　　B．基础较高的沟槽

    C．中间的沟槽　　　　　　　　D．两端的沟槽

6．盲沟反滤层施工过程中，土工布破损后应及时修补，修补面积应大于破损面积的（　　　）倍。

    A．2~3　　　　　　　　　　　B．3~4

    C．4~5　　　　　　　　　　　D．5~6

二　多项选择题

1．机场排水系统中所有构筑物依主要功能的不同，可分为（　　　）。

    A．调节　　　　　　　　　　　B．导水

    C．容泄　　　　　　　　　　　D．附属

    E．拦截

2．沟槽边坡监测值（　　　）时，应适当加密监测频率。

    A．远未达到报警值　　　　　　B．变化异常

    C．出现危险征兆　　　　　　　D．接近报警值

    E．达到报警值

3．箱涵接缝填缝料宜采用（　　　）等材料。

    A．聚硫　　　　　　　　　　　B．水泥

    C．硅酮　　　　　　　　　　　D．聚氨酯

    E．石灰

4. 在明沟及盖板沟工程中，喷射混凝土护面层应符合（   ）等要求。

    A. 喷射混凝土粗集料最大粒径宜不大于 16mm

    B. 钢筋保护层厚度应不小于 40mm

    C. 混凝土喷射施工应自下而上进行

    D. 喷射混凝土护面层宜在长度方向上每 20m 设伸缩缝

    E. 混凝土喷射厚度宜不小于 100mm

5. 柔性管道沟槽回填施工应符合的规定包括（   ）等。

    A. 回填前，检查管道有无损伤或变形，有损伤的管道应修复或更换

    B. 管内径大于 800mm 柔性管道的回填施工应在管内设置竖向支撑

    C. 管道有效支承角范围回填应与管壁紧密接触

    D. 管道中心以上回填时应采取措施防止管道上浮、位移

    E. 管道回填宜在每日气温较高时进行，从管道两侧同时回填，同时压实

6. 以下对排水工程附属构筑物的说法错误的是（   ）。

    A. 盲沟反滤层应设置在迎水面

    B. 有构筑物接入的井室，应在井室施工时预留排水构筑物接口

    C. 井框应与井室混凝土、排水明沟盖板或箱涵顶板分批浇筑

    D. 集水池池壁施工缝应留在底板腋角以上不小于 300mm 处

    E. 回填土作业应均匀对称

【答案与解析】

一、单项选择题

*1. B;   *2. A;   3. B;   4. A;   *5. A;   6. C

【解析】

1.【答案】B

机场排水系统中所有构筑物根据主要功能的不同，可分为调节、导水、容泄及附属四类，其中前三类为机场排水系统的核心部分，检查井为附属构筑物，不属于机场排水系统的核心部分。

2.【答案】A

用以直接吸收土中多余水分或直接拦截表面水的排水构筑物，称为调节部分。将各调节部分所汇集的水引导至容泄区的管路或明沟称为导水部分。容泄区是指用于容纳或排除多余水分的区域。

5.【答案】A

同一沟槽中多排管道的基础底面高程不同时，应先回填基础较低的沟槽，回填至较高基础底面高程后再按规定回填。

二、多项选择题

1. A、B、C、D;   2. B、D;   3. A、C、D;   *4. A、C、D;

*5. A、B、C;   *6. C、D

【解析】

4. 【答案】A、C、D

喷射混凝土护面层应符合下列规定：① 喷射混凝土粗集料最大粒径宜不大于 16mm，强度应符合设计要求；② 混凝土喷射厚度宜不小于 80mm，钢筋保护层厚度应不小于 50mm；③ 混凝土喷射施工应自下而上进行；④ 当混凝土厚度大于 100mm 时，应分两次喷射，在第二次喷射混凝土作业前，应清除结合面上的浮浆和松散碎屑；⑤ 喷射混凝土护面层宜在长度方向上每 20m 设伸缩缝，缝宽为 10～20mm。

5. 【答案】A、B、C

柔性管道沟槽回填施工应符合设计要求及下列规定：① 回填前，检查管道有无损伤或变形，有损伤的管道应修复或更换；② 管内径大于 800mm 柔性管道的回填施工应在管内设置竖向支撑；③ 管道有效支承角范围回填应与管壁紧密接触；④ 管道中心以下回填时应采取措施防止管道上浮、位移；⑤ 管道回填宜在每日气温较低时进行，从管道两侧同时回填，同时压实；⑥ 沟槽回填从管底基础部位开始到管顶以上 500mm 范围内，应采用人工回填及压实。管顶 500mm 以上部位，可用机械从管道轴线两侧同时压实，每层回填高度应不大于 200mm。

6. 【答案】C、D

集水池池壁施工缝应留在底板腋角以上不小于 200mm 处。井框应与井室混凝土、排水明沟盖板或箱涵顶板同时浇筑。

2.5　飞行区桥梁及涵隧工程

复习要点

1. 飞行区滑行道桥工程基本要求

由于运行和经济上的原因，所需的滑行道桥的数目可应用下述原则而减至最少：

（1）地面各种交通路线应尽量减少对跑道或滑行道的影响。

（2）最好能使地面各模式交通集中在一座滑行道桥下穿越。

（3）滑行道桥应设在滑行道的直线段上，并在滑行道桥的两端各有一段直线，以便接近滑行道桥的飞机能够对准。

（4）快速出口滑行道不应设在滑行道桥上。

（5）应避免滑行道桥的位置对仪表着陆系统、进近灯光或跑道、滑行道灯光有不良影响。

（6）滑行道桥的宽度不小于桥外滑行道的宽度。

（7）为了排水，应设置正常的滑行道横坡。

2. 飞行区涵隧工程基本要求

（1）设计车型可分为小型车和大型车：行驶状态下，小型车应满足总长不大于 6.0m，总宽不大于 2.5m，且总高不大于 3m，其余为大型车。

（2）设计车型为大型车的下穿通道和消防通道，最小通行净高应不小于 4.5m。

（3）结构强度应满足最重飞机滑行通过的要求。

3．桥梁及涵隧基础

1）浅基础

浅基础的基底为非黏性土或干土时，在施工前应将其润湿，并应按设计要求浇筑混凝土垫层，垫层顶面不得高于基础底面设计高程；地基为淤泥或承载力不足时，应按设计要求处理后方可进行基础的施工；基底为岩石时，应采用水冲洗干净，且在基础施工前应铺设一层不低于基础混凝土强度等级的水泥砂浆。

浅基础的施工宜采用钢模板。混凝土宜在全平截面范围内水平分层进行浇筑，且机械设备的能力应满足混凝土浇筑施工的要求；当浇筑量过大设备能力难以满足施工要求，或大体积混凝土温控需要时，可分层或分块浇筑。

2）灌注桩

灌注桩可采用钻机机械成孔，也可采用人工开挖成孔的方式。灌注桩主要有钻孔灌注桩，大直径、超长灌注桩，挖孔灌注桩等。灌注桩施工前应具有工程地质和水文地质资料，制定专项施工方案、环境保护方案。对工程地质、水文地质或技术条件特别复杂的灌注桩，宜在施工前进行工艺试桩，获得相应的工艺参数后再正式施工。

3）沉入桩

沉入桩主要有预制钢筋混凝土桩、预应力混凝土桩和钢管桩等类型。沉桩施工前应具备工程地质、水文等资料，并应制定专项施工方案，配置合理的沉桩设备；沉桩施工过程中如发现实际地质情况与勘测报告出入较大时，宜补充地质钻探。

4．涵隧工程防水

地下工程防水方案应根据工程规划、结构设计、材料选择、结构耐久性和施工工艺等确定。地下工程迎水面主体结构应采用防水混凝土，并应根据防水等级的要求采取其他防水措施。

一 单项选择题

1．以下滑行道中，（　　）不应设在滑行道桥上。
  A．平行滑行道　　　　　　　　B．进口滑行道
  C．快速出口滑行道　　　　　　D．机位滑行通道

2．浅基础的施工宜采用（　　）模板。
  A．木　　　　　　　　　　　　B．钢
  C．混凝土　　　　　　　　　　D．木或钢

3．桥梁上部结构悬臂浇筑的施工过程控制宜遵循（　　）的原则。
  A．变形和内力双控　　　　　　B．变形和位移双控
  C．内力和位移双控　　　　　　D．变形控制为主

4．地下工程迎水面主体结构应采用（　　）材料。
  A．止水带　　　　　　　　　　B．卷材防水层
  C．涂料防水层　　　　　　　　D．防水混凝土

二　多项选择题

1. 钻孔灌注桩钻进时应注意（　　）的要求。
   A．开钻时均应慢速钻进，待导向部位或钻头全部进入地层后，需要减速钻进
   B．采用正、反循环钻孔（含潜水钻）均应采用减压钻进
   C．钻孔开始后只需随时检测护筒水平位置
   D．处理孔内事故或因故停钻，经研究分析通过后可不将钻头提出孔外
   E．钻孔开始后如发现护筒水平位置偏移，应将护筒拔出，调整后重新压入钻进

2. 桥涵台背及锥坡、护坡后背的填料在设计未规定时，宜采用（　　）等材料。
   A．天然砂砾　　　　　　　　B．硅灰
   C．水泥稳定土　　　　　　　D．二灰土
   E．粉煤灰

3. 用于悬臂浇筑施工的挂篮应满足（　　）的要求。
   A．挂篮的最大变形（包括吊带变形的总和）应不大于 25mm
   B．挂篮在现场组拼后，应全面检查其安装质量，并应进行模拟荷载试验
   C．挂篮制作加工完成后应进行试拼装
   D．挂篮与悬浇梁段混凝土的质量比宜不大于 0.5
   E．挂篮在浇筑混凝土状态和行走时的抗倾覆安全系数、锚固系统的安全系数、斜拉水平限位系统的安全系数及上水平限位的安全系数均应不小于 1.8

4. 涵隧工程的涂料防水层应满足（　　）的要求。
   A．有机防水涂料基层表面应保持潮湿
   B．有机防水涂料的防水层与保护层之间宜设置隔离层
   C．有机防水涂料的侧墙背水面保护层应采用 20mm 厚 1∶2.5 水泥砂浆
   D．无机防水涂料基层表面应干净、平整、无浮浆和明显积水
   E．涂料施工前，基层阴阳角应做成三角形

【答案与解析】

一、单项选择题
1．C；　　2．B；　　3．A；　　4．D
二、多项选择题
*1．B、E；　　　　　2．A、C、D、E；　　　　*3．B、C、D；　　　　4．C、D
【解析】
1．【答案】B、E
开钻时均应慢速钻进，待导向部位或钻头全部进入地层后，方可加速钻进；采用正、反循环钻孔（含潜水钻）均应采用减压钻进，即钻机的主吊钩始终要承受部分钻具的重力，而孔底承受的钻压不超过钻具重力之和（扣除浮力）的 80%；用全护筒法钻

进时，为使钻机安装平正，压进的首节护筒必须竖直。钻孔开始后应随时检测护筒水平位置和竖直线；如发现偏移，应将护筒拔出，调整后重新压入钻进；处理孔内事故或因故停钻，必须将钻头提出孔外。

3.【答案】B、C、D

用于悬臂浇筑施工的挂篮，其结构除应满足强度、刚度和稳定性要求外，尚应符合下列规定：挂篮与悬浇梁段混凝土的质量比宜不大于 0.5；挂篮的最大变形（包括吊带变形的总和）应不大于 20mm；挂篮在浇筑混凝土状态和行走时的抗倾覆安全系数、锚固系统的安全系数、斜拉水平限位系统的安全系数及上水平限位的安全系数均应不小于 2。

2.6 飞行区附属主要设施

复习要点

消防管网是飞行区附属设施之一。它是一个专门设计用于火灾应急和消防灭火的管道系统，通常包含了一系列管道、阀门、水泵、喷头和其他设备，旨在将水或灭火剂从水源输送到火灾发生地点，以进行灭火和火灾控制。

飞行区物理围界由防攀爬设施和围栏（墙）两部分组成。防攀爬设施应位于围栏（墙）的顶部，与围栏（墙）连接牢固，围栏（墙）底部应建有墙基或地梁。围栏（墙）及其配套设施的作用是使飞行区与航站区及周边地区隔离，要求能防攀爬、防钻、结构稳固、安全。

一 单项选择题

1. 飞行区附属设施不包括（　　）。
   A. 物理围界　　　　　　　　　B. 巡场道路
   C. 飞机地锚　　　　　　　　　D. 防护及支挡工程

二 多项选择题

1. 以下（　　）属于飞行区附属主要设施。
   A. 箱涵　　　　　　　　　　　B. 飞机地锚
   C. 道面标志　　　　　　　　　D. 巡场道路
   E. 物理围界

【答案与解析】

一、单项选择题

*1. D

【解析】

1.【答案】D

飞行区附属设施包括：消防管网、围界、飞机地锚、巡场道路、服务车道、道面标志等。

二、多项选择题

1．B、C、D、E

2.7　飞行区场道工程新技术

复习要点

1. 智能压实控制系统

智能压实控制系统适用于机场、公路、大坝、铁路等设施的土基压实，采用厘米级高精度定位技术和智能传感器，可实现对土基压实遍数、速度、松铺厚度等数据的全自动记录、分析与实时控制。基于云管端一体化模式，开发针对驾驶员、监理、业主等多对象的应用产品（Pad 端、Web 端、Phone 端）；产品实现了从传统的点式、事后检测升级为面域、过程控制，大大提高了压实质量和施工管理水平。典型智能压实系统组成包括：定位系统、采集系统和显示系统。

2. 装配式水泥混凝土道面技术

装配式水泥混凝土道面技术是一种道面更新修复和快速修筑技术，它是将混凝土最费时的凝结硬化及强度增长过程置于预制厂里，当其强度达到设计要求后，再运输到施工现场，利用起重机进行装配安装，在处理好注浆和接缝后即可开放交通。装配式道面具有工厂预制、现场装配和快速开放的特点，显著减少现场施工对于交通的影响，可实现水泥混凝土路面的快速修复与新建。

装配式水泥混凝土道面施工流程与主要环节包括：① 装配板设计；② 装配板预制；③ 装配板养护；④ 装配板吊装；⑤ 装配板调平；⑥ 装配板注浆。

一　单项选择题

1．智能压实控制系统的关键在于解决连续压实指标与验收指标的（　　）问题。

    A．差异性　　　　　　　　　　B．相关性

    C．精确度　　　　　　　　　　D．操作性

2．装配式水泥混凝土道面技术是将混凝土最费时的（　　）及强度增长过程置于预制厂里。

    A．拌合　　　　　　　　　　　B．凝结硬化

    C．支模　　　　　　　　　　　D．浇筑

二、多项选择题

1. 传统压实方法存在的不足包括（　　）等。

 A．不受试验检测影响

 B．无法实时获得压实信息

 C．不能及时发现欠压、过压的现象

 D．点测，覆盖密度有限

 E．对道路结构层破坏极大

2. 对于装配式道面板的设计而言，主要包括（　　）设计。

 A．平面尺寸　　　　　　　　B．厚度

 C．配合比　　　　　　　　　D．高程

 E．配筋

【答案与解析】

一、单项选择题

1．B；　　2．B

二、多项选择题

*1．B、C、D；　　　　2．A、B、D、E

【解析】

1．【答案】B、C、D

传统压实方法存在以下不足：① 覆盖密度有限，不能提供全面压实信息；② 无法实时获得压实信息，结果滞后于压实过程，不能及时发现欠压、过压的现象；③ 受人为因素影响大，需要检测者有熟练的操作技巧；④ 费时、费工，对土基结构层具有一定的破坏性。

第 3 章　民航空管工程技术

3.1　民航空管工程主要内容

微信扫一扫
在线做题＋答疑

复习要点

1．空中交通管理

空中交通管理是利用通信、导航、监视及航空情报、气象服务等运行保障系统对空中交通和航路、航线地带和民用机场区域进行动态和一体化管理的总称。基本任务是保证空中交通安全、提高经济效益、保障空中交通高效畅通。空中交通管理由三部分组成：空中交通服务、空域管理和空中交通流量管理，其中空中交通服务是核心。

空中交通服务包括：空中交通管制服务、飞行情报服务和告警服务。空中交通管制（ATC）主要职责是负责拟定飞行计划，承办飞行审批，组织各种勤务保障工作。空中交通管制服务根据航空器运行的不同阶段分为机场管制服务、进近管制服务和区域管制服务。空中交通管制根据管制手段分为程序管制和雷达管制。

空域划分上按照统一管制和分区负责相结合的原则，将全国划分为若干飞行情报区和管制区域及限制性区域。

2．航行情报系统

航行情报服务是指在指定区域内，负责为空中航行的安全、正常和高效提供所需的航行资料／数据而建立的服务。

航行情报包括：航空法规、飞行规则、机场、空域、航路、飞行程序、通信导航设施、各种航空服务程序等资料和数据以及航图，它是民用航空器飞行所依据的基本资料。

3．民航空管工程的组成

民航空管工程由以下几个部分组成：

（1）通信（包括：地空通信和地地通信）工程、导航（包括：地基导航和星基导航）工程、监视（包括：雷达和自动相关监视系统）工程。

（2）航空气象（包括：观测系统、卫星云图接收系统等）工程。

（3）区域管制中心、终端（进近）管制中心和塔台建设工程。

（4）航行情报工程。

广义上，民航空管工程包括了以上各工程设备、系统及其运行的工作场所，在实际建设过程中，民航空管工程的建设仅指以上各工程设备、系统及与其直接相连的基础、管线等内容的建设安装。

4．民航空管工程的功能

（1）通信的任务是利用通信网络或者通信终端传输、交换和处理民用航空生产信息，为民用航空活动提供语音或者数据通信，使其能够安全、高效运行。通信包括：地空通信、地地通信。地空通信主要包括：空中交通服务通信、航务管理通信、站坪管理通信和对空气象广播等。地地通信主要包括：航空固定业务通信、民航专用电话通信、机场移动通信和管制中心间通信等。

（2）导航为航空器提供方位、距离和坐标等信息，引导航空器按预定路径飞行。导航是确保航空器安全、准确、高效运行的必要手段。民用航空导航为在航路上飞行的航空器提供飞行引导，为进入机场终端区和进近着陆过程中的航空器提供起飞和着陆引导。

（3）监视为空管运行单位及其他相关单位和部门提供目标（包括：空中航空器、机场场面动目标）的实时动态信息。空管运行单位等利用监视信息判断、跟踪空中航空器和机场场面动目标位置，获取监视目标识别信息，掌握航空器飞行轨迹和意图、航空器间隔及监视机场场面运行态势，并支持空－空安全预警、飞行高度监视等相关应用，整体提高空中交通安全保障能力，提升空中交通运行效率，提高航空飞行安全水平以及运行效率。

（4）民用航空气象工作基本内容包括：观测与探测气象要素、收集与处理气象资料、制作与发布航空气象产品、提供航空气象服务。民用航空气象观测技术是影响气象观测信息质量的决定因素，气象观测信息直接或间接地影响着民用航空安全和效率。因此，民用航空气象观测技术的应用，要以民用航空活动的需求为导向，要以气象观测的准确性、及时性、连续性为核心，要以提高民用航空安全水平与运行效率为目标。

（5）民用航空情报服务的任务是收集、整理、编辑民用航空资料，设计、制作、发布有关中华人民共和国领域内以及根据我国缔结或者参加的国际条约规定区域内的航空情报服务产品，提供及时、准确、完整的民用航空活动所需的航空情报。

一 单项选择题

1. 空中交通管理的核心是（   ）服务。
   A．管制　　　　　　　　　B．飞行情报
   C．空中交通　　　　　　　D．告警
2. 空中交通服务不包括（   ）服务。
   A．空中交通管制　　　　　B．空域管理
   C．飞行情报　　　　　　　D．告警
3. 飞行情报由管制员在无线电中发布或通过（   ）发布。
   A．ASOS　　　　　　　　B．AWOS
   C．ADS-B　　　　　　　　D．ATIS
4. 从航空器延迟起降和发生的事故来看，（   ）原因的占比最大。
   A．气象　　　　　　　　　B．空中交通管制
   C．航空器自身　　　　　　D．等待人员和行李

二 多项选择题

1. 我国将用于民用航空的空中交通管制空域划分为（   ）等。
   A．飞行情报区　　　　　　B．管制空域

　　C．空中危险区　　　　　　　D．空中警告区

　　E．空中禁区

2．我国的航行情报服务机构包括（　　）机构。

　　A．各级人民政府航行情报服务中心

　　B．地区民用航行情报中心

　　C．中国民用航空局空中交通管理局航行情报服务中心

　　D．交通运输部航行情报中心

　　E．机场民用航行情报单位

3．地空通信包括（　　）等。

　　A．航务管理通信　　　　　　B．航空固定业务通信

　　C．站坪管理通信　　　　　　D．民航专用电话通信

　　E．管制中心间通信

4．民用航空气象观测技术的应用，要以气象观测的（　　）为核心。

　　A．准确性　　　　　　　　　B．高效性

　　C．及时性　　　　　　　　　D．连续性

　　E．服务性

【答案与解析】

一、单项选择题

*1．C；　　2．B；　　3．D；　　4．A

【解析】

1．【答案】C

空中交通管理由三部分组成：空中交通服务、空域管理和空中交通流量管理，其中空中交通服务是核心。

二、多项选择题

1．A、B、C、E；　　2．B、C、E；　　*3．A、C；　　4．A、C、D

【解析】

3．【答案】A、C

地空通信主要包括：空中交通服务通信、航务管理通信、站坪管理通信和对空气象广播等。地地通信主要包括：航空固定业务通信、民航专用电话通信、机场移动通信和管制中心间通信等。

3.2　民航空管通信工程

复习要点

1．民用航空通信方式

民用航空通信可分成航空固定业务、航空移动业务和航空广播业务。航空通信网

有：国际民航组织航空固定业务通信网（AFTN）和国际航空通信协会通信网（SITA）、中国民航自动转报网、地面业务通信网；航空固定通信设施有：自动转报系统、民航数据通信网设备、民航卫星通信网设备。航空移动业务按通信方式可分为：甚高频／高频（VHF/HF）语音和数据通信、地空数据链通信、航空移动卫星通信。航空广播业务由自动终端情报服务广播（ATIS）来完成。

2．无线电台站的环境要求

依据《中国民用航空无线电管理规定》《民用航空通信导航监视台（站）设置选址技术审查办法》规定，设置、使用民用航空无线电台站，应当具备以下条件：

（1）无线电设备符合国家技术标准。

（2）操作人员熟悉无线电管理的有关规定，并具有相应的业务技能。

（3）工作环境安全可靠。

（4）设台单位有相应的管理措施。

3．卫星通信站场地的环境要求

（1）站址选择时应满足系统间的干扰容限要求。

（2）地球站天线波束与共用频段的无线接力微波站的天线波束应避免在大气层内出现交叠。

（3）地球站与共用频段的无线接力微波站应避免构成视通路径，天线主波束偏离角应大于5°。

（4）对站址所在地区潜在的雷达干扰应做一定的测试和评估。对于数字传输系统，地球站接收机输入端的信号功率与雷达干扰功率之比（即载干比）应满足要求。

4．甚高频系统的安装及调试

甚高频系统安装主要包括：天线基础制作与安装；天线铁塔、支撑杆的制作与安装；室外天馈线缆的敷设及保护；室内机房布线安装；室内设备安装；室外通信管线的敷设、电缆井的制作、电缆接续等内容。

甚高频系统调试的主要内容：发射滤波器组指标测试、接收滤波器组指标测试、发射机测试、接收机测试、天线测试、监控系统测试。

5．卫星通信系统的安装及调试

卫星通信系统安装主要包括：室外卫星天线安装、室内设备安装。卫星通信系统调试的主要内容：功率电平调整等。

一　单项选择题

1．以下通信系统中，（　　　）供航空器与地面台站、航空器与航空器之间进行双向话音和数据通信联络。

    A．甚高频通信系统　　　　　　　　B．航空移动卫星业务

    C．地空数据链通信　　　　　　　　D．航空广播

2．民航C波段和Ku波段卫星通信网系统地面站工作波段分别为（　　　）。

    A．6～12GHz，4～6GHz　　　　　B．12～14GHz，4～6GHz

    C．4～6GHz，6～12GHz　　　　　D．4～6GHz，12～14GHz

3. 雷达管制扇区的主用管制频率、备用管制频率应由（　　）个或以上不同台址的甚高频台站提供服务。

　　A. 1　　　　　　　　　　　　B. 2

　　C. 3　　　　　　　　　　　　D. 4

4. 甚高频系统安装过程中，室外天馈线缆的敷设及保护的施工流程为（　　）。

　　A. 天线安装，天馈线布放，馈线接地，天馈线室内连接，标签制作

　　B. 天线安装，馈线接地，天馈线布放，天馈线室内连接，标签制作

　　C. 天线安装，标签制作，馈线接地，天馈线布放，天馈线室内连接

　　D. 天线安装，馈线接地，天馈线室内连接，天馈线布放，标签制作

5. 航路台站内的主要设备都属于一级用电负荷中特别重要的负荷，为保证用电可靠性，通常采用（　　）配电方式。

　　A. 2 路市电 1 台油机或 1 路市电 2 台油机

　　B. 1 路市电 1 台油机或 2 路市电 2 台油机

　　C. 2 路市电 2 台油机或 1 路市电 2 台油机

　　D. 1 路市电 3 台油机或 2 路市电 2 台油机

6. 国际航空遇险和安全通信频率为（　　）MHz。

　　A. 119.6　　　　　　　　　　B. 121.5

　　C. 120.6　　　　　　　　　　D. 127.75

二　多项选择题

1. 航空通信业务分为（　　）。

　　A. 航空移动业务　　　　　　　B. 航空传输业务

　　C. 航空固定业务　　　　　　　D. 航空转报业务

　　E. 航空广播业务

2. 以下（　　）属于航空移动通信业务。

　　A. 地空数据链通信　　　　　　B. 航空移动卫星通信

　　C. VHF/HF 语音和数据通信　　D. 航空通信网

　　E. 民航卫星通信网

3. 甚高频对空台发射功率按塔台管制和航路管制可划分为（　　）W。

　　A. 7　　　　　　　　　　　　B. 10

　　C. 20　　　　　　　　　　　　D. 25

　　E. 50

4. 航空移动卫星业务（AMSS）系统由（　　）组成。

　　A. 网络协调站　　　　　　　　B. 机载设备系统

　　C. 通信卫星　　　　　　　　　D. 航空器地球站、地面地球站

　　E. 网控中心

5. 以下对甚高频系统室内机房布线安装的表述正确的是（　　）。

　　A. 室内水平走线架高度距地面宜大于 2200mm

　　B．走线架与机房顶的净空距离不大于 300mm

　　C．应做好接地

　　D．走线架各处接头螺丝应该一律朝外

　　E．走线架安装必须牢固，不能出现松动现象

6. 甚高频发射滤波器组主要调试参数包括（　　　）等。

　　A．信道号　　　　　　　　　B．工作状态

　　C．正向损耗　　　　　　　　D．频率

　　E．反向隔离度

【答案与解析】

一、单项选择题

*1. A；　　2. D；　　3. B；　　4. A；　　5. C；　　6. B

【解析】

1.【答案】A

　　甚高频（VHF）通信系统供航空器与地面台站、航空器与航空器之间进行双向话音和数据通信联络。航空移动卫星业务 AMSS 系统是通过卫星为航空器和地面用户提供分组方式数据、电路方式数据以及话音业务的通信系统。地空数据链通信是一种在航空器和地面系统间进行数据传输的技术。航空广播业务是一项对空发射发送的广播业务，目的是发送给航空器所必需的情报。

二、多项选择题

1. A、C、E；　　　　*2. A、B、C；　　　　3. A、B、D、E；　　　*4. A、C、D；

*5. A、C、E；　　　　*6. A、D、E

【解析】

2.【答案】A、B、C

　　按照通信方式，航空移动通信主要可分为甚高频／高频（VHF/HF）语音和数据通信、航空移动卫星通信、地空数据链通信等。

4.【答案】A、C、D

　　航空移动卫星业务（AMSS）系统由通信卫星、航空器地球站、地面地球站和网络协调站四部分组成。ACARS系统主要由机载设备系统、远端地面站（RGS）、网控中心，网关和国际路由器、地面网络（包括：中国民航专用网、邮电电话网）、应用系统组成。

5.【答案】A、C、E

　　室内走线架材料可采用角钢、扁铁或铝型材制作。走线架安装位置必须严格按照设计图纸施工，室内水平走线架高度距地面宜大于 2200mm。走线架安装必须牢固，不能出现松动现象。走线架与机房顶的净空距离一般不小于 300mm。支线架应做好接地。走线架各接头处螺栓应该一律朝内。

6.【答案】A、D、E

　　发射滤波器组指标测试：信道号、频率、插入损耗、阻带损耗、反向损耗、反向隔离度。

3.3　民航空管导航工程

复习要点

1．导航工程的组成及功能

（1）全向信标（VOR）是一种相位式近程甚高频导航系统，由地面的电台向空中的飞机提供方位信息，以便空中的航空器可以确定相对于地面电台的方位。

（2）测距仪（DME）一般与 VOR 和仪表着陆系统配合使用，提供航空器相对于地面测距仪台的斜距。

（3）仪表着陆系统 ILS 由航向信标、下滑信标、指点信标组成，由地面发射的两束无线电信号实现航向道和下滑道指引，建立一条由跑道指向空中的虚拟路径。

（4）全球导航卫星系统（GNSS）由一个或多个卫星星座、机载接收机以及系统完好性监视等组成，构成星基导航系统。全球导航卫星系统在全球范围内可以同时为陆、海、空用户提供连续、精确的三维位置、速度和时间信息。

（5）地基增强系统（GBAS）包括：导航卫星子系统、地面增强子系统和机载接收机子系统三部分。GABS 通过为 GNSS 测距信号提供本地信息和修正信息，来提高导航定位的精确度。

（6）无方向性信标（NDB）是国际民航组织标准的近程导航设备，它发射垂直极化的无方向性无线电波，机载无线电罗盘通过接收无方向性信标发射的信号来测定飞机与信标的相对方位角。

2．导航台站场地的环境要求

（1）ILS、VOR、DME 等常用导航系统与机载导航接收机配合工作，为飞机提供准确、可靠的方位、距离和位置等信息。导航台场地附近的地形地物对其发射的电波信号的反射和再辐射所产生的多路径干扰，可使其辐射场型发生畸变，导致航向道、下滑道等弯曲、扇摆和抖动，测距精度下降、标志位置偏差等，直接影响飞机着陆的安全。

（2）航向信标天线阵通常设置在跑道中心线延长线上，相对于跑道末端的距离为 180～600m。下滑信标台可设置在跑道的任意一侧，下滑信标天线距跑道中心线 75～200m，通常为 120m；相对于跑道入口的纵向距离的具体数值按相关规定计算确定。航向台、下滑台对场地保护区平整度、金属建筑物、树木、交通活动、杂草高度等有严格要求。

（3）机场全向信标台可设置在跑道中心线延长线上或跑道的一侧。航路全向信标台设置在航路中线上，通常设置在航路的转弯点或空中走廊口。VOR 场地保护区内对障碍物、铁路、高压线等都有具体规定。

（4）测距仪台和 ILS 相配合时，可设置在下滑信标台或航向信标台，其场地要求与 ILS 的场地要求相同；测距仪台和 VOR 相配合时，测距仪天线可与全向信标中央天线同轴安装，也可偏置安装，其场地保护要求与 VOR 的场地要求相同。测距仪台单独设台时，场地保护区是圆形区域。

3. 仪表着陆系统的安装调试

（1）仪表着陆系统应满足基本条件才能进行安装、调试。

（2）航向信标和下滑信标的安装调试分为设备天线系统安装、室内设备安装、设备电气调试三部分。

（3）航向天线系统安装包括：天线基础施工、天线振子底座安装、天线支撑杆及振子安装、天线系统接地、电缆敷设等；下滑天线系统安装包括：天线基础施工、铁塔安装、天线振子安装、电缆敷设、近场天线安装等。

（4）航向信标安装调试、下滑信标安装调试的室内设备安装包括：机柜安装、主电源及电池组连接等；电气部分的调整，涵盖设备参数即发射机调整、天线分配单元分配关系的验证及调整、发射及监视电缆电气长度调整、天线振子性能检测、发射－监视回路调整等工作。

每个工作环节都需满足相应质量及工艺要求。

一　单项选择题

1. 目前应用最为广泛的飞机精密进近和着陆引导系统是（　　）。
   - A. NDB
   - B. DME
   - C. GNSS
   - D. ILS

2. 以下（　　）类运行是指决断高（DH）低于15m，或无决断高（DH）、跑道视程（RVR）小于175m但不小于50m的精密进近和着陆。
   - A. Ⅱ
   - B. ⅢA
   - C. ⅢB
   - D. ⅢC

3. 下滑信标台场地保护区A区应满足（　　）的要求。
   - A. 距下滑信标天线前方600m的范围以内不应有铁路
   - B. 不应种植农作物，杂草的高度不应超过0.3m
   - C. 不应有建筑物（航向信标台机房除外）、高压输电线、堤坝等
   - D. 地形坡度不应超过15%

4. 对于航路导航台而言，通常全向信标设备的功率应达到（　　）W。
   - A. 100
   - B. 200
   - C. 500
   - D. 1000

5. 下滑天线设备的电气调整的各步骤中，不涵盖（　　）调整。
   - A. 发射机
   - B. 天线系统
   - C. 监视器
   - D. 天线基础

二　多项选择题

1. 导航系统包括（　　）等。
   - A. 无方向性信标
   - B. 地面业务通信网
   - C. 全向信标
   - D. 仪表着陆系统

E．多点定位系统

2．方向引导系统包括（　　　）。

  A．无方向性信标　　　　　　B．航向信标

  C．机载接收机　　　　　　　D．指点信标

  E．下滑信标

3．以下对全向信标（VOR）场地要求的描述正确的是（　　　）。

  A．可设置于机场、机场进出点和航路（航线）上的某一地点

  B．设置于机场时，可设置在跑道的中线上

  C．设置于机场时，可设置在跑道一端外的跑道中心线延长线上

  D．设置在航路时，不应设置在航路中心线上

  E．设置在航路时，通常设置在航路的转弯点或走廊口

4．下列关于 GBAS 环境要求的说法中正确的是（　　　）。

  A．A 区是一个以基准接收天线为中心、半径为 4m 的圆环

  B．B 区是一个以基准接收天线为中心、半径 4～50m 的圆柱体区域

  C．C 区是一个以基准接收天线为中心、半径从 50～155m 的圆环

  D．基准接收天线的保护区内需要设置屏蔽保护区域

  E．位于基准接收机保护区内的机场围界宜选择非金属材质

5．仪表着陆系统安装调试前提条件包括（　　　）。

  A．土方工程在施工区域的标高、密实度达到设计要求

  B．建筑物防雷及工艺信号等电位接地系统完成，并通过验收

  C．机房空调已启用

  D．校飞完成

  E．低压市电已接入机房内工艺配电箱（柜）输入端

【答案与解析】

一、单项选择题

1．D;　　*2．C;　　*3．B;　　4．A;　　*5．D

【解析】

2．【答案】C

Ⅱ类（CAT Ⅱ）运行：决断高（DH）低于 60m，但不低于 30m，跑道视程（RVR）不小于 300m 的精密进近和着陆。Ⅲ A 类（CAT Ⅲ A）运行：决断高（DH）低于 30m，或无决断高（DH），跑道视程（RVR）不小于 175m 的精密进近和着陆。Ⅲ B 类（CAT Ⅲ B）运行：决断高（DH）低于 15m，或无决断高（DH）、跑道视程（RVR）小于 175m 但不小于 50m 的精密进近和着陆。Ⅲ C 类（CAT Ⅲ C）运行：无决断高（DH）和无跑道视程（RVR）的精密进近和着陆。

3．【答案】B

A 区内不应有道路、机场专用环场路，不应种植农作物，杂草的高度不应超过 0.3m，纵向坡度与跑道坡度相同，横向坡度不应大于 ±1%，并平整到 ±4cm 的高差范

围内。在该区域内，不应停放车辆、机械和航空器，不应有地面交通活动。通过 A 区的电力线缆和通信线缆应埋入地下。以下滑信标天线正前方 A 区边缘为基准，下滑信标天线前方信号覆盖范围内障碍物的遮蔽角不宜超过 1°。

5.【答案】D

下滑天线设备的电气调整包括以下步骤，应按先后顺序进行：① 开机准备；② 发射机调整；③ 天线系统调整；④ 监视器调整；⑤ 控制功能验证。

二、多项选择题

*1. A、C、D;　　2. B、E;　　*3. A、C、E;　　*4. C、E;

*5. A、B、C、E

【解析】

1.【答案】A、C、D

导航系统包括：全向信标、测距仪、仪表着陆系统、全球导航卫星系统、无方向性信标（NDB）等。

3.【答案】A、C、E

VOR 可设置于机场、机场进出点和航路（航线）上的某一地点。设置于机场时，可设置在跑道的一侧，或跑道一端外的跑道中心线延长线上。设置在跑道中线延长线上时，应注意对进近灯光的影响，应符合机场净空要求；设置在航路时，应设置在航路中心线上，通常设置在航路的转弯点或走廊口。

4.【答案】C、E

A 区是一个以基准接收天线为中心、半径为 4m 的圆柱体区域，B 区是一个以基准接收天线为中心、半径 4～50m 的圆环，从地面垂直向上延伸直达以天线底部为基准 3° 仰角的空间结构，C 区是一个以基准接收天线为中心、半径为 50～155m 的圆环。基准接收天线的保护区内通常不需要设置屏蔽保护区域。位于基准接收机保护区内的机场围界宜选择非金属材质并控制高度。

5.【答案】A、B、C、E

以下是仪表着陆系统安装调试部分前提条件：① 土方工程在施工区域的标高、密实度达到设计要求；② 机房等建筑设施的土建和装修施工完毕并验收合格；建筑物防雷及工艺信号等电位接地系统完成，并通过验收；③ 低压市电已接入机房内工艺配电箱（柜）输入端；机房空调已启用；消防设施安装完成。校飞完成不属于仪表着陆系统安装调试前提条件。

3.4　民航空管监视工程

复习要点

1. 监视系统的组成及功能

应用于空中交通管理方面的雷达主要有一次监视雷达和二次监视雷达。自动相关监视系统的功能是把来自机载设备的飞行位置数据通过地空数据链自动传送到地面交通管制部门。广播式自动相关监视是把机载设备生成的数据周期性地广播给任何一个装有接收装备的用户。多点相关定位是一种针对航路、终端区域、机场附近的监视技术。空管自动化系统以计算机为核心，实现对监视数据、飞行数据等的自动化处理，为多用户提供服务。

2．监视台站场地的环境要求

（1）空管一次监视雷达的探测性能受视距限制，地形地物对电波的反射和遮挡将会直接影响其覆盖。空管一次监视雷达站的场地应开阔、地势较高、四周无严重的地形地物遮挡，地物杂波干扰和镜面反射小，并可获得足够的高、中、低空覆盖。

（2）雷达探测范围受视距、发射功率和地形地物等因素限制，地形地物对无线电信号的反射和遮挡将会直接影响其空域覆盖能力。空管二次监视雷达站应设置在开阔、地势较高的地带，周边无严重的地形地物遮挡。

（3）机场场面监视雷达、广播式自动相关监视地面站探测范围受视距、地形地物等因素限制，地形地物对无线电信号的反射和遮挡将会直接影响其覆盖能力。多点定位系统的探测范围受视距和地形地物等因素限制，地面站的布局以及地形地物对无线电信号的反射和遮挡将会直接影响多点定位系统的覆盖能力。

3．二次雷达的安装

二次雷达工程土建部分通常由雷达塔及雷达辅楼、配电辅房等构成，二次雷达设备的天线安装于雷达塔顶部，天线外部配备玻璃钢天线罩；设备机房及监控机房位于雷达辅楼，二次雷达设备及监控设备分别装置于设备机房及监控机房。二次雷达的标校应答机天线以设计图纸位置为准。天线预埋件及雷达罩预埋件需在雷达塔顶施工时提前进行预埋，土建施工结束并通过验收后对设备安装施工单位进行工作面的移交，设备安装施工单位检查安装条件后进行设备安装施工。

施工工序包括：雷达室外单元设备吊装（含雷达罩、避雷针）、避雷针安装、雷达罩拼装、雷达室外单元设备安装、雷达室内单元设备安装、通信及配套设施安装。

一　单项选择题

1．二次雷达询问模式有六种，目前民航使用（　　）。

　　A．1 模式和 2 模式　　　　　　B．A 模式和 C 模式

　　C．A 模式和 B 模式　　　　　　D．B 模式和 C 模式

2．空管二次监视雷达用于终端和进近管制时，通常设置于（　　）。

　　A．机场或周边地带　　　　　　B．机场内部

　　C．航路沿线地势较高的地带　　D．航路沿线地势较低的地带

3．二次雷达的施工工序为（　　）。

　　A．通信及配套设施安装，雷达室外单元设备安装（吊装），避雷针安装，雷达罩拼装，雷达室外单元及设备安装，雷达室内单元设备安装

　　B．天线固定，雷达室外单元设备安装（吊装），避雷针安装，雷达罩拼装，雷达室外单元设备安装，雷达室内单元设备安装，通信及配套设施安装

　　C．雷达室外单元设备安装（吊装），天线固定，避雷针安装，雷达罩拼装，雷达室外单元设备安装，雷达室内单元设备安装，通信及配套设施安装

　　D．雷达室外单元设备安装（吊装），天线固定，避雷针安装，雷达罩拼装，雷达室外单元设备安装，通信及配套设施

4．场面监视雷达系统天线转速测试中，要求转速不低于（　　）。

　　A．30r/min　　　　　　　　　　　B．40r/min

　　C．50r/min　　　　　　　　　　　D．60r/min

二　多项选择题

1．民航空管监视系统包括（　　）等。

　　A．自动相关监视系统　　　　　　B．多点定位系统

　　C．空管自动化系统　　　　　　　D．雷达

　　E．民航卫星通信网

2．一次雷达的优点不包括（　　）。

　　A．无需辐射足够大的能量电平

　　B．可以在雷达终端显示器上用光点提供航空器的方位和距离

　　C．回波很少存在闪烁现象

　　D．不易受固定目标干扰

　　E．可对航空器身份进行识别

3．下列关于广播式自动相关监视技术说法错误的是（　　）。

　　A．提供的目标信息比空管二次监视雷达更少

　　B．依赖全球导航卫星系统对目标进行定位

　　C．本身具备对目标位置的验证功能

　　D．地面站建设简便灵活，各地面站可独立运行

　　E．数据不是针对某个特殊的用户

4．二次雷达的功能调试包括（　　）。

　　A．正南方位校准　　　　　　　　B．相位调整

　　C．自动切换　　　　　　　　　　D．故障模拟

　　E．下发串口配置

【答案与解析】

一、单项选择题

1．B；　　*2．A；　　3．C；　　4．D

【解析】

2．【答案】A

　　空管二次监视雷达用于终端和进近管制时，通常设置于机场或周边地带；用于区域管制时，通常设置于航路沿线地势较高的地带。

二、多项选择题

1．A、B、C、D；　　*2．A、C、D、E；　　*3．A、C；　　*4．B、C、D

【解析】

2．【答案】A、C、D、E

一次雷达的优点是可以在雷达终端显示器上用光点提供航空器的方位和距离，不管航空器上是否装有应答机。缺点有：必须辐射足够大的能量电平，才能收到远距离目标的反射信号，一次雷达作用距离正比于发射功率的四次方根；反射回波弱，易受固定目标干扰；不能对航空器身份进行识别；回波存在闪烁现象等。

3．【答案】A、C

ADS-B 数据不是针对某个特殊的用户，而是周期性地广播给任何一个有合适装备的用户。它可提供比空管二次监视雷达更多的目标信息，地面站建设简便灵活，各地面站可独立运行。由于其依赖全球导航卫星系统对目标进行定位，所以广播式自动相关监视系统本身不具备对目标位置的验证功能。

4．【答案】B、C、D

二次雷达的功能调试包括：监控状态检查；发射机、接收机、目标录取器、雷达数据串口输出、故障模拟与自动切换；相位调整及 A/C、S 模式配置；正北方位校准；OBA 生成；STC 优化；雷达参数优化配置；上报串口配置；自动化数据测试；二次雷达馈线测试等。

3.5　民航空管气象工程

复习要点

1．气象工程的组成及功能

（1）机场气象台应当配置：每条跑道配置自动气象观测设备，包括：温度、湿度、气压传感器、降水传感器、风向风速仪、云高仪、前向散射仪或大气透射仪、背景光亮度仪、数据处理、系统监控及显示系统；根据需要配备的移动式综合气象观测设备，至少含有温度、湿度、风向风速、气压传感器。在配置基本气象探测设备的基础上，机场气象台应当综合地形地貌、气候特点、重要天气预报预警的需要、飞行量以及运行的可行性等因素选择配置或组合配置机场天气雷达、测风雷达、低空风切变探测系统等探测气象要素的设备。

（2）天气雷达主要由天线系统、收发开关、发射机、接收机、处理和控制终端等组成。多普勒天气雷达主要探测和测量对象包括：降水、热带气旋、雷暴、中尺度气旋、湍流、龙卷风、冰雹、融化层等，并具备一定的晴空回波的探测能力。风温廓线雷达能够对风切变等气象要素以垂直探测模式进行监控，其基本数据产品包括：径向速度、谱宽、信噪比、水平风向、水平风速、垂直速度和反映大气湍流的折射率结构常数等的廓线。

（3）民航自动气象观测系统由传感器、数据处理单元、用户终端、数据传输、跑道灯光强度设定单元、电源、防雷等硬件和软件构成。自动气象观测系统应当具有测量或计算气象光学视程、跑道视程、风向、风速、气压、气温、湿度、降水、云等气象要素的功能。

（4）气象观测平台是观测员对本机场区域的云、天气现象、能见度等进行目测的固定场所。

（5）气象信息综合服务系统是以气象信息数据库为核心，以计算机网络为基础的气象信息集成应用服务系统。系统自动收集、处理、分发和存储机场气象信息，利用集成并处理后的气象信息及气象产品提供高效全面的工作支撑和气象服务，并实现本场航空气象情报与国内外机场航空气象情报的交换与共享。

2．气象台站场地的环境要求

1）气象雷达

机场天气雷达站址应当避开自然灾害频发地点，避开腐蚀性气体、工业污染的高发地。机场天气雷达站址应选择无地质断裂结构、地质稳定性好、地表坚硬的地点，重点拟选站址必须进行地震安全性评价。

所选站址四周应开阔，距其较近处无高山、铁塔、较高大树林以及高大建筑物等的遮挡，安装点应平坦。所选站址应当尽量避开高压线、电站、电台、工业干扰源等，避免与国防设施相冲突。

2）气象观测平台及气象观测场

气象观测平台应当紧邻观测值班室设立。观测平台与机场标高的高度差应当小于20m，在平台上观测员能够目视以下范围：至少一条跑道及其航空器最后进近区域；以观测平台为圆心，四周每个象限的至少一半的自然地平线。

气象观测场应当满足下列条件：与周围大部分地区的自然地理条件基本相同，土壤性质与附近地区基本一致，海拔高度应当尽可能接近机场跑道的海拔高度；应当避开飞机发动机尾部气流和其他非自然气流经常性的影响，不应当选择大面积的水泥地面附近。

气象观测场四周10m范围内不应当有1m以上作物、树木、建筑物；气象观测场面积应当为25m×25m或者16m×16m；气象观测场及场内气象设施设备四周环境不应经常变化。

一　单项选择题

1．气象信息综合服务系统以（　　）为核心。

    A．气象信息数据库　　　　　　　　B．计算机网络

    C．气象情报数据　　　　　　　　　D．气象应用软件

2．机场天气雷达及风廓线雷达选址要求不正确的一项是（　　）。

    A．在高海拔山地丘岭地区，在满足探测净空条件前提下，雷达站址的高度应尽量低

    B．在雷达主要探测方向上的遮挡物，对雷达天线的遮挡仰角不应大于2°

    C．所选站址四周应开阔，无高大建筑物的遮挡

    D．天气雷达的设置不应当遮蔽塔台管制员监视跑道

3．云高仪应当安装在（　　）内。

    A．下滑信标台　　　　　　　　　　B．全向信标台

    C．中指点信标台　　　　　　　　　D．航向信标台

4．民航航空自动气象观测系统不具有的功能是（　　）。

    A．测量或计算气象光学视程

B．提取红外和水汽图像上任意位置点的云顶温度值

C．存储一年以上气象实时数据

D．按不同跑道分别显示气象观测要素

二　多项选择题

1．机场气象台应当配备（　　　）系统。

A．机场气象资料收集处理　　　　B．民用航空气象信息

C．民用航空气象预报　　　　　　D．气象模拟软件

E．气象产品制作

2．气象观测场的仪器应当按照（　　　）原则进行合理布置。

A．北高南低　　　　　　　　　　B．南高北低

C．互相协调　　　　　　　　　　D．互不影响

E．便于观测

3．自动气象观测设备各传感器的安装位置应符合（　　　）的要求。

A．大气透射仪或前向散射仪应当安装在跑道接地地带、停止端和中间地带

B．气温、湿度、气压传感器应当安装在跑道停止端和中间地带

C．降水和天气现象传感器应当安装在跑道接地地带

D．在特定情况下，云高仪可安装在跑道中线延长线 900～1200m 处

E．风向风速仪应当安装在距跑道中心线一侧不超过 120m 但不小于 100m、距跑道入口端和停止端各向内约 300m 处及跑道中间地带

4．百叶箱的安装应符合（　　　）的要求。

A．百叶箱箱门应当朝正北

B．箱架应当高出观测场地面 1.2m

C．固定式干、湿球温度表垂直悬挂在百叶箱内

D．干球温度表在西侧，湿球温度表在东侧

E．箱内靠近箱门的顶板上，应当安装照明灯

【答案与解析】

一、单项选择题

1．A；　*2．B；　3．C；　4．B

【解析】

2．【答案】B

在雷达主要探测方向上（服务重点地区、天气系统的主要来向）的遮挡物，对雷达天线的遮挡仰角不应大于 1°，其他方向的遮挡仰角不应大于 2°。

二、多项选择题

1．A、B、E；　　2．A、D、E；　　*3．A、C、D；　　*4．A、C、E

【解析】

3．【答案】A、C、D

大气透射仪或前向散射仪应当安装在跑道接地地带、停止端和中间地带。气温、湿度、气压传感器应当安装在跑道接地地带和跑道停止端。降水和天气现象传感器应当安装在跑道接地地带。云高仪应当安装在机场中指点标台内，如果不能安装在中指点标台内，可安装在跑道中线延长线 900～1200m 处。风向风速仪应当安装在跑道接地地带、停止端和中间地带，且距跑道中心线一侧不超过 120m 但不小于 90m、距跑道入口端和停止端各向内约 300m 处及跑道中间地带。

4．【答案】A、C、E

百叶箱箱门应当朝正北，箱架应当高出观测场地面 1.25m，箱内靠近箱门的顶板上，应当安装照明灯。固定式干、湿球温度表垂直悬挂在百叶箱内，安装在温度表支架横梁两侧的环内。干球温度表在东侧，湿球温度表在西侧。

3.6　民航航管工程

复习要点

1．航管工程的组成及功能

在航管工程中主要确定以下内容：

（1）管制的性质、管制级别及管制方式。

（2）航管工程组成、主要功能及主要设施配备。

（3）塔台的位置、高度。

（4）航管气象楼建设方案（含航管气象楼的位置、建筑面积等），航管小区的用地范围、停车场面积、绿化面积。

（5）航管小区配套设施（供电制冷、采暖、给水排水、消防等）的主要技术方案和技术指标（如供电负荷量，制冷、采暖量，给水排水量等）。

（6）航管监视设施。

（7）通信工程。

（8）导航工程。

（9）气象工程。

（10）航行情报工程。

（11）航站楼内空管服务设施的配置及建设，如航行签派服务设施、航行情报服务设施、航空气象服务设施等组成及配置。

其中，根据设置在本场的管制单位所承担的管制职责，民航航管可分为区域管制、终端／进近管制、机场管制、相应建设区域管制中心、终端／进近管制中、机场管制塔台。

区域管制：航路交通管制也称区域管制，是对所管制的飞机沿航路和在空域其他部分飞行时进行引导和监视。区域管制服务是向接受机场和进近管制服务以外的航空器提供的空中交通管制服务。

终端／进近管制：终端进近管制是管制从飞机场管制塔台的边界至距离飞机场50～100 公里范围内，从航路交通管制中心把飞机接收过来，并将其引导到所管辖飞机场中的一个飞机场。

机场管制：机场管制塔台是飞行管制的工作场所，其内一般配置各种工作席位，如塔台管制席、助理管制席、飞行数据处理和放行许可席、地面管制席、通报协调席和主任管制席等。每个席位对应一个控制台。

机坪管制塔台：机坪管制塔台主要负责航空器机坪运行管制，就是将机坪区的管理职责由目前的空管部门移交给机场管理部门。

2．塔台管制室的场地环境要求

机场管制塔台应布置在便于观看升降带飞机起飞和降落的地方，最好设在跑道中部附近，结合航站区的规划布置，并服从机场的总体规划。机场管制塔台有的是独立建筑，有的是建在航管楼的顶层。塔台管制室的建设要求如下：

（1）塔台管制室是实施塔台飞行管制的工作场所，塔台设备室是安置塔台有关空管设备的机房，可以合二为一，也可以根据需要分开。

（2）机场内外的照明设备、反光装置和其他设施不应影响塔台管制员的观察，应尽量避免飞机滑行、起降时的噪声对塔台管制室工作环境的影响。

（3）塔台管制室四周的玻璃窗应向外倾斜 15° 左右，以避免对停机坪、跑道、滑行道和起降地带产生眩光，塔台外廊地面应低于塔台管制室地面 1m 以上，便于管制员向下、向外观察，管制室的水平视角应为 360°。

（4）塔台的位置应保证塔台管制员能看到全部跑道和滑行道。

（5）塔台管制室四周的大玻璃分格不应妨碍管制员坐、立时的观察视线。

（6）玻璃窗应配备特殊有色玻璃或能透视的遮阳窗帘。

（7）塔台玻璃窗下端距地板不应超过 0.7m，玻璃应为双层夹胶高透光性玻璃，特殊情况下可采用防辐射玻璃。

（8）塔台屋顶支柱应采用最小的尺寸、最少的数目，支柱的位置不应影响管制员的主要观察方位。

（9）塔台的屋顶应设置障碍灯，塔台应设备避雷系统。

3．民航航管设施的安装

民航航管设施的安装包括：区域管制中心室席位设置、区域管制中心设备配置要求、终端管制中心席位设置、终端管制中心设备配置要求、机场塔台管制室席位设置等。

一　单项选择题

1．以下（　　）是向进场或者离场飞行阶段接受管制的航空器提供的空中交通管制服务。

　　A．机场管制服务　　　　　　　B．进近管制服务
　　C．区域管制服务　　　　　　　D．以上都不是

2．机场塔台管制室的水平视角应为（　　）。

　　A．180°　　　　　　　　　　　B．270°

C．360°　　　　　　　　　　D．270°～360°

二　多项选择题

1．通常终端管制中心建设会配备（　　）等设备。
   A．记录仪系统
   B．语音交换系统
   C．空管航行气象情报综合信息显示系统
   D．空中交通管制综合信息显示系统
   E．甚高频系统
2．航行情报系统调试内容主要包括（　　）。
   A．机场信息管理　　　　　B．接口单元
   C．分拣程序　　　　　　　D．航图显示和航线通告信息
   E．备份程序

【答案与解析】

一、单项选择题
*1．B；　2．C
【解析】
1．【答案】B
区域管制服务是向接受机场和进近管制服务以外的航空器提供的空中交通管制服务。进近管制是针对仪表飞行规则（IFR）飞行的航空器起飞后进入航路和着陆前由航路到机场管制区的管制。机坪管制塔台主要负责航空器机坪运行管制，就是将机坪区的管理职责由目前的空管部门移交给机场管理部门。

二、多项选择题
1．A、B、C、E；　*2．B、C、E
【解析】
2．【答案】B、C、E
航行情报系统调试内容主要包括：接口单元、分拣程序、通告终端软件、备份程序、告警程序满足工程设计和设备技术手册要求。

3.7　民航空管配套工程

复习要点

1．导航台电源配置

（1）机场导航台宜采用双路市电专用路由供电；机场灯光站的后备电源应保证机场导航台的供电。支线机场导航台可不采用双路市电供电。航路导航台宜保证一路市电

供电，并配置发电机为后备电源。

（2）导航台可采用太阳能供电或其他可靠供电方式。太阳能供电的储能电池容量，应根据该地区日照统计中连续出现阴雨天气的天数确定。

（3）导航设备应配备蓄电池作为主用后备电源。

（4）可以选择在线式不间断电源（以下简称"UPS"）作为导航设备备用后备电源，同时可作稳压电源使用。UPS 的额定功率选择应是用电设备额定功率的 2 倍。

（5）机房配电分为转换开关箱、配电箱，转换开关箱及配电箱分离设置、安装。配置 UPS 时，应加装 UPS 电源输出配电盒，UPS 的输出经配电盒接至设备。转换开关箱、配电箱及 UPS 配电盒之间安装距离应满足浪涌防护的退耦要求。

（6）机房应设置足够数量的电源插座。配置 UPS 时，可设置不间断电源插座，满足设备维护及维修的需要。

（7）导航台的电源开关应选用空气断路开关，电源系统中不得安装漏电开关。

（8）需提供气象设备电源的导航台，应为气象设备的电源预留连接端，或预留安装位置。

2．通信导航监视设施防雷与接地

通信导航监视设施雷电防护采取直击雷防护、供配电系统防护、信号传输系统保护、天线馈线系统保护、屏蔽与等电位连接和接地系统等综合防雷措施，采取分区保护的措施，尽可能地减少雷电对通信导航监视设施的危害，保证设备正常运行及工作人员的人身安全。

3．屏蔽与等电位连接

通信导航监视设施宜联合使用以下屏蔽措施：在建筑物和房间外部设置屏蔽层、合理敷设线缆路径、线缆屏蔽等。

通信导航监视设施应充分利用建筑物内金属构件的多重连接实现等电位，应将建筑物上的大尺寸金属件（如屋顶滴漏、排气孔、遮檐、防雨板、排水槽、水下管、门窗框、阳台、围栏、导线槽、管道、钢梯、室外金属外壳等）连接在一起，并与防雷装置相连。各类机房宜设置在建筑物底层中心部位或雷电防护区的高级别区域内并远离外墙。应尽可能地利用建筑物楼板和墙体内的钢筋（加密）构成屏蔽网。

通信导航监视设施的电源线、信号线或天馈线宜分开敷设。其中，航管楼、区域管制中心内的电源线、信号线应分开敷设在强、弱电井内，采用非屏蔽电缆时，应分开敷设在强、弱电井内的金属线管（盒）内，该金属线管（盒）应电气贯通（金属线管接头处用跨接线可靠电气连接），钢管或金属盒在穿每一楼层时与该楼层等电位连接预留件连接。

4．接地系统

通信导航监视设施的防雷接地系统宜采取共用接地方式。全向信标台接地装置宜以全向信标台为中心，在其周围设置辐射式人工接地体。其天线反射网的每根支撑杆应通过接地线与接地体相连。DVOR、ILS 监控天线和航向天线宜设置人工接地体，并用埋地接地线与台站接地装置互联。航空障碍灯、摄像头等无金属外壳或保护网罩的外部用电设施应在接闪器保护范围内，应使用屏蔽电缆供电或金属管屏蔽，屏蔽层或金属管两端应做就近等电位连接。

5．通信系统建设要求

民用运输机场应当建设有效的通信设施或获得有效的通信方式，满足本机场气象台与其他气象服务机构之间的气象情报交换的需要、满足向其航空气象用户提供气象情报的需要、满足与当地气象部门之间气象资料共享的需要。

民用航空自动气象观测系统应当具有通过航空固定电信网（AFTN）发送报文的功能；通过有线和无线的通信方式远程传输实时数据及系统监控信息的功能；实时数据的输出格式应当符合规定的要求。

一 单项选择题

1．机场导航台宜采用（   ）专用路由供电。

  A．高压直流电   B．低压直流电

  C．一路市电   D．双路市电

2．气象预报值班室一般不小于（   ）m^2。

  A．40   B．50

  C．75   D．100

二 多项选择题

1．下列关于导航台规划与设计的说法中正确的是（   ）。

  A．导航台的机动车通行道路宽度不应小于 3m

  B．有人值守导航台，可按 4 人配备生活用房

  C．当市电中断时，配套的发电机应能承担导航台 90% 的用电负荷

  D．有人值守导航台，机房与生活区不得分离建设

  E．导航设备区可与弱电区合并

2．民用运输机场应当建设有效的通信设施或获得／采用有效的通信方式，以满足机场气象台（   ）的需要。

  A．与其他气象服务机构之间的气象情报交换

  B．内部传送气象情报

  C．机场气象台向其航空气象用户提供气象情报

  D．与当地气象部门之间气象资料共享

  E．备份气象数据

【答案与解析】

一、单项选择题

1．D； *2．B

【解析】

2.【答案】B

气象观测值班室应当为有窗的建筑物，能使观测员随时监视室外的天气变化，面积大小根据配置的设备情况确定，一般不小于 40m²。气象预报值班室应当根据配置的设备情况确定面积大小，一般不小于 50m²。

二、多项选择题

*1. B、E；　　　　　2. A、C、D

【解析】

1.【答案】B、E

导航台的机动车通行道路宽度不应小于 3.5m，围墙高度不低于 2.5m。有人值守导航台，可按 4 人配备生活用房。当市电中断时，配套的发电机应能承担导航台的全部用电负荷。有人值守导航台，机房与生活区可分离建设，但应满足导航设备实时监控及导航台安保的要求。导航设备区可与弱电区合并，配电区应远离主设备区。

3.8　空管工程新技术

复习要点

1．北斗卫星导航系统

北斗卫星导航系统（以下简称"北斗系统"）是中国着眼于国家安全保障和经济社会发展的需要，自主建设、独立运行的卫星导航系统，是国家重要空间基础设施，为全球用户提供全天候、全天时、高精度的定位、导航和授时服务，是全球卫星导航系统（GNSS）的核心星座之一。

北斗卫星导航系统实现了对卫星、机载及地面各种自主知识产权定位、导航与授时技术的结合，可为航空器提供飞行引导信息，为空中交通服务提供定位监视信息，为空中航行服务提供授时信息，是现代民用航空安全高效运行的基础。

2．气象工程新技术

新一代航空气象系统的业务系统建设大致可以分为四个方面：探测系统、预报业务系统、气象资料综合平台和决策支持辅助系统。

（1）探测系统的能够提高探测资料的时空分辨率，实现资源共享；充分利用地空数据链资源，增加气象服务内容。

（2）预报业务系统能够实现航空气象服务产品从主观定性向客观定量的转变，进一步提高从机场终端区到航路飞行的航空气象预报预警水平。

（3）气象资料综合平台能够满足飞行气象情报交换、气象信息共享和高度自动化、可定制化的航空气象专网智能服务的需要。

（4）决策支持辅助系统可实现运行决策系统与气象资料的高度融合，新工具将提供给决策者以清晰的判断依据，为科学决策、飞行安全、提高容量与效率作贡献。

一　单项选择题

1. 对于北斗卫星导航系统的描述，不正确的是（　　　）。

    A．不是全球卫星导航系统（GNSS）的核心星座之一

    B．实现了对卫星、机载及地面各种自主知识产权定位、导航与授时技术的结合

    C．是我国自主建设、独立运行的卫星导航系统

    D．可为全球用户提供全天候、全天时、高精度的定位、导航和授时服务

二　多项选择题

1. 气象资料综合平台的总体目标是（　　　）。

    A．精准预测　　　　　　　　B．整合资源

    C．共享信息　　　　　　　　D．统一平台

    E．统一服务

【答案】

一、单项选择题

1. A

二、多项选择题

1. B、C、E

第 4 章　民航机场弱电系统工程技术

4.1　民航机场弱电系统框架及内容

微信扫一扫
在线做题 + 答疑

复习要点

1. 民航机场弱电系统框架

民航机场弱电系统建设可围绕基础设施层、数字平台层、业务管理层、生产运行层、用户体验层等方面展开，搭建开放、共享、融合、互通的信息化基础平台。

其中，基础设施层构建基础技术资源，数字平台层建立信息化技术应用的服务环境，业务管理层形成业务流与数据流的双向融合，生产运行层提供基础系统运行和数据服务，用户体验层搭建丰富便捷、界面友好的交互接口。各机场可在此基础上进行多方位、各层级的拓展和延伸。

2. 民航机场弱电系统的组成

民航机场弱电系统和机场运营信息流程各个部分之间存在着密切联系，弱电系统包括：机场信息集成系统、航站楼离港系统、航班信息显示系统、航站楼公共广播系统、机场安防系统、机场安全检查及安全检查信息管理系统、航站楼行李处理系统、时钟系统等，它们独立或者集成完成了各类数据传输与展示。

3. 民航机场弱电系统的功能

民航机场弱电系统的功能具体体现在以下几个方面：

（1）为机场的运营安全及出行旅客的人身安全提供了强有力的保障，如安全防范系统、安全检查信息管理系统、安全检查设备、离港系统等。

（2）为机场相关工作人员提供及时、准确的航班动态信息，如信息集成系统、航班信息显示系统、公共广播系统等。

（3）机场每天需要处理的事务相对较多，无形中增大了管理难度和劳动强度，而弱电信息系统具有智能化和自动化等特点，为各项管理工作的开展提供了极大的便利。

（4）民航机场未来的发展目标是与国际接轨，引入"智慧机场"的技术及应用，从"服务""运行""安全""运营"等维度入手，进一步提升民航机场整体运营水平。

一　单项选择题

1. 民航机场弱电系统框架中，（　　）提供基础系统运行和数据服务。

    A. 生产运行层   B. 数字平台层

    C. 信息接收层   D. 基础设施层

2. 在弱电系统建设方面，大型机场在满足基本运行需求的基础上，追求（　　）发展。

    A. 信息化   B. 智能化

    C. 品质化   D. 特色化

二 多项选择题

1. 以下（   ）为机场的运营安全及出行旅客的人身安全提供了强有力的保障。
   A．安全检查信息管理系统   B．安全防范系统
   C．信息集成系统   D．公共广播系统
   E．离港系统
2. "智慧机场"从（   ）等维度入手，进一步提升民航机场整体运营水平。
   A．服务   B．运行
   C．安全   D．效率
   E．运营

【答案与解析】

一、单项选择题
*1．A；   *2．C
【解析】
1．【答案】A
基础设施层构建基础技术资源，数字平台层建立信息化技术应用的服务环境，业务管理层形成业务流与数据流的双向融合，生产运行层提供基础系统运行和数据服务，用户体验层搭建丰富便捷、界面友好的交互接口。
2．【答案】C
大型机场在满足基本运行需求的基础上，追求品质化发展，中小型机场则以满足基本运行为主，结合自身需求，追求特色化发展。
二、多项选择题
*1．A、B、E；   2．A、B、C、E
【解析】
1．【答案】A、B、E
民航机场弱电系统的功能具体体现包括但不限于以下两个方面：① 为机场的运营安全及出行旅客的人身安全提供了强有力的保障，如安全防范系统、安全检查信息管理系统、安全检查设备、离港系统等。② 为机场相关工作人员提供及时、准确的航班动态信息，如信息集成系统、航班信息显示系统、公共广播系统等。

4.2 民航机场主要的弱电系统

复习要点

1．民航机场主要的系统
民航机场弱电系统主要包括：机场信息集成系统、航站楼离港系统、航班信息显

示系统、公共广播系统、安全防范系统、安全检查与安全检查信息管理系统、行李处理系统、时钟系统、机场协同决策系统等，应重点掌握机场信息集成系统、机场离港系统、航班信息显示系统、公共广播系统工程、安全检查与安全检查信息管理系统的内容，熟悉视频监控系统、出入口控制系统工程。

2．机场信息集成系统

机场信息集成系统是为民用运输机场提供信息共享环境，使各信息弱电系统在统一的航班信息控制下自动运作的信息系统。该系统是建立在计算机技术基础之上，以航班信息为主，通过汇集、处理和整合来自不同信息源的航班信息、旅客信息，向机场其他专业系统提供一致的、规范的信息服务，并提供与信息配套的资源分配信息。该系统支持机场各生产运行部门在统一的协调指挥下进行调度管理，并为机场、旅客、航空公司提供航班运行相关的信息服务。

信息集成系统可提供的内部接口数据类型主要包括：航班数据、资源分配数据、旅客数据和行李数据等，满足数据共享和功能联动需求。

3．航站楼离港系统

航站楼离港系统具有值机、登机、控制、配载等业务功能。可接收和发送 IATA 标准报文，能够实现电子登机牌处理、自助行李交运等，支持自助值机和自助行程单打印。对于年旅客吞吐量不少于 200 万人次的机场，其离港系统宜具备本地备份功能；对于年旅客吞吐量不少于 1000 万人次的机场，其离港系统应具备本地备份功能。航站楼离港系统包括：旅客值机、登机控制、离港控制和管理、配载平衡等模块。

4．航班信息显示系统

航班信息显示系统是由各种显示终端和相应的若干个终端控制计算机、服务器和其他网络辅助设备组成的计算机信息系统。显示终端所显示的内容通过软件以多种显示方式进行显示，其显示的内容可灵活配置，根据预先调节设定的时间进行换屏显示。该系统与信息集成系统、有线电视系统、时钟系统等之间存在信息交互。

5．航站楼公共广播系统

广播音源应包括：语音合成航班信息音源、录音音源和人工音源。同一广播分区的扬声器应由同一信号源驱动。广播播音室和消防控制室应设置广播呼叫站，可根据实际需要在应急指挥中心、登机口和服务台等处设置广播呼叫站。

广播功率放大器可以是单通道或多通道设备，驱动无源终端的广播功率放大器，宜选用定压式功率放大器；全部应急广播功率放大器的功率总容量，应满足所有广播分区同时发布应急广播的要求；广播功率放大器应设置备用单元，并应实现功率放大器的自动倒备功能。

6．机场安全检查及安全检查信息管理系统

机场安全检查使用的基础设备主要有 X 射线机、安检门、手持式安检仪和痕量级炸药探测仪。安全检查对象主要有货物、行李和旅客（机组、工作人员）三类。旅客托运行李安全检查系统有分散安检和集中安检两种模式，目前国内中小型机场广泛采用分散安检模式，而大型机场普遍采用集中安检模式。

一　单项选择题

1. 信息集成系统中，（　　）是在主运行系统宕机时，切换替代主运行系统工作的。
    A. 测试运行系统　　　　　　　　B. 灾备运行系统
    C. 备份运行系统　　　　　　　　D. 辅助运行系统

2. 以下（　　）类离港系统应具备本地备份功能。
    A. 仅 A　　　　　　　　　　　　B. 仅 B
    C. A 和 B　　　　　　　　　　　D. C

3. 航班信息显示（下文简称"航显"）系统的（　　）层显示业务调度、消息逻辑发布和航班控制等信息。
    A. 数据层　　　　　　　　　　　B. 应用服务层
    C. 显示服务层　　　　　　　　　D. 客户层

4. 用于应急广播的广播功率放大器，额定输出功率应不小于其所驱动的广播扬声器额定功率总和的（　　）倍。
    A. 1.2　　　　　　　　　　　　B. 1.3
    C. 1.4　　　　　　　　　　　　D. 1.5

5. 在机场安全检查系统的安检流程中，第三级安检采用（　　）。
    A. 人工判读　　　　　　　　　　B. CT 型或多视角爆炸物探测系统
    C. 痕量检查设备（ETD）　　　　 D. 高速自动探测型爆炸物探测设备

6. 机场安防系统中，视频监控系统保存视频图像和音频信息资料的时限应不少于（　　）d。
    A. 14　　　　　　　　　　　　B. 28
    C. 60　　　　　　　　　　　　D. 90

7. 以下（　　）不属于安全检查信息管理系统的辅助功能。
    A. 考勤管理　　　　　　　　　　B. 系统用户登录管理
    C. 系统设置及安全管理　　　　　D. 手提可疑行李开包日志管理

8. 以下行李处理系统检测验收条件不正确的是（　　）。
    A. 检测验收前，业主应向集成商提出行李系统的正式验收申请
    B. 在检测验收前，集成商应提交生产厂商的正式出厂检验证书或检验合格证
    C. 应根据行李系统的不同建设阶段，对行李系统安装、调试、自测等阶段进行相应检测
    D. 相关单位应提供检测所需的技术资料与必要配合条件

9. 在机场安全检查信息管理系统各项硬件中，（　　）用于安装系统数据库、系统应用软件。
    A. 系统存储设备　　　　　　　　B. 系统服务器
    C. 系统外围设备　　　　　　　　D. 系统前端工作站

10. 对于年旅客吞吐量大于等于（　　）万人次的机场，其信息集成系统在功能中心席位、主要调度岗位等重要业务席位上布置的客户终端（PC）应采用 UPS 供电。

A．2000　　　　　　　　B．1000

C．500　　　　　　　　D．200

11．以下（　　）是公共用户旅客处理系统的缩写。

　　A．CUSS　　　　　　B．FIDS

　　C．CUPPS　　　　　 D．IMF

二　多项选择题

1．信息集成系统由（　　）组成。

　　A．机场运行数据库　　　B．智能消息框架

　　C．智能显示系统　　　　D．应用模块

　　E．应用子系统

2．离港控制系统数据有（　　）等。

　　A．值机数据　　　　　　B．登机数据

　　C．进出港旅客数据　　　D．进出港行李数据

　　E．飞机入位和离位的时间信息数据

3．航显系统宜通过（　　）实现数据交换。

　　A．IMF　　　　　　　　B．IT

　　C．COTS　　　　　　　D．AODB

　　E．NTP

4．业务广播包括（　　）等。

　　A．催促登机广播　　　　B．公益广播

　　C．航班信息广播　　　　D．突发公共事件广播

　　E．背景音乐广播

5．以下（　　）应设置出入口控制。

　　A．候机隔离区内通向办公区域的通行口

　　B．核心控制室、弱电机房

　　C．航站楼内的办公区和办公室

　　D．安全保卫要求不同的区域之间的通行口

　　E．弱电设备间

6．围界报警系统的构成包括（　　）等。

　　A．前端围界探测系统　　B．前端配套摄像系统

　　C．后端围界探测系统　　D．中央管理系统

　　E．配套信息传输系统

7．航显系统提供的接口数据中，（　　）等属于有线电视系统所需数据。

　　A．第一件和最后一件到达行李上行李提取转盘的时间信息

　　B．航班计划

　　C．航班动态

　　D．公告信息

E．航班登机触发信息等

8．下列关于时钟系统中子钟的描述，正确的有（　　　）。

A．子钟分为主子钟和备用子钟

B．子钟分为单面子钟和多面子钟

C．子钟日走时累计误差应不大于 3s

D．指挥运行中心、广播室及其他对时间有严格要求的地点应设置子钟

E．当无法接收母钟校时信号时，子钟便无法正常工作

9．A–CDM 系统的扩展功能包括（　　　）等。

A．大面积航班延误处置　　　　　B．地面保障资源监控

C．自动化采集　　　　　　　　　D．目标撤轮挡时间的计算

E．预计落地时间计算

10．通常采用的集中安检模式有（　　　），视机场规模、旅客流量及投资而定。

A．二级　　　　　　　　　　　　B．三级

C．四级　　　　　　　　　　　　D．五级

E．六级

11．信息集成系统的应备功能包括（　　　）等。

A．协同决策管理　　　　　　　　B．与其他信息弱电系统集成

C．航班信息显示　　　　　　　　D．运行资源管理

E．航班信息管理

【答案与解析】

一、单项选择题

1．C；　　2．C；　　*3．B；　　4．D；　　*5．B；　　6．D；　　*7．D；　　*8．A；

*9．B；　　10．B；　　11．C

【解析】

3．【答案】B

数据层用于存储航显系统所需的各类业务数据和基础数据；应用服务层包括：数据接口、航班信息处理、显示业务调度、消息逻辑发布和航班控制等；显示服务层包括：显示页面生成和终端显示设备控制管理等；客户层包括了将各种显示页面在终端显示设备进行显示等功能。

5．【答案】B

第一级行李安全扫描工作由高速自动探测型爆炸物探测设备完成，第二级安检由安检操作员在远程人工判读工作站，第三级安检采用 CT 型或多视角爆炸物探测系统，第四级安检多使用痕量检查设备（ETD），第五级安检通常是手工开箱检查。

7．【答案】D

安全检查信息管理系统的辅助功能：考勤管理；系统用户登录管理；系统设置及安全管理；安检查询统计与决策分析；旅检现场的资源与人员管理；有效事件日志管理；人员排班管理等。手提可疑行李开包日志管理属于主要功能。

8.【答案】A

检测验收前，集成商应向业主提出行李系统的正式验收申请。

9.【答案】B

系统服务器：用于安装系统数据库、系统应用软件，中大型机场需设置备份服务器。系统存储设备：用于存储航班信息、托运行李状态信息、旅客信息、所乘航班信息、照片等。系统前端工作站包括：系统管理工作站、验证工作站、开包工作站等。系统外围设备：如指纹仪，条码阅读器或身份证阅读器，票据打印机等。

二、多项选择题

1. A、B、D、E；　　 2. A、B、C、D；　　 3. A、D；　　 *4. A、C；
*5. B、D、E；　　 *6. A、B、D；　　 *7. B、C、D；　　 *8. B、D；
*9. C、E；　　 10. B、D；　　 *11. B、D、E

【解析】

4.【答案】A、C

业务广播，指航站楼内为日常运行业务进行的音频广播，包括：航班信息广播、登机广播、催促登机广播、最后登机广播等；服务性广播，指航站楼内为旅客提供服务进行的音频广播，包括：公益广播、寻呼广播及背景音乐广播等；应急广播，指航站楼内应对紧急事件进行的音频广播，包括：消防、空防及突发公共事件广播。

5.【答案】B、D、E

安全保卫要求不同的区域之间的通行口应设置出入口控制。核心控制室、弱电机房、弱电设备间应设置出入口控制。候机隔离区内通向办公区域的通行口宜设置出入口控制，根据用户需求，可对航站楼内的办公区和办公室设置出入口控制。

6.【答案】A、B、D

一套完整的围界报警系统由前端围界探测系统、围界配套摄像系统、围界配套声音警示系统、围界配套辅助照明系统、中央管理系统、通信传输网络、配电系统共7个子系统构成。

7.【答案】B、C、D

信息集成系统所需数据包括：第一件和最后一件到达行李上行李提取转盘的时间信息、航班登机触发信息等。有线电视系统所需数据有：航班计划、航班动态和公告信息等。

8.【答案】B、D

子钟分为单面子钟和多面子钟，可采用指针式或数显式。子钟内应有独立的时钟发生器，其日走时累计误差应不大于1.5s，当无法接收母钟校时信号时，子钟仍应以内部时钟独立工作。指挥运行中心、广播室及其他对时间有严格要求的地点应设置子钟。在航站楼出发、到达、候机、行李分拣、提取大厅、办理乘机手续和通道等场所宜设置子钟。旅客餐厅、休息等场所可根据需要设置子钟。

9.【答案】C、E

A-CDM系统的必要功能包括：运行数据共享平台、地面保障资源监控、地面保障里程碑监控、目标撤轮挡时间的计算、协同放行、大面积航班延误处置、航班计划动态调整、保障流程评价、航班延误原因分析。扩展功能包括：自动化采集、航空器追踪监控、飞行区监控、气象监视、预计落地时间计算。

11.【答案】B、D、E

信息集成系统应备功能：航班信息管理、运行资源管理、航班信息查询、运行统计分析、与其他信息弱电系统集成。扩展（可选）功能：协同决策管理、地服作业管理、指挥调度管理、航班信息显示、空侧活动区运行监控管理。

4.3　民航机场弱电系统软硬件安装及调试

复习要点

1．民航机场弱电系统软硬件安装及调试

本节应重点掌握软件系统信息安全的要求，结合《安全防范工程技术标准》GB 50348—2018、《民用运输机场安全保卫设施》MH/T 7003—2017、《民用运输机场航站楼安防监控系统工程设计规范》MH/T 5017—2017 掌握安全防范工程的安装及调试的内容，调试内容应结合民航相应的设计及检测规范进行，熟悉机场弱电系统与土建工程、内部装修工程等其他工程的配合。

2．软件安装的安全措施

软件安装的安全措施应符合"网络安全等级保护 2.0 制度系列标准"要求、《民用航空网络安全等级保护基本要求》《民用航空网络安全等级保护定级指南》等的要求。

3．视频监控系统

视频监控系统应设置摄像机，候机隔离区实施全覆盖视频监控。对航站楼内公共活动区人员活动实施静态持续覆盖视频监控，应采用固定摄像机。在值机柜台、安检验证台、托运行李开包台、手提行李开包台和登机口操作台等重点部位应设置拾音装置，实施现场声音采集。

4．隐蔽报警系统

隐蔽报警系统用于指定区域工作人员在发现可疑或危险的人或物品时以隐蔽方式向公安执勤室发出报警信息。航站楼内值机柜台、安检验证台、安检开包台、小件行李寄存处应设置隐蔽报警装置，监管或用户要求的其他安全部位应设置隐蔽报警设施。

5．出入口控制系统调试

出入口控制系统调试要注意异常报警和相关系统的联动功能。

一　单项选择题

1．应急广播系统用的电缆竖井，若与电力、照明用的低压电线路电缆竖井必须重合时，两种电缆应分别布置在（　　）。

　　A．竖井的一侧　　　　　　　B．竖井的两侧
　　C．竖井的四周　　　　　　　D．竖井的中间

2．应急广播系统的传输线路应选择不同颜色的绝缘导线。正极、负极分别宜为（　　）。

A．红色，白色   B．白色，红色

C．黄色，白色   D．白色，黄色

二 多项选择题

1．对于广播系统设备调试，正确的是（ ）。

 A．通电调试时，应先将所有设备的旋钮旋到最大位置，并应按由前级到后级的次序，逐级通电开机

 B．广播扬声器安装完毕后，应逐个广播分区进行检测和试听

 C．应对各个广播分区以及个别系统进行功能检查，并根据检查结果进行调整

 D．应有计划地反复模拟正常的运行操作

 E．系统调试持续加电时间不应少于 48h

2．下列选项中，（ ）内应有独立的高精度时钟发生器，其年走时累计误差应不大于 1ms。

 A．母钟   B．单面子钟

 C．二级母钟   D．多面子钟

 E．三级母钟

【答案与解析】

一、单项选择题

1．B； 2．A

二、多项选择题

*1．B、D；   2．A、C

【解析】

1．【答案】B、D

通电调试时，应先将所有设备的旋钮旋到最小位置。广播扬声器安装完毕后，应逐个广播分区进行检测和试听。应对各个广播分区以及整个系统进行功能检查，并根据检查结果进行调整。应有计划地反复模拟正常的运行操作，系统调试持续加电时间不应少于 24h。

4.4 民航机场弱电系统机房工程建设及配电方法

复习要点

1．民航机场弱电系统机房工程建设及配电方法

航站楼弱电基础工程，是为航站楼弱电系统建设、运行提供最基础的设施保障，主要包括：综合布线系统、网络系统、机房工程、弱电配电系统等。本节重点掌握综合布线与网络系统工程、弱电系统机房工程相关内容。

2. 航站楼弱电系统的布线技术

航站楼综合布线系统由 7 个功能子系统构成，即工作区子系统、配线子系统、干线子系统、建筑群子系统、设备间子系统、进线间子系统和管理子系统，包括了多种不同类型的传输物理介质和多种不同类型的连接器件。构成综合布线系统的主要设备有双绞线、光缆和配线设备等。双绞线由两根具有绝缘保护层的铜导线相互缠绕而成，网络综合布线常使用的双绞线有 3 类、4 类、5 类、5e 类、6 类、7 类双绞线。对于传输距离远、干扰大等情况，则多采用光缆进行信号传输，按传输模数光缆分为单模光缆和多模光缆两类，在工程中常遇到光缆接续问题，应掌握其接续程序和方法。

构成综合布线系统的主要设备包括双绞线、光缆、配线设备。双绞线是综合布线工程中最常用的一种传输介质。双绞线由两根具有绝缘保护层的铜导线组成，一般由两根绝缘铜导线相互缠绕而成。光缆分为单模光缆和多模光缆。

在光纤接续中，光纤端面的制作是最为关键的工序。光纤端面的完善与否是决定光纤接续损耗的重要原因之一。它要求制备后的端面平整，无毛刺、无缺损，且与轴线垂直，呈现一个光滑平整的镜面区，且保持清洁，避免灰尘污染。制备端面有三种方法：一是刻痕法，采用机械切割刀，用金刚石刀在表面上向垂直于光纤的方向划道刻痕，距涂覆层 10mm，轻轻弹碰，光纤在此刻痕位置上自然断裂；二是切割钳法，它是利用一种自制的手持简易钳进行切割操作；三是超声波电动切割法。这三个方法只要器具优良、操作得当，制备端面的效果都能满足施工要求。

3. 机房防雷接地工程

信息弱电机房防雷接地工程的对象主要有信息弱电设备机房和操作机房。普通的弱电小间等电位接地做法：沿墙设均压带与机房内的等电位端子箱相连，所有强、弱电设备的外壳、外露的金属构件、结构钢筋用多股铜芯线就近与均压带连接。信息弱电主机房等电位接地做法：在防静电地板下明敷等电位网格及均压带，网格网眼尺寸与防静电地板尺寸一致，交叉点焊接，再将均压带与机房内的等电位端子箱相连。

一 单项选择题

1. 综合布线系统中，（   ）由设备间至弱电间的干线电缆和光缆、安装在设备间的建筑物配线设备及设备线缆和跳线组成。
　　A. 建筑群子系统　　　　　　B. 工作区子系统
　　C. 设备间子系统　　　　　　D. 干线子系统
2. UPS 分散设置的优点不包括（   ）。
　　A. 可大大减少 UPS 数量　　B. 供电关系明确
　　C. 设计简单　　　　　　　　D. 无须考虑压降等问题

二 多项选择题

1.（   ）是航站楼弱电综合布线系统中双绞线的主要指标。
　　A. 衰减　　　　　　　　　　B. 近端串扰

C. 回波损耗　　　　　　　　D. 衰减串扰比

E. 传输延迟

2. 弱电系统机房工程建设具体项目有（　　　　）等。

A. 机房装修工程　　　　　　B. 机房信息弱电工程

C. 机房消防系统工程　　　　D. 机房供配电工程

E. 机房应急保障工程

【答案与解析】

一、单项选择题

*1. D;　　*2. A

【解析】

1.【答案】D

① 工作区子系统——由配线子系统的信息插座模块延伸到终端设备处的连接线缆及适配器组成。② 干线子系统——由设备间至弱电间的干线电缆和光缆、安装在设备间的建筑物配线设备及设备线缆和跳线组成。③ 建筑群子系统——由连接多个机场建筑物之间的主干电缆和光缆、建筑群配线设备及设备线缆和跳线组成。④ 设备间子系统——在航站楼等建筑物的适当地点进行网络管理和信息交换的房间。

2.【答案】A

UPS 分散设置，优点：设计简单，供电关系明确，无须考虑压降等问题。缺点：UPS 数量多，增加管理维护工作量。UPS 相对集中供电，优点：可大大减少 UPS 数量，在适当增加投资的前提下可提高 UPS 供电系统的可靠性，从而提高整个弱电信息系统供电的可靠性。缺点：需增加独立的 UPS 间。

二、多项选择题

1. A、B、D;　　　　*2. A、B、C、D

【解析】

2.【答案】A、B、C、D

机房工程建设具体项目有：机房装修工程、机房消防系统工程、机房供配电工程、机房信息弱电工程、机房防雷接地工程等。

4.5　民航智慧机场新技术

复习要点

1. 数字孪生技术

数字孪生是以数字化、网络化为主要特征的先进信息技术，也被称为继计算机、互联网和物联网之后的第四次技术革命。

从技术层面看，数字孪生主要包括：在物理世界中，建立与之对应的、包含全部细节的、可测量的实体对象的孪生体；在数字世界中，利用虚拟现实技术和传感器技术对物理对象进行模拟和仿真；利用智能分析方法对模拟仿真进行优化，从而得到更加真实、准确的结果。

2．自动移动机器人（AMR）

自动移动机器人（AMR）使用一组复杂的传感器、人工智能、机器学习技术来计算路径规划，以理解环境并在其中导航，不受有线电源的限制。由于自动移动机器人（AMR）配备了摄像头和传感器，如果它们在环境中导航时遇到意外障碍，例如掉落的箱子或人群，它们将利用避撞等导航技术来减速、停止或重新规划路线绕过障碍物，然后继续执行任务。自动移动机器人（AMR）集群系统主要应用于航空物流智能化处理系统。

一 单项选择题

1．下列关于虚拟化技术描述错误的是（   ）。
    A．让不同业务系统充分共享物理资源
    B．后期应用扩展较为困难
    C．可提高硬件资源利用率
    D．可减少设备数量
2．自动移动机器人集群系统主要应用于（   ）处理系统。
    A．航空物流智能化   B．航空信息智能化
    C．航空安防智能化   D．航空广播智能化

二 多项选择题

1．智慧机场数字孪生的功能包括（   ）等。
    A．可实现对现实世界物理实体及状态的虚拟再现
    B．将机场的人员、设备、航空期、车辆以及环境之间建立实时的信息连接
    C．通过数据驱动实现对数据状态信息的感知、处理和分析
    D．数字孪生可对机场设施进行"智能＋"改造
    E．对机场运行状态进行实时监测与分析
2．自动移动机器人（AMR）集群系统主要由（   ）组成。
    A．控制系统   B．辅助系统
    C．网络系统   D．驱动系统
    E．自动移动机器人（AMR）本体

【答案与解析】

一、单项选择题
*1．B；   2．A

【解析】

1. 【答案】B

数字孪生技术可实现对现实世界物理实体及状态的虚拟再现，可通过数据驱动实现对数据状态信息的感知、处理和分析，通过对数据信息的深度挖掘分析对业务流程和管理模式进行优化迭代；数字孪生技术能实时监测机场设施设备运行状况，并在虚拟空间中反映其物理特征。数字孪生可对机场设施进行"智能＋"改造，提升机场设施的运行效率和安全保障水平。利用数字孪生技术可对机场运行状态进行实时监测与分析。

二、多项选择题

*1. A、C、D、E；　　2. A、B、E

【解析】

1. 【答案】A、C、D、E

"将机场的人员、设备、航空器、车辆以及环境之间建立实时的信息连接"是物联网的功能。

第5章 民航机场目视助航工程技术

5.1 民航机场目视助航工程内容及要求

微信扫一扫
在线做题＋答疑

复习要点

1．民航机场目视助航工程内容及要求

目视助航系统一般由助航灯光、道面标志、标记牌、标志物等组成，其组成和布置形式则根据机场的平面布置、飞行业务量、机场接收飞机规格、气象条件、配合使用的无线导航设施的功能和精密程度等因素决定。助航灯光设施是指在飞机进近及夜航或跑道能见度低时通过灯光向飞行员提供目视引导信号的地面工程设施。

国际民航组织根据不同气象条件下的机场能见度／跑道视程（RVR）和决断高（DH）规定了非仪表着陆及四类仪表着陆标准，机场运行机构据其确定包括仪表着陆及目视助航灯光等系统在内的配套设施。如目视助航进近灯光系统分为简易、Ⅰ类、Ⅱ类、Ⅲ类。

在机场工程建设时，目视助航工程常分为目视助航灯光系统工程、目视助航标志工程、目视助航设施工程中的灯光变电站工程及机坪照明工程。

2．目视助航工程的技术要求

机场目视助航灯光是机场目视助航工程的主要设施。灯光和灯具的布置应满足四方面要求，同时还要保障飞机安全。对助航灯光和灯具的布置有构形（confguraion）、颜色（color）、光强（candelas）、有效范围（eoverage）四方面要求，简称四个"c"。构形和颜色能提供动态三维定位的重要信息。构形提供引导信息，而颜色提示飞行员在此系统中的位置。光强和有效范围对构形和颜色的体现起到重要作用。飞行员应对系统的构形和颜色非常熟悉，并且应能视觉感知光强的变化。这四方面要求适用于所有机场的目视助航灯光系统。

易折性是指一种物体的特性，即物体保持结构的整体性和刚度直至一个要求的最大荷载，而在受到更大荷载的冲击时就会破损、扭曲、弯曲，使对飞机危害减至最小。物体的这种能力称为易折性。如：当立式灯具受到飞机意外撞击，应迅速从根部折断以尽量减小飞机损坏的可能性，易折装置在折断后应易于更换。因此，所有应具备易折特性助航灯具及设备的选用应按民航主管部门相关规定及公布执行。

为保证飞行安全所必需的或出于飞机安全目的，需要安放在机动区的设备设施应符合易折性要求，此类机场目视助航灯光和设施主要包括：风向标、立式跑道边灯、立式跑道入口灯、立式跑道末端灯、立式停止道灯、立式滑行道边灯、进近灯、目视进近坡度指示器、标记牌（在停机坪上的机位标记牌除外）及标志物等。

在距跑道入口300m以外的部分，立式进近灯及其支柱必须是易折的，如支柱高度超过12m，则其顶端12m部分应易折，支柱低于四周非易折物体的情况除外；支柱四周存在非易折物体，则高出非易折物体的部分应易折。

一　单项选择题

1. 目视助航灯光系统中,(　　)是白色所表示的内容。

    A. 危险 　　　　　　　　B. 安全

    C. 明快 　　　　　　　　D. 平静

2. 目视助航进近灯光系统分为(　　)类运行模式。

    A. 1 　　　　　　　　　　B. 2

    C. 3 　　　　　　　　　　D. 4

3. 某立式进近灯的支柱高 15m,且在距跑道入口 300m 以外,则其顶端(　　)m 部分应易折。

    A. 12 　　　　　　　　　　B. 10

    C. 8 　　　　　　　　　　D. 6

4. 助航灯具主光束范围内测得的平均光强不应大于平均光强规定值的(　　)倍。

    A. 2 　　　　　　　　　　B. 3

    C. 4 　　　　　　　　　　D. 5

二　多项选择题

1. 助航灯光是指为航空器在夜间或低能见度情况下(　　)提供目视引导而设于机场内规定地段的灯光总称。

    A. 起飞 　　　　　　　　B. 着陆

    C. 滑行 　　　　　　　　D. 升降

    E. 滑跑

2. 机场目视助航设施包括:指示标和信号设施、(　　)以及它们的供电系统和监视与控制系统等。

    A. 标志 　　　　　　　　B. 助航灯光

    C. 标记牌 　　　　　　　D. 标志物

    E. 指挥系统

3. 当进近灯具或其支柱本身不够明显时,应涂上(　　)或(　　)油漆。

    A. 黄色 　　　　　　　　B. 红色

    C. 橙色 　　　　　　　　D. 绿色

    E. 黑色

4. 机场目视助航灯光是机场目视助航工程的主要设施,灯光和灯具的布置应满足(　　)四方面要求。

    A. 构形 　　　　　　　　B. 颜色

    C. 光强 　　　　　　　　D. 发光角度

    E. 有效范围

【答案与解析】

一、单项选择题

1．C；   *2．D；   *3．A；   4．B

【解析】

2．【答案】D

目视助航进近灯光系统分为简易、Ⅰ类、Ⅱ类、Ⅲ类。

3．【答案】A

在距跑道入口300m以外的部分，立式进近灯及其支柱必须是易折的，如支柱高度超过12m，则其顶端12m部分应易折，支柱低于四周非易折物体的情况除外；支柱四周存在非易折物体，则高出非易折物体的部分应易折。

二、多项选择题

1．A、B、C；   2．A、B、C、D；   3．A、C；   4．A、B、C、E

5.2 民航机场主要目视助航设施及系统

复习要点

1．标志及标志物

地面上的标志包括跑道号码标志、跑道入口标志、瞄准点标志、接地带标志、跑道边线标志、跑道中线标志、滑行道中线标志、滑行边线标志、跑道掉头坪标志、滑行道道肩标志、跑道等待位置标志、中间等待位置标志、强制性指令标志、信息标志、飞机机位标志、机坪安全线（机位安全线、翼尖净距线、机坪设备区停放标志、行人步道线标志、机坪上栓井标志、道路标志）、关闭标志、跑道入口前标志、VOR机场校准点标志、其他标志等。

在夜间运行的机场，标志宜使用反光涂料涂刷，以增强其可见性。在跑道与滑行道相交处，应显示跑道的各种标志（跑道边线标志除外），而滑行道的各种标志均应中断。在跑道与跑道掉头坪之间的跑道边线标志应连续不断。

2．标记牌

为保障机场活动区内航空器和车辆的运行安全和效率，应设置标记牌系统供飞行员和车辆驾驶员使用。

标记牌包括：滑行引导标记牌、机位号码标记牌、道路等待位置标记牌、机场识别标记及VOR机场校准点标记牌。其中滑行引导标记牌包括：跑道号码标记牌；Ⅰ类、Ⅱ类或Ⅲ类等待位置标记牌；跑道等待位置标记牌；禁止进入标记牌；强制等待点标记牌；位置标记牌；方向标记牌；目的地标记牌；滑行道终止标记牌；跑道出口标记牌；跑道脱离标记牌；交叉点起飞标记牌；滑行位置识别点标记牌。

标记牌按内容分为不变内容标记牌和可变内容标记牌。可变内容标记牌在不使用或出现故障时，应显示一片空白。在可变内容标记牌上，从一个通知改变到另一个通知的时间应尽可能短，应不超过5s。

标记牌按功能分为强制性指令标记牌和信息标记牌。强制性指令标记牌包括：跑道号码标记牌；Ⅰ类、Ⅱ类或Ⅲ类等待位置标记牌；跑道等待位置标记牌；道路等待位置标记牌；禁止进入标记牌和强制等待点标记牌。信息标记牌包括：位置标记牌；方向标记牌；目的地标记牌；滑行道终止标记牌；跑道出口标记牌；跑道脱离标记牌；交叉点起飞标记牌；滑行位置识别点标记牌；机位号码标记牌；机场识别标记和 VOR 机场校准点标记牌。

3. 目视助航灯光系统设施

目视助航灯光系统主要包括：进近灯光系统、精密进近坡度指示系统、跑道灯光系统、滑行道灯光系统及其他灯光系统。

进近灯光系统指辅助飞机进近和着陆过程的灯具。进近灯光系统分为简易进近灯光系统，Ⅰ类、Ⅱ类和Ⅲ类精密进近灯光系统。其中，简易进近灯光系统用于拟在夜间使用的非仪表跑道和非精密进近跑道。如果该跑道仅用于能见度良好情况下或有其他目视助航设备提供足够的引导时，可以不设。其他三类精密进近灯光系统用于相对应的精密进近跑道；如果白天能见度不好，进近灯光系统也能提供目视引导。

精密进近坡度指示系统分为简易精密进近坡度指示系统（APAPI）及精密进近坡度指示系统（PAPI），在有进近引导要求的飞机使用跑道，无论跑道是否设有其他目视助航设备或非目视助航设备，应设置精密进近坡度指示系统。当飞行区指标Ⅰ为 1 或 2 时，应设置 PAPI 或 APAPI。当飞行区指标Ⅰ为 3 或 4 时，应设置 PAPI。精密进近坡度指示系统应适合于昼间和夜间运行。

跑道灯光系统包括：跑道入口识别灯、跑道入口灯、跑道入口翼排灯、跑道接地带灯、跑道中线灯、跑道边灯和跑道末端灯。

滑行道灯光系统包括：滑行道中线灯、滑行道边灯、停止排灯、快速出口滑行道指示灯、除冰坪出口灯、跑道掉头坪灯、机位操作引导灯、禁止进入排灯、中间等待位置灯和跑道警戒灯等。

机场目视助航灯光系统还有不适用地区灯、风向标灯、停止道灯、航空灯标、盘旋引导灯、道路等待位置灯、跑道引入灯光系统、应急灯光、跑道状态灯及道路等待位置灯等其他灯光系统。

4. 机坪助航设备

机坪助航设备主要包括：机坪泛光照明设备、机务用电设备、目视停靠引导系统、高级目视停靠引导系统。突出地面的机坪助航设备四周应加装防撞设施。

机坪泛光灯源的显色性应使工作人员能够正确辨认与例行服务（检修）有关的飞机标志、道面标志和障碍物标志的颜色。机坪泛光照明的平均照度和泛光照明灯杆与机坪上的机位滑行通道中线的距离都应满足要求。

在机坪宜设置电源，供维修、飞机地面静变电源、飞机地面空调等装置用电，宜采用配电箱（亭）方式。配电箱（亭）应设在机位安全线以外，靠近用电装置且不影响机坪车辆正常运行，电源井尽量靠近用电设备。

目视停靠引导系统主要用于航站楼配备有旅客登机桥的机位，也可用于需要准确定位的其他机位。评价是否需要目视停靠引导系统需要特别考虑的因素有：使用机位的飞机数量和机型、天气条件、机坪面积和由于飞机服务设施、旅客登机桥等对操纵飞机到停放位置的精确度要求。目视停靠引导系统应提供方位和停住的引导。

高级目视停靠引导系统除提供基本的和被动的有关方位及停机位置信息外，还要向飞行员提供主动的（通常基于传感器）引导信息，如飞机机型、剩余距离信息和接近速度。停靠引导信息通常显示在单体显示装置上。高级目视停靠引导系统分三阶段提供停靠引导信息：系统获取飞机信息、飞机对正方位和停机位置信息。

5. 助航灯光供电系统及机坪助航设备供电系统

助航灯光负荷应为一级负荷中特别重要负荷，除双重电源供电外应增设应急电源。应在跑道附近设一处或两处助航灯光变电站，近距多跑道灯光系统变电站应合建。灯光负荷的系统接线应相对独立，不应接入大量其他负荷造成可靠性降低。运输机场助航灯光变电站应由两路稳定可靠的电源供电，若实际不可行，由一路稳定可靠的电源供电时，还应按最大需用功率设置常载型柴油发电机等电源。精密进近跑道应设置能满足规定相应类别要求的应急电源，当主电源失效时，应急电源应能自动投入。

近机位高级目视停靠引导装置的负荷等级应为一级，其他机坪助航设备的负荷等级应为二级。机坪泛光灯应采用独立的电力电缆供电，相邻的泛光灯宜接自不同供电回路。机坪泛光灯在全负荷时，工作电流不应超过电缆载流量额定值的70%。机坪泛光灯供电电缆中性线截面不应小于相线截面；照明灯具的灯端电压应不大于光源额定电压的105%，亦不宜低于其额定电压的90%。机坪泛光灯应设有手动控制功能，宜采用集中式自动控制。机坪泛光灯的电气控制应具有实现全部照明和部分照明多种功能，并可根据运行需要进行灯具开关和照度调节。机坪泛光灯光源采用气体放电灯时，应采用三相供电系统以降低频闪效应。相邻瞄准方向的照明灯具的电源应接自不同相线。机坪泛光灯配电系统的接地方式应采用 TN-S 或 TT 系统。飞机地面静变电源等可通过配电箱（亭）或电源井方式供电。

6. 助航灯光监控系统

助航灯光监控系统应能够对可能影响管制功能的任何故障发出信息，并自动将该信息传输到机场塔台。在跑道视程小于 550m 时使用的跑道，对所列的灯光系统应予自动监控，以便当任何单元的可用性水平低于规定的相应最低可用性水平时能发出信息，这种信息应自动传递给维护人员。在视程小于 550m 时使用的跑道，对所列的灯光系统应予自动监控，当灯光系统的可用性水平低于不应继续运行的最低水平时应发出信息，这种信息应自动传输到机场塔台，并在显著位置显示出来。在助航灯光的运行状态改变时，监视系统应能尽快显示出改变后的运行状态。停止排灯的状态改变应在 2s 内显示，其他灯光的状态改变应在 5s 内显示。作为标准滑行路线一部分的跑道上，跑道灯和滑行道灯的开、关应互为闭锁，避免同时发光。

对机坪上的机坪泛光灯、机位号码标记牌等助航设备，宜设置监视与控制系统，以监视和控制其运行状态。

民用机场的绝大部分目视助航灯光系统通过调光器将光强调节为五个等级。根据气象条件、能见度等要求，由塔台发出指令，调光器将灯光光强调整到所需要的光强等级，以做到既能满足飞行要求又能经济地使用灯光系统。

7．作为障碍物需加以标志（涂漆或加标志物）和（或）灯光标示的物体，位于障碍物限制面内的物体

在机场活动区内，除航空器外所有车辆和移动物体均为障碍物，必须予以标志。如在夜间或低能见度条件下使用还应设灯光标示，只有机坪上使用的无动力勤务设备可以除外。在规定的至滑行道、机坪滑行道或机位滑行通道中线的间隔距离范围内的所有障碍物，必须予以标志。如果这些滑行道或机位滑行通道在夜间使用，则还应设灯光标示。横跨河流、水道、山谷或公路的架空电线或电缆等，若经航行研究认为这些电线或电缆可能对航空器构成危害，则应予以标志，对其支撑杆塔予以标志和灯光标示。

在障碍物限制面范围以外的机场附近地区内（该区域大小与机场分类、飞行规则相关），对航空器飞行运行造成限制或影响的物体应视为障碍物，应设标志和灯光标示，但在该障碍物设有在昼间运行的高光强障碍灯，则可将标志省去。

所有应予标志的固定物体，只要实际可行，应用颜色标志；如实际不可行，则应在物体上方展示标志物或旗帜，若该物体的形状、大小和颜色已足够明显，则不需要再加标志。

一　单项选择题

1．需在夜间运行的机场可采用（　　　）涂刷铺筑面上的标志，以增强其可见性。
  A．反光材料　　　　　　　　　B．颜色反差大涂料
  C．与道面颜色反差大　　　　　D．环保材料

2．跑道号码标志应设置在（　　　）位置。
  A．跑道出口　　　　　　　　　B．跑道入口
  C．跑道中线　　　　　　　　　D．跑道两侧

3．Ⅰ类精密进近跑道及非精密进近跑道的中线标志宽度应不小于（　　　）m。
  A．0.3　　　　　　　　　　　B．0.4
  C．0.45　　　　　　　　　　 D．0.5

4．跑道入口若需暂时内移或永久内移，则跑道入口标志应增加一条横向线段，其宽度应不小于（　　　）m。
  A．1.2　　　　　　　　　　　B．1.4
  C．1.8　　　　　　　　　　　D．2.0

5．有铺筑面的跑道应在跑道两侧设跑道边线标志。跑道边线标志与其他跑道或滑行道交叉处（　　　）。
  A．应予以中断　　　　　　　　B．不应中断
  C．视运行需求确定是否中断　　D．对是否中断不作要求

6．跑道掉头坪标志中拟供飞机跟随进行 180° 转弯的曲线部分的设计宜能保证前轮转向角不超过（　　　）。
  A．30°　　　　　　　　　　　B．35°
  C．40°　　　　　　　　　　　D．45°

7．浅色道面上的跑道等待位置标志应设置黑色背景，黑色背景的外边宽为

（   ）m。

    A．0.1   B．0.15

    C．0.2   D．0.25

8．翼尖净距线等其他机坪安全线（包括标注的文字符号）均应为（   ）。

    A．白色   B．黄色

    C．红色   D．黑色

9．消火栓井标志采用（   ）标示，边长为消火栓井直径加0.4m。

    A．正方形   B．圆形

    C．三角形   D．其他

10．在可变内容标记牌上，从一个通知改变到另一个通知的时间应尽可能短，应不超过（   ）s。

    A．2   B．3

    C．4   D．5

11．A型简易进近灯光系统应采用低光强发（   ）光的全向灯具，灯具在水平面以上0°～50°范围内均应发光。

    A．黄色   B．白色

    C．红色   D．绿色

12．Ⅰ类精密进近灯光系统由一行位于跑道中线延长线上的中线灯和一个横排灯组成，全长应为900m，因为场地条件限制无法满足要求时可以适当缩短，但总长度不得低于（   ）m。

    A．360   B．420

    C．480   D．720

13．入口翼排灯应在跑道入口处分为两组，即两个翼排灯对称于跑道中线设置。每个翼排灯由多个灯组成，垂直于跑道边灯线并伸出该线至少10m，最里面的灯放在（   ）的位置。

    A．跑道与道肩交界处   B．跑道边灯线内侧0.5m

    C．跑道边灯线外侧0.5m   D．跑道边灯线上

14．精密进近跑道的跑道入口灯由两路分五级调光的串联电路隔灯交替供电。Ⅱ类和Ⅲ类精密进近跑道入口灯应有自动投入的应急电源，应急电源的投入速度应满足灯光转换时间不大于（   ）s的要求。

    A．1   B．5

    C．10   D．15

15．跑道末端灯应设置在跑道端外垂直于跑道中线的一条直线上，并尽可能靠近跑道端，距离不得大于3m，跑道末端灯至少由（   ）个灯组成。

    A．4   B．5

    C．6   D．7

16．平行于跑道中线的那一部分快速出口滑行道上的滑行道中线灯应始终距离跑道中线灯（如果设有）至少（   ）cm。

    A．30   B．40

C. 50　　　　　　　　　　　　　　D. 60

17. 一组快速出口滑行道指示灯在其运行的任何时间内必须按（　　　）个灯一组的全构型展示，否则应予关闭。

A. 2　　　　　　　　　　　　　　B. 4

C. 6　　　　　　　　　　　　　　D. 8

18. 除了标示停住位置的灯应为（　　　）的单向灯外，其他飞机机位操作引导灯应为恒定发黄色光的灯。

A. 恒定发红色光　　　　　　　　B. 1s 两次闪烁发红色光

C. 恒定发黄色光　　　　　　　　D. 恒定发绿色光

19. 助航灯光变电站储油量或其他方式供应的油量应能满足柴油发电机连续运行（　　　）h。

A. 4　　　　　　　　　　　　　　B. 6

C. 8　　　　　　　　　　　　　　D. 10

20. 机坪泛光灯在全负荷时，工作电流不应超过电缆载流量额定值的（　　　）。

A. 60%　　　　　　　　　　　　B. 70%

C. 80%　　　　　　　　　　　　D. 90%

21. 根据气象条件、能见度等要求，由（　　　）发出指令，调光器将灯光光强调整到所需要的光强等级，以做到既能满足飞行要求又能经济地使用灯光系统。

A. 塔台　　　　　　　　　　　　B. 监控中心

C. 灯光站　　　　　　　　　　　D. 气象观测中心

二　多项选择题

1. 标记牌按功能可分为（　　　）。

A. 不变内容标记牌　　　　　　　B. 可变内容标记牌

C. 强制性指令标记牌　　　　　　D. 非强制性指令标记牌

E. 信息标记牌

2. 以下跑道中，（　　　）的中线标志宽度应不小于 0.9m。

A. Ⅰ类精密进近跑道　　　　　　B. Ⅱ类精密进近跑道

C. Ⅲ类精密进近跑道　　　　　　D. 非仪表跑道

E. 非精密进近跑道

3. 跑道掉头坪标志应从跑道中线标志开始并平行于跑道中线标志延伸一段距离，再从跑道中线的切点弯出进入掉头坪。其转弯半径应与预计使用该跑道掉头坪的（　　　）相适应。

A. 飞机的操纵特性　　　　　　　B. 飞机性能

C. 正常滑行速度　　　　　　　　D. 飞机配载

E. 飞机曲线速度

4. 以下（　　　）应设信息标志。

A. 在无法按照要求安装指令标记牌处

    B. 通常要求设置信息标记牌而实际上无法安装之处

    C. 在复杂的滑行道相交处的前面和后面

    D. 在运行经验表明增设一个滑行道位置标志可能有助于驾驶员的地面滑行之处

    E. 在较短的滑行道全长按一定间距划分的各点，宜相距 300～500m

5. 以下（　　）应为红色。

    A. 机位安全线　　　　　　　　B. 翼尖净距线

    C. 廊桥活动区标志线　　　　　D. 各类栓井标志

    E. 行人步道线标志

6. 以下（　　）不应设置行人步道线标志。

    A. 非承重道面需要明确区分处　　B. 视距受限制的路段

    C. 在滑行道转弯处　　　　　　　D. 急弯陡坡等危险路段

    E. 车行道宽度渐变路段

7. 以下（　　）属于强制性指令标记牌。

    A. 跑道号码标记牌　　　　　　B. Ⅰ类、Ⅱ类或Ⅲ类等待位置标记牌

    C. 跑道等待位置标记牌　　　　D. 跑道脱离标记牌

    E. 道路等待位置标记牌

8. 以下（　　）属于信息标记牌。

    A. 滑行道终止标记牌

    B. 跑道出口标记牌

    C. Ⅰ类、Ⅱ类或Ⅲ类等待位置标记牌

    D. 跑道脱离标记牌

    E. 跑道号码标记牌

9. 下列关于机位号码标记牌的说法中，正确的是（　　）。

    A. 对于设有登机廊桥的机位，宜在登机廊桥固定端上增设一块机位号码标记牌

    B. 安装在机位上的机位号码标记牌应设在机位中线左侧设置

    C. 机位号码标记牌应为黑底黄字

    D. 机位号码标记牌宜标示经纬度

    E. 在机位号码标记牌上及周边设置经纬度数值的，其数值高度不超过机位号码高度的 1/4

10. 存在（　　）情况的机场应设机场识别标记。

    A. 航空器主要以目视方式飞行

    B. 由于周围地形或建筑物难以从空中确定机场位置

    C. 航空器主要以仪表着陆方式飞行

    D. 周围地形或建筑物易于从空中确定机场位置

    E. 没有其他足够的目视手段去识别机场

11. 简易进近灯光系统由中线灯和横排灯组成，分为（　　）。

    A. A 型　　　　　　　　　　　　B. B 型

C．Ⅰ类　　　　　　　　　　　　D．Ⅱ类

E．Ⅲ类

12．下列对 A 型简易进近灯光系统的说法中，正确的是（　　　）。

A．应采用发可变白光的恒定发光灯

B．各灯具的对称轴线应调整为垂直于水平面

C．光强应能分 5 级调节

D．宜采用串联方式供电

E．灯具在水平面以上 0°～50° 范围内均应发光

13．当飞行区指标Ⅰ为（　　　）时，应设置 PAPI 或 APAPI。

A．1　　　　　　　　　　　　　　B．2

C．3　　　　　　　　　　　　　　D．4

E．5

14．接地带灯应由嵌入式单向恒定发白色光的短排灯组成，朝向进近方向发光，（　　　）必须设置接地带灯。

A．非精密进近跑道　　　　　　　B．Ⅱ类精密进近跑道

C．Ⅲ类精密进近跑道　　　　　　D．精密进近跑道

E．所有运行跑道

15．下列（　　　）属于滑行道灯光系统。

A．停止排灯　　　　　　　　　　B．快速出口滑行道指示灯

C．跑道入口识别灯　　　　　　　D．跑道掉头坪灯

E．跑道警戒灯

16．高级目视停靠引导系统可提供（　　　）信息。

A．停机位置　　　　　　　　　　B．飞机机型

C．气象　　　　　　　　　　　　D．剩余距离信息

E．接近速度

17．对于Ⅱ类、Ⅲ类精密进近跑道，（　　　）应急电源的最大转换时间为 1s。

A．跑道边灯　　　　　　　　　　B．进近灯光系统近端 300m 部分

C．全部停止排灯　　　　　　　　D．必要的滑行道灯

E．跑道中线灯

18．下列关于机坪泛光灯的说法中，正确的有（　　　）。

A．近机位高级目视停靠引导装置的负荷等级应为二级

B．机坪泛光灯宜采用集中式手动控制

C．机坪泛光灯配电系统的接地方式应采用 TN-S 或 TT 系统

D．机坪泛光灯光源采用气体放电灯时，应采用两相供电系统

E．照明灯具的灯端电压应不大于光源额定电压的 105%，亦不宜低于其额定电压的 90%

19．下列关于助航灯光监控系统的说法中，正确的是（　　　）。

A．在视程小于 550m 时使用的跑道，对所列的灯光系统应予自动监控

B．助航灯光监控系统检测不包括 UPS 监视

C. 停止排灯的状态改变应在 3s 内显示

D. 除停止排灯外，其他灯光的状态改变应在 5s 内显示

E. 作为标准滑行路线一部分的跑道上，跑道灯和滑行道灯的开、关应互为闭锁

20. 下列关于位于障碍物限制面内的作为障碍物需加以标志（涂漆或加标志物）和（或）灯光标示的物体的相关要求中，正确的是（   ）。

A. 突出于障碍物保护面之上的固定物体，应予以标志

B. 在机场活动区内，所有车辆和移动物体除航空器外均为障碍物，必须予以标志

C. 距离起飞爬升面内边 2000m 以内、突出于该面之上的固定障碍物，应予以标志

D. 邻近起飞爬升面的物体，虽然尚未构成障碍物，在认为没有必要保证航空器能够避开它的情况下，应予以标志

E. 在内水平面之下的固定障碍物，必须予以标志

21. 棋盘格应采用（   ）的颜色。

A. 橙色与白色相间　　　　　　B. 橙色与黑色相间

C. 红色与白色相间　　　　　　D. 黑色与白色相间

E. 红色与黑色相间

【答案与解析】

一、单项选择题

1. A；　　2. B；　　*3. C；　　4. C；　　5. A；　　6. D；　　7. A；　　*8. A；

*9. A；　　10. D；　　*11. C；　　12. D；　　13. D；　　14. A；　　15. C；　　16. D；

17. C；　　18. A；　　19. C；　　20. B；　　21. A

【解析】

3.【答案】C

Ⅱ类或Ⅲ类精密进近跑道的中线标志宽度应不小于 0.9m；Ⅰ类精密进近跑道及非精密进近跑道的中线标志宽度应不小于 0.45m，其他跑道应不小于 0.3m。

8.【答案】A

机位安全线、廊桥活动区标志线和各类栓井标志应为红色，翼尖净距线等其他机坪安全线（包括标注的文字符号）均应为白色。

9.【答案】A

消火栓井标志采用正方形标示，边长为消火栓井直径加 0.4m，正方形内除井盖外均涂成红色。栓井标志外 0.2m 的范围内应涂设栓井编号，编号可视情况自行确定。其他栓井标志采用红色圆圈标示，圆圈外径为栓井直径加 0.4m，圆圈宽应为 0.2m。栓井标志外 0.2m 的范围内应涂设栓井编号，编号可视情况自行确定。

11.【答案】C

A 型简易进近灯光系统应采用低光强发红色光的全向灯具，B 型简易进近灯光系统的中线灯和横排灯应是发可变白光的恒定发光灯。

二、多项选择题

1．C、E；	2．B、C；	3．A、C；	4．B、C、D；
5．A、C、D；	6．B、D、E；	7．A、B、C、E；	8．A、B、D；
9．A、D、E；	10．A、B、E；	11．A、B；	12．B、E；
*13．A、B；	14．B、C；	*15．A、B、D、E；	16．A、B、D、E；
17．B、C、E；	*18．C、E；	19．A、D、E；	*20．A、B；
21．A、C			

【解析】

13.【答案】A、B

当飞行区指标Ⅰ为1或2时，应设置 PAPI 或 APAPI。当飞行区指标Ⅰ为3或4时，应设置 PAPI。精密进近坡度指示系统应适合于昼间和夜间运行。

15.【答案】A、B、D、E

滑行道灯光系统包括：滑行道中线灯、滑行道边灯、停止排灯、快速出口滑行道指示灯、除冰坪出口灯、跑道掉头坪灯、机位操作引导灯、禁止进入排灯、中间等待位置灯和跑道警戒灯等。

18.【答案】C、E

近机位高级目视停靠引导装置的负荷等级应为一级，其他机坪助航设备的负荷等级应为二级。机坪泛光灯应设有手动控制功能，宜采用集中式自动控制。机坪泛光灯光源采用气体放电灯时，应采用三相供电系统以降低频闪效应。

20.【答案】A、B

距离起飞爬升面内边 3000m 以内、突出于该面之上的固定障碍物，应予以标志；如跑道供夜间使用，还应设灯光标示。邻近起飞爬升面的物体，虽然尚未构成障碍物，在认为有必要保证航空器能够避开它的情况下，应予以标志。突出于内水平面之上的固定障碍物，必须予以标志。

5.3　民航机场目视助航工程施工

复习要点

1. 目视助航标志的施工流程

（1）道面施工完成，强度满足要求。

（2）清理道面，线形放样。

（3）涂刷各种标志。

2. 标记牌的安装

（1）标记牌测量放线。

（2）灯箱、预埋件及保护管安装。

（3）基础混凝土浇筑。

（4）标记牌底座、易折件安装。

（5）线缆敷设。

（6）牌面信息检查、标记牌安装。

（7）电气连接。

（8）拴绳安装。

3．隔离变压器箱安装

隔离变压器箱安装应按下列步骤进行：隔离变压器箱测量放线；隔离变压器箱检查及安装；隔离变压器箱混凝土基础浇筑；隔离变压器箱清理及密封。

一 单项选择题

1．标记牌基础施工应按（　　　）的工序进行。

　　A．基坑开挖，基底处理，模板安装，法兰盘安装，混凝土浇筑，调整养护，基础回填

　　B．基底处理，基坑开挖，模板安装，法兰盘安装，混凝土浇筑，调整养护，基础回填

　　C．基底处理，基坑开挖，法兰盘安装，模板安装，混凝土浇筑，调整养护，基础回填

　　D．基坑开挖，基底处理，模板安装，混凝土浇筑，调整养护，法兰盘安装，基础回填

2．风向标安装位置与设计给定的安装位置（距跑道端线及跑道边线距离）允许偏差为（　　　）mm。

　　A．±300　　　　　　　　　　B．±400

　　C．±500　　　　　　　　　　D．±600

3．机坪升降式高杆灯若采用单根主钢丝绳，其升降系统宜设有自动卸载装置。卸载装置应喷涂（　　　）色或其他明显设置。

　　A．黄　　　　　　　　　　　B．蓝

　　C．黑　　　　　　　　　　　D．红

二 多项选择题

1．属于精密进近坡度指示系统安装主控项目的有（　　　）等。

　　A．灯具的朝向　　　　　　　B．灯具的紧固螺栓（母）

　　C．灯具的发光颜色　　　　　D．易折性

　　E．电气接点的接触面

2．民航机场工程助航灯光监控系统检测包括（　　　）等。

　　A．通信连接测试　　　　　　B．UPS 监视

　　C．申请和授予控制权　　　　D．各项故障报警功能

　　E．防止误操作功能

3．机务用电调试主要工作包括（　　　）等。

　　A．用电设备安装调试全部完成

B．正式电源已具备投入运行

C．在满载条件下不同电源之间进行联锁功能调试

D．在空载条件下不同电源之间进行切换

E．在不同负载条件下进行试运行

4．隔离变压器箱安装调试的一般项目有（　　）等。

A．隔离变压器箱尺寸及基础　　　B．与保护接地线可靠连接

C．水密性　　　　　　　　　　　D．箱体与箱盖之间的密封

E．隔离变压器箱定位

【答案与解析】

一、单项选择题

1．A；　　2．C；　　3．D

二、多项选择题

*1．A、C、D；　　　　2．A、B、C；　　　　3．A、B、D、E；　　4．C、D

【解析】

1．【答案】A、C、D

主控项目：精密进近坡度指示系统中每组灯具的朝向、发光颜色及易折性等，应符合设计文件的要求。灯具混凝土基础应稳定、牢固，尺寸、高程应符合设计文件的要求。用水平尺在灯具的水平基准面上测量，气泡应居中；灯具的仰角应符合设计要求，垂直方向允许偏差为 ±1′，水平方向允许偏差为 ±0.5°；精密进近坡度指示系统应做好接地。

5.4　民航机场目视助航工程新技术

复习要点

1．民航目视助航设施新技术

在目视助航设施工程中，飞行区土面区一次电缆敷设通常采取直埋工艺，此种具有工艺施工较为简单、造价廉价等优势，但给后期维护带来了不便。尤其是在机场运行期间需要对电缆进行更换时，土方开挖耗时较长，或其他开挖作业时，容易损伤电缆，不利于运行安全。

2．民航机场助航设施监控系统新技术

高级场面活动引导与控制自动化系统（A-SMGCS）是对机场场面及附近空域内航空器和车辆的运行活动信息进行处理，为系统用户提供全面的机场场面活动态势显示；对机场场面活动态势进行自动监控和告警，为系统用户提供告警显示；为机场活动区内航空器和车辆提供自动路由规划；控制机场引导设备，为机场活动区内航空器和车辆提供自动引导及控制的系统。

系统应包括：数据处理和态势显示、监控和告警、自动引导、路由规划、接口、

人机界面、记录与回放、系统状态监控等主要功能模块。系统的主要功能包括：监视、线路选择、引导、控制。

一　单项选择题

1. 在目视助航设施工程中，飞行区土面区一次电缆敷设通常采取（　　）工艺，此种具有工艺施工较为简单、造价廉价等优势。

  A. 直埋   B. 穿管

  C. 电缆桥架   D. 道肩土面区露天有序摆放

二　多项选择题

1. 以下（　　）是高级场面活动引导与控制自动化系统（A-SMGCS）的主要功能。

  A. 监视   B. 线路选择

  C. 引导   D. 着落导航

  E. 控制

【答案】

一、单项选择题

1. A

二、多项选择题

1. A、B、C、E

第 6 章　民航机场工程测量

6.1　工程控制测量

复习要点

1. 平面控制测量

平面控制测量应符合下列规定：

（1）首级控制网的布设，应满足机场近期建设的需要，又要兼顾远期建设的发展，并应与国家高一级或同级平面控制点（网）相联测，联测点应不少于 3 个。详细勘测阶段，应建立机场坐标系，并提供相关坐标系之间的换算关系和平面坐标。

（2）首级控制网的等级，应根据机场建设规模合理选择。对于加密网，在满足规范精度指标的情况下，可越级布设或同等级扩展。

（3）平面控制网的建立，可采用 GNSS 卫星定位测量、导线测量、三角形网测量等方法。平面控制网精度等级的划分，卫星定位测量控制网依次为三、四等和一、二级，导线及导线网依次为四等和一、二、三级，三角形网依次为三、四等和一、二级。施工平面控制点（网）的测量精度应符合《工程测量标准》GB 50026—2020 中一级导线测量或同精度等级的规定；施工加密平面控制点（网）的测量精度应符合《工程测量标准》GB 50026—2020 中二级导线测量或同精度等级的规定。

（4）平面控制网的坐标系统，应满足测区内投影长度变形不大于 2.5cm/km。

2. 高程控制测量

（1）机场首级高程控制点（网）宜按国家二等水准网精度施测，丘陵或山区机场可按国家三等水准网精度施测。首级网应布设成环形网，加密网宜布设成附合网或结点网。

（2）首级高程控制点（网）应与国家控制点（网）相联测，联测的精度应符合二等水准测量的要求，丘陵或山区机场可采用三角高程测量联测国家控制点（网）。

（3）水准仪观测的视线长度应符合《工程测量标准》GB 50026—2020 的规定，高程控制点埋设数量应在每个测区或独立地段布置不少于 3 个。

（4）施工高程控制点（网）的测量精度应符合《工程测量标准》GB 50026—2020 中二等水准测量的规定；施工加密控制点（网）的测量精度应符合《工程测量标准》GB 50026—2020 中的三等水准测量的规定。

一　单项选择题

1. 高程控制测量时，每个测区或独立地段应布置不少于（　　　）个及以上高程控制点。

A. 2　　　　　　　　　　　　　　B. 3

C. 4　　　　　　　　　　　　　　D. 5

2．三角形网测量中，当测区需要进行高斯投影时，（　　）及以上等级的方向观测值，应进行方向改化计算。

　　A．一级　　　　　　　　　　B．二级

　　C．三等　　　　　　　　　　D．四等

二 多项选择题

1．平面控制网精度等级的划分中，导线及导线网分为（　　）。

　　A．一级　　　　　　　　　　B．二级

　　C．三级　　　　　　　　　　D．三等

　　E．四等

2．GNSS控制测量外业观测的全部数据应经（　　）校核。

　　A．同步环　　　　　　　　　B．异步环

　　C．基准点　　　　　　　　　D．复测基线

　　E．接收机差异

【答案与解析】

一、单项选择题

1．B；　　2．D

二、多项选择题

*1．A、B、C、E；　　2．A、B、D

【解析】

1.【答案】A、B、C、E

平面控制网精度等级的划分，卫星定位测量控制网依次为三、四等和一、二级，导线及导线网依次为四等和一、二、三级，三角形网依次为三、四等和一、二级。

6.2　工程施工测量

复习要点

1．施工放样

开工前，建设单位应委托测绘单位布设施工平面及高程控制点（网）并组织移交。施工单位应对移交的控制点（网）进行复测，形成书面复测资料，复测结果超出规定的允许偏差时，应提请建设单位组织复核。施工放样定位的测量精度应符合《工程测量标准》GB 50026—2020中三级导线测量或同精度等级的规定。

2．土基施工放线

先采用全站仪或卫星定位（GNSS），按照10m×10m方格网，测放道面影响区土石方顶面设计高程点位，然后采用水准仪测放每个方格网点位的设计高程；同理，按照

20m×20m 方格网，测放跑道端安全区、升降带平整区、其他土面区顶面设计高程点位和每个方格网点位的设计高程。

3．基层施工放线

先采用全站仪或卫星定位（GNSS），按照 10m×10m 方格网，测放基层设计高程点位，然后采用水准仪测放每个方格网点位的设计高程。

4．混凝土面层的施工放线测量

根据设计图纸，先采用全站仪测放混凝土面层分块尺寸的关键点位，借助全站仪或经纬仪的直线定向功能，通过关键点位的定向测量，将道面混凝土分块尺寸及位置测定至基层面，并弹设墨线，定位允许偏差为 5mm；其次，根据测定的墨线位置，支立道面混凝土模板，校正模板的垂直度，然后采用水准仪，按照设计的分块高程图对每块模板进行高程测放，立模高程允许偏差为 2mm。

一 单项选择题

1．土基施工放线应（　　）对道面影响区土石方顶面设计高程进行测放。
　　A．采用尺量，按照 10m×10m 方格网频率
　　B．采用尺量，按照 20m×20m 方格网频率
　　C．采用水准仪，按照 10m×10m 方格网频率
　　D．采用水准仪，按照 20m×20m 方格网频率

二 多项选择题

1．土基施工放线时，按照 20m×20m 方格网，测放（　　）等。
　　A．道面影响区土石方顶面设计高程点
　　B．除道面影响区以外的土面区顶面设计高程点位
　　C．跑道端安全区
　　D．升降带平整区
　　E．每个方格网点位的设计高程

【答案与解析】

一、单项选择题
1．C
二、多项选择题
*1．B、C、D、E
【解析】
1.【答案】B、C、D、E
　　土基施工放线先采用全站仪或卫星定位（GNSS），按照 10m×10m 方格网，测放道面影响区土石方顶面设计高程点位，然后采用水准仪测放每个方格网点位的设计高程；

同理，按照 20m×20m 方格网，测放跑道端安全区、升降带平整区、其他土面区顶面设计高程点位和每个方格网点位的设计高程。

第2篇 民航机场工程相关法规与标准

第7章 相关法规

7.1 民航机场工程法规

微信扫一扫
在线做题+答疑

复习要点

1. **《中华人民共和国民用航空法》**

《中华人民共和国民用航空法》由 1995 年 10 月 30 日第八届全国人民代表大会常务委员会第十六次会议通过，根据 2021 年 4 月 29 日第十三届全国人民代表大会常务委员会第二十八次会议《关于修改〈中华人民共和国道路交通安全法〉等八部法律的决定》第六次修正。这一法律是中华人民共和国成立以来第一部规范民用航空活动的法律，在中国民用航空发展史上具有里程碑意义。实施以来，《中华人民共和国民用航空法》为打造中国民航基本法律体系奠定了坚实的基础，也为民航运输商事活动提供了重要的法律依据。

2. **运输机场和通用机场的概念**

《中华人民共和国民用航空法》所称民用机场，是指专供民用航空器起飞、降落、滑行、停放以及进行其他活动使用的划定区域，包括：附属的建筑物、装置和设施。

民用机场是公共基础设施，分为运输机场和通用机场。运输机场是指为从事旅客、货物运输等公共航空运输活动的民用航空器提供起飞、降落等服务的机场。通用航空机场是指为从事工业、农业、林业、渔业和建筑业的作业飞行，以及医疗卫生、抢险救灾、气象探测、海洋监测、科学实验、教育训练、文化体育等飞行活动的民用航空器提供起飞、降落等服务的机场。

《中华人民共和国民用航空法》所称民用机场不包括临时机场。军民合用机场由国务院、中央军事委员会另行制定管理办法。

3. **民航机场建设的批准**

新建、改建和扩建民用机场，应当符合依法制定的民用机场布局和建设规划，符合民用机场标准，并按照国家规定报经有关主管机关批准并实施。运输机场新建、改建和扩建项目的安全设施应当与主体工程同时设计、同时施工、同时验收、同时投入使用。

4. **民航机场建设前的公告**

新建、扩建民用机场，应当由民用机场所在地县级以上地方人民政府发布公告。公告应当在当地主要报纸上刊登，并在拟新建、扩建机场周围地区张贴。

5. **《民用机场管理条例》**

《民用机场管理条例》由 2009 年 4 月 1 日国务院第 55 次常务会议通过，根据 2019

年 3 月 2 日《国务院关于修改部分行政法规的决定》修订。该条例适用于中华人民共和国境内民用机场的规划、建设、使用、管理及其相关活动。

6. 民用机场安全环境保护

《民用机场管理条例》规定了禁止在民用机场净空保护区域内从事的 8 项活动，以及禁止在民用航空无线电台（站）电磁环境保护区域内从事的 4 项活动。

一 单项选择题

1. 根据《中华人民共和国民用航空法》，运输机场是指为从事（　　）活动的民用航空器提供起飞、降落等服务的机场。

  A. 工业、农业、林业、渔业和建筑业的作业飞行活动

  B. 医疗卫生、抢险救灾、气象探测、海洋监测活动

  C. 科学实验、教育训练、文化体育活动

  D. 旅客、货物运输等公共航空运输活动

2. 根据《民用机场管理条例》，（　　）依法对辖区内民用机场实施行业监督管理。

  A. 有关地方人民政府   B. 有关地方交通厅、交通局

  C. 国务院民用航空主管部门 D. 地区民用航空管理机构

3. 在运输机场开放使用的情况下，不得在飞行区及与飞行区邻近的航站区内进行施工。确需施工的，应当取得（　　）的批准。

  A. 当地政府部门   B. 中国民用航空局

  C. 地区民用航空管理机构 D. 当地人民代表大会

4.《民用机场管理条例》规定，在民用机场围界外（　　）m 范围内，搭建建筑物、种植树木，或者从事挖掘、堆积物体等影响民用机场运营安全的活动。

  A. 3   B. 5

  C. 10   D. 15

二 多项选择题

1. 根据《中华人民共和国民用航空法》，下列说法正确的有（　　）。

  A.《中华人民共和国民用航空法》所称民用机场包括临时机场

  B. 军民合用机场由国务院、中国民用航空局另行制定管理办法

  C. 民用机场建设规划应当与城市建设规划相协调

  D. 新建、扩建民用机场，应当由民用机场所在地市级以上地方人民政府发布公告

  E. 民用机场是公共基础设施，分为运输机场和通用机场

2. 下列对《民用机场管理条例》的描述，错误的有（　　）。

  A.《民用机场管理条例》由全国人民代表大会常务委员会通过

  B. 在运输机场开放使用的情况下，经民用航空管理机构批准后，可在飞行区及与飞行区邻近的航站区内进行施工

C. 运输机场内的供水、供电、供气、通信、道路等基础设施由机场建设项目法人负责建设

D. 任何单位和个人不得在运输机场内擅自新建、改建、扩建建筑物或者构筑物

E. 运输机场外的供水、供电、供气、通信、道路等基础设施由运输机场所在地地方人民政府统一规划，统筹建设

3. 根据《民用机场管理条例》，运输机场的（　　）应当依照国家有关规定办理建设项目审批、核准手续。

A. 新建　　　　　　　　　　B. 关闭

C. 改建　　　　　　　　　　D. 扩建

E. 运营

4. 根据《民用机场管理条例》，在民用航空无线电台（站）电磁环境保护区域内，（　　）是被禁止的。

A. 修建架空高压输电线　　　B. 种植矮小树木

C. 修建公路、铁路　　　　　D. 存放金属堆积物

E. 从事采砂、采石

【答案与解析】

一、单项选择题

*1. D;　　2. D;　　3. C;　　4. B

【解析】

1.【答案】D

运输机场是指为从事旅客、货物运输等公共航空运输活动的民用航空器提供起飞、降落等服务的机场。通用航空机场是指为从事工业、农业、林业、渔业和建筑业的作业飞行，以及医疗卫生、抢险救灾、气象探测、海洋监测、科学实验、教育训练、文化体育等飞行活动的民用航空器提供起飞、降落等服务的机场。

二、多项选择题

*1. C、E;　　　　*2. A、B;　　　　3. A、C、D;　　　　*4. A、C、D、E

【解析】

1.【答案】C、E

《中华人民共和国民用航空法》所称民用机场不包括临时机场。军民合用机场由国务院、中央军事委员会另行制定管理办法。新建、扩建民用机场，应当由民用机场所在地县级以上地方人民政府发布公告。

2.【答案】A、B

《民用机场管理条例》由国务院常务会议通过。在运输机场开放使用的情况下，不得在飞行区及与飞行区邻近的航站区内进行施工。运输机场内的供水、供电、供气、通信、道路等基础设施由机场建设项目法人负责建设；运输机场外的供水、供电、供气、通信、道路等基础设施由运输机场所在地地方人民政府统一规划，统筹建设。

4.【答案】A、C、D、E

禁止在民用航空无线电台（站）电磁环境保护区域内从事下列活动：修建架空高压输电线、架空金属线、铁路、公路、电力排灌站；存放金属堆积物；种植高大植物；从事掘土、采砂、采石等改变地形地貌的活动；国务院民用航空部门规定的其他影响民用机场电磁环境保护的行为。

7.2　民航机场工程规章

复习要点

1.《运输机场建设管理规定》

《运输机场建设管理规定》是为加强运输机场建设监督管理，规范建设程序，保证工程质量和机场运行安全，维护建设市场秩序，根据《中华人民共和国民用航空法》《民用机场管理条例》《国务院对确需保留的行政审批项目设定行政许可的决定》等法律、法规制定的。该规定适用于运输机场（包括军民合用运输机场民用部分）及相关空管工程的规划与建设。

2.运输机场及相关空管工程的建设程序

运输机场工程建设程序一般包括：新建机场选址、预可行性研究、可行性研究（或项目核准）、总体规划、初步设计、施工图设计、建设实施、验收及竣工财务决算等。

空管工程建设程序一般包括：预可行性研究、可行性研究、初步设计、施工图设计、建设实施、验收及竣工财务决算等。

3.《运输机场专业工程建设质量和安全生产监督管理规定》

《运输机场专业工程建设质量和安全生产监督管理规定》是为加强运输机场专业工程建设质量和安全生产监督管理，保障工程建设质量和安全生产，根据《中华人民共和国民用航空法》《中华人民共和国安全生产法》《建设工程质量管理条例》《建设工程安全生产管理条例》和《民用机场管理条例》等法律、行政法规而制定的。

4.《运输机场运行安全管理规定》

《运输机场运行安全管理规定》是为了保障运输机场安全、正常运行，依据《中华人民共和国民用航空法》及其他有关法律法规制定的。

该规定于2007年12月17日发布，根据2022年2月11日交通运输部《关于修改〈运输机场运行安全管理规定〉的决定》第二次修正。该规定分为14章，共310条，包含机场安全管理、机场使用手册、飞行区管理、目视助航设施管理、机坪运行管理、机场净空和电磁环境保护、鸟害及动物侵入防范、除冰雪管理、不停航施工管理、航空油料供应安全管理、机场运行安全信息管理、法律责任等内容。

一　单项选择题

1.《运输机场建设管理规定》规定，运输机场工程按照（　　）划分为A类和B类。

　　A．机场飞行区指标　　　　　　　　B．机场年旅客吞吐量

C. 该机场的航线性质　　　　　D. 使用该机场的飞机机身尺寸

2. 下列对于《运输机场专业工程建设质量和安全生产监督管理规定》的说法，正确的是（　　　）。

A. 交通运输部负责全国专业工程建设质量和安全生产监督管理工作

B. 民航局和民航地区管理局统称为民航行政机关

C. 民航行政机关对专业工程智能建造与建筑工业化给予资金支持

D. 交通运输部应当加强对专业工程建设质量和安全生产的信用管理

3. 以下（　　　）是《运输机场运行安全管理规定》制定的目的。

A. 规范民用航空活动

B. 加强运输机场专业工程建设质量和安全生产监督管理

C. 保障工程建设质量和安全生产

D. 保障运输机场安全、正常运行

二 多项选择题

1. 空管工程建设程序一般包括（　　　）等。

A. 新建机场选址　　　　　　　B. 预可行性研究

C. 施工图设计　　　　　　　　D. 总体设计

E. 建设实施

2. 专业工程建设质量和安全生产工作应当坚持（　　　）等方针。

A. 以人为本　　　　　　　　　B. 安全第一

C. 质量第二　　　　　　　　　D. 逐个治理

E. 预防为主

3. 下列有关《运输机场运行安全管理规定》的说法中，不正确的是（　　　）。

A. 交通运输部对全国机场的运行安全实施统一的监督管理

B. 中国民用航空地区管理局对辖区内机场的运行安全实施监督管理

C. 机场管理机构对机场的运行安全实施统一管理

D. 机场管理机构与航空运输企业及其他驻场单位应当签订有关机场运行安全的协议

E. 该规定不包含鸟害及动物侵入防范有关的内容

【答案与解析】

一、单项选择题

1. A；　　*2. B；　　3. D

【解析】

2.【答案】B

中国民用航空地区管理局（简称"民航地区管理局"）负责辖区内专业工程建设质量和安全生产监督管理工作。民航行政机关对专业工程智能建造与建筑工业化给予政策支持。民航行政机关应当加强对专业工程建设质量和安全生产的信用管理。

二、多项选择题

*1．B、C、E；   *2．B、E；   *3．A、E

【解析】

1．【答案】B、C、E

空管工程建设程序一般包括：预可行性研究、可行性研究、初步设计、施工图设计、建设实施、验收及竣工财务决算等。

2．【答案】B、E

专业工程建设质量和安全生产工作应当以人为本，树牢安全发展理念，坚持安全第一、预防为主、质量至上、综合治理的方针。

3．【答案】A、E

中国民用航空局对全国机场的运行安全实施统一的监督管理。中国民用航空地区管理局对辖区内机场的运行安全实施监督管理。机场管理机构对机场的运行安全实施统一管理，负责机场安全、正常运行的组织和协调，并承担相应的责任。《运输机场运行安全管理规定》包含了对于鸟害及动物侵入防范的规定。

7.3 民航专业工程管理程序

复习要点

1．运输机场场址的基本条件

（1）机场净空、空域及气象条件能够满足机场安全运行要求，与邻近机场无矛盾或能够协调解决，与城市距离适中，机场运行和发展与城乡规划发展相协调，飞机起落航线尽量避免穿越城市上空。

（2）场地能够满足机场近期建设和远期发展的需要，工程地质、水文地质、电磁环境条件良好，地形、地貌较简单，土石方量相对较少，满足机场工程的建设要求和安全运行要求。

（3）具备建设机场导航、供油、供电、供水、供气、通信、道路、排水等设施、系统的条件。

（4）满足文物保护、环境保护及水土保持等要求。

（5）节约（集约）用地，拆迁量和工程量相对较小，工程投资经济合理。

2．选址阶段的一般规定

（1）机场选址前应初步确定机场性质和规模。

（2）机场选址应分为初选、预选、比选三个阶段。

（3）机场地面选址工作应与航行服务研究相互结合、统筹兼顾。

3．运输机场总体规划要求

（1）运输机场总体规划应当由运输机场建设项目法人（或机场管理机构）委托具有相应资质的单位编制。未在我国境内注册的境外设计咨询机构不得独立承担运输机场总体规划的编制，但可与符合资质条件的境内单位组成联合体承担运输机场总体规划的编制。

（2）新建运输机场总体规划应当依据批准的可行性研究报告或核准的项目申请报告编制。改建或扩建运输机场应当在总体规划批准后方可进行项目前期工作。

（3）运输机场总体规划应当遵循"统一规划、分期建设，功能分区为主、行政区划为辅"的原则。规划设施应当布局合理，各设施系统容量平衡，满足航空业务量发展需求。

（4）运输机场总体规划目标年，自总体规划批准年份起，近期为15年、远期为30年。

（5）运输机场内的建设项目应当符合运输机场总体规划。任何单位和个人不得在运输机场内擅自新建、改建、扩建建筑物或者构筑物。

4．运输机场工程验收

（1）《运输机场建设管理规定》中，规定运输机场工程竣工后，运输机场建设项目法人应当组织勘察、设计、施工、监理等有关单位进行竣工验收。工程质量监督机构应当对竣工验收进行监督。

（2）《运输机场专业工程竣工验收管理办法》规定民航专业工程竣工预验收和竣工验收应当执行本办法，竣工预验收和竣工验收可根据实际情况分阶段进行。涉及飞行校验的，飞行校验前与飞行校验相关的飞行区场道工程、助航灯光工程、地空通信工程、导航工程、监视工程、气象工程等应当建成并通过竣工预验收。

（3）民航建设工程竣工验收后、交付使用前，必须通过行业验收，即对工程质量、建设规模、设施功能、投资完成及运行准备等进行全面检查和综合评价。行业验收实行统一管理、分级负责。

一 单项选择题

1．机场选址的（ ）阶段应对上一阶段的场址进行筛选，选择场址条件相对较好、具有代表性的场址，宜不少于3个。

    A．初选   B．预选

    C．比选   D．终选

2．运输机场总体规划目标年近期和远期分别为（ ）。

    A．10年和20年   B．15年和20年

    C．10年和30年   D．15年和30年

3．在机场内进行不停航施工，由机场管理机构负责统一向（ ）报批。

    A．交通运输部   B．中国民用航空局

    C．机场所在地民航地区管理局   D．机场所在地人民政府

4．民航局负责组织验收的工程不包括（ ）。

    A．飞行区指标为4F且批准的可行性研究报告总投资2亿元（含）以上运输机场工程

    B．民航局空管局为项目法人的空管工程

    C．飞行区指标为4E（含）以下的运输机场工程

    D．批准的可行性研究报告总投资2亿元（含）以上的民航地区空管局或者空管分局（站）为项目法人的空管工程

二 多项选择题

1. 机场选址应遵循（　　　）的原则。
   A. 空地结合
   B. 统筹兼顾
   C. 技术优先
   D. 经济合理
   E. 综合分析

2. 运输机场总体规划应当遵循（　　　）的原则。
   A. 分期规划
   B. 统一规划
   C. 分期建设
   D. 功能分区为主、行政区划为辅
   E. 功能分区、行政区划统一考虑

3. 运输机场施工图设计应当符合（　　　）等要求。
   A. 建设单位应当在项目开工后 7d 内完成施工图审查及备案
   B. 施工图设计的审查内容包括：地基基础、主体结构和防护工程结构的稳定性、安全性审查
   C. 经审查合格的施工图是工程实施、竣工验收和质量安全监督等的重要依据
   D. 施工图未经审查、备案或者审查不合格的，不得使用
   E. 施工图设计文件应由监理单位按照《民航专业工程施工图设计文件审查及备案管理办法》委托具有相应资质的单位进行施工图审查

4. 运输机场工程施工图设计的审查内容主要包括（　　　）等。
   A. 附属结构的稳定性、安全性审查
   B. 是否符合工程建设强制性国家标准
   C. 是否符合批准的初步设计文件
   D. 必要时是否进行专项设计
   E. 是否达到规定的施工图设计深度要求

【答案与解析】

一、单项选择题
*1. B;　　 2. D;　　 3. C;　　 4. C

【解析】

1.【答案】B

初选阶段应首先确定选址方向和范围，通过图上作业、现场踏勘，提出可建设机场的初选场址。预选阶段应对初选场址进行筛选，选择场址条件相对较好、具有代表性的场址作为预选场址。比选阶段应对预选场址地面和空中的技术经济条件进行综合分析比较，提出首选场址。

二、多项选择题

1. A、B、C、D;　　　 2. B、C、D;　　　 *3. B、C、D;　　　 4. B、C、D、E

【解析】

3.【答案】B、C、D

建设单位应当在项目开工前完成施工图审查及备案。民航专业工程施工图设计文件应由运输机场建设项目法人委托具有相应资质的单位进行施工图审查。施工图未经审查、备案或者审查不合格的，不得使用。

7.4　民航机场工程监理的内容与要求

复习要点

（1）不停航施工监理：

不停航施工监理是民用机场工程区别于其他工程的一大特点，由于要求工程不能影响机场的正常运营，监理应对施工方案进行严格的审批及检查落实，各方应有高度的安全意识和经验。未经民航局或者地区管理局批准，不得在机场内进行不停航施工。实施不停航施工应当服从机场管理机构的统一协调和管理。

（2）在工程竣工预验收后需要通过校飞来检验目视助航灯光、空管等工程设备的技术参数是否满足飞行要求是民航专业工程的另一大特点。

（3）民航机场工程监理的程序的基本要求：

机场建设机构一般通过招标投标方式选定工程监理单位。工程监理单位承担监理业务，应当与机场建设机构签订书面建设工程监理合同。合同中应包括：监理工作的范围、内容、服务期限、酬金以及双方的义务、违约责任等相关条款。工程监理单位应根据所承担的监理任务，组建建设工程项目监理机构。

（4）项目监理机构的基本要求：

项目监理机构一般由总监理工程师、专业监理工程师和监理员组成，且专业配套数量应满足建设工程监理工作需要，必要时可设总监理工程师代表。承担工程施工阶段的监理，项目监理机构应进驻机场施工现场。

总监理工程师应具有 5 年及以上的监理工作经历、担任过 2 项及以上民航专业工程的专业监理工程师或总监理工程师代表或总监理工程师职务；对于飞行区指标 4E 及以上机场，建筑安装工程费用年均 15000 万元以上的机场场道工程或建筑安装工程费用年均 7000 万元以上的工艺、设备及系统安装工程，总监理工程师应具有相关专业的高级技术职称、8 年以上的现场工程监理经历、担任过不少于 2 项飞行区指标 4D 及以上机场的同类民航专业工程总监理工程师职务。

（5）监理人员包括：总监理工程师、专业监理工程师、监理员等，应各自履行职责。

一　单项选择题

1．施工准备阶段监理工作的主要内容不包括（　　）。

A．组织审查施工单位报送的施工组织设计

B．检查施工单位的施工质量、安全生产保证体系的建立情况

C．确定工程旁站对象

D．签发工程开工令

2．组织审查施工组织设计、专项施工方案是（　　　）的职责。

A．总监理工程师　　　　　　B．专业监理工程师

C．监理员　　　　　　　　　D．施工单位

二　多项选择题

1．施工实施阶段监理工作的主要内容有（　　　）等。

A．发现工程存在安全事故隐患时，立即口头指令施工单位整改

B．对达到一定规模的危险性较大的分部分项工程的安全专项施工方案，应检查施工单位组织专家论证、审查的情况

C．在收到施工单位计量申请后，及时进行计量

D．参加建设单位组织的第一次工地会议

E．签发工程暂停令和工程复工令

2．专业监理工程师的主要职责包括（　　　）等。

A．签发工程开工令、暂停令和复工令

B．确定项目监理机构人员及其岗位职责

C．核查进场工程材料、构配件和设备的原始凭证

D．指导、检查监理员工作

E．检查工序施工结果

【答案与解析】

一、单项选择题

*1．C；　　2．A

【解析】

1．【答案】C

确定工程旁站对象属于施工实施阶段监理工作的主要内容。

二、多项选择题

*1．B、C、E；　　　*2．C、D

【解析】

1．【答案】B、C、E

发现工程存在安全事故隐患时，应立即书面指令施工单位整改。参加建设单位组织的第一次工地会议是施工准备阶段监理工作的主要内容。

2．【答案】C、D

签发工程开工令、暂停令和复工令，确定项目监理机构人员及其岗位职责是总监理工程师的职责。检查工序施工结果是监理员的职责。

7.5　民航机场净空管理及电磁环境保护的有关要求

复习要点

1.《运输机场运行安全管理规定》对跑道及其保护区域障碍物的规定

（1）精密进近跑道的无障碍区域内（无障碍区 OFZ 由内进近面、内过渡面和复飞面所组成）不得存在固定物体，轻型、易折的助航设施设备除外。当跑道用于航空器进近时，移动物体不得高出这些限制面。

（2）在精密进近跑道和非仪表跑道的保护区域内，新增物体或者现有物体的扩展，不得高出进近面、过渡面、锥形面和内水平面，除非经航行研究认为该物体或扩展的物体能够被一个已有的不能移动的物体所遮蔽。

（3）非精密进近跑道的保护区域内，新增物体或者现有物体的扩展不得高出距内边 3000m 以内的进近面、过渡面、锥形面、内水平面，除非经航行研究认为该物体或扩展的物体能够被一个已有的不能移动的物体所遮蔽。

（4）高出进近面、过渡面、锥形面和内水平面的现有物体应当被视为障碍物，并应当予以拆除，除非经航行研究认为该物体能够被一个已有的不能移动的物体所遮蔽，或者该物体不影响飞行安全或航空器正常运行的。

（5）对于不高出进近面但对目视或非目视助航设施的性能可能产生不良影响的物体，应当消除该物体对这些设施的影响。

2.《运输机场净空保护管理办法》对运输机场净空保护区域的规定

运输机场净空保护区域是指以机场基准点为圆心、水平半径 55km 的空间区域，分为净空巡视检查区域和净空关注区域。净空巡视检查区域为机场障碍物限制面区域加上适当的面外区域，一般为机场跑道中心线两侧各 10km、跑道端外 20km 以内的区域。净空关注区域为净空巡视检查区域之外的机场净空保护区域。

净空关注区域一般无须开展巡视检查，但机场管理机构应当按照有关规定并结合运行实际，定期收集该区域内高大建（构）筑物的信息，并复核其对飞行安全的影响。

3．电磁保护

机场飞行区电磁环境保护区域，是指影响民用航空器运行安全的机场电磁环境区域，即民用机场管制地带内从地表面向上的空间范围。

《运输机场运行安全管理规定》规定：

（1）机场电磁环境保护区域包括设置在机场总体规划区域内的民用航空无线电台（站）电磁环境保护区和机场飞行区电磁环境保护区域。机场电磁环境保护区域由民航地区管理局配合民用机场所在地的地方无线电管理机构按照国家有关规定或者标准共同划定、调整。

（2）机场管理机构应当及时将最新的机场电磁环境保护区域报当地政府有关部门备案。

（3）民航地区管理局应当积极协调和配合机场所在地的地方无线电管理机构制定机场电磁环境保护区的具体管理规定，并以适当的形式发布。

（4）在机场飞行区电磁环境保护区域内设置工业、科技、医疗设施，修建电气化铁路、高压输电线路等设施不得干扰机场飞行区电磁环境。

（5）机场管理机构发现机场电磁环境保护区域内民用航空无线电台（站）频率受到干扰时，应当立即报告民航地区管理局。

一　单项选择题

1. 运输机场净空保护区域是指以机场基准点为圆心、水平半径（　　）km 的空间区域。

　　A. 55　　　　　　　　　　　　B. 60
　　C. 65　　　　　　　　　　　　D. 70

2. 机场电磁环境保护区域包括设置在机场总体规划区域内的民用航空无线电台（站）电磁环境保护区和（　　）电磁环境保护区域。

　　A. 机场飞行区　　　　　　　　B. 机场航站区
　　C. 机场货运区　　　　　　　　D. 机场工作区

二　多项选择题

1. 临时的施工机械不得高出（　　）这些障碍物限制面。

　　A. 过渡面　　　　　　　　　　B. 内水平面
　　C. 进近面　　　　　　　　　　D. 起飞爬升面
　　E. 锥形面

2. 根据《运输机场运行安全管理规定》，下列说法中正确的有（　　）。

　　A. 机场电磁环境保护区域由民航地区管理局划定、调整
　　B. 机场管理机构应当及时将最新的机场电磁环境保护区域报当地政府有关部门备案
　　C. 民航地区管理局应当积极协调和配合机场所在地的公安部门制定机场电磁环境保护区的具体管理规定
　　D. 机场管理机构发现机场电磁环境保护区域内民用航空无线电台（站）频率受到干扰时，应当立即报告中国民用航空局
　　E. 在机场飞行区电磁环境保护区域内设置工业、科技、医疗设施，修建电气化铁路、高压输电线路等设施不得干扰机场飞行区电磁环境

【答案与解析】

一、单项选择题

*1. A；　2. A

【解析】

1.【答案】A

运输机场净空保护区域是指以机场基准点为圆心、水平半径 55km 的空间区域。净

空巡视检查区域为机场障碍物限制面区域加上适当的面外区域，一般为机场跑道中心线两侧各 10km、跑道端外 20km 以内的区域。净空关注区域为净空巡视检查区域之外的机场净空保护区域。

二、多项选择题

1．A、C、D；　　　　*2．B、E

【解析】

2．【答案】B、E

机场电磁环境保护区域由民航地区管理局配合民用机场所在地的地方无线电管理机构按照国家有关规定或者标准共同划定、调整。机场管理机构应当及时将最新的机场电磁环境保护区域报当地政府有关部门备案。民航地区管理局应当积极协调和配合机场所在地的地方无线电管理机构制定机场电磁环境保护区的具体管理规定，并以适当的形式发布。机场管理机构发现机场电磁环境保护区域内民用航空无线电台（站）频率受到干扰时，应当立即报告民航地区管理局。

第8章　相关标准

8.1　民航机场工程施工安全生产有关规定

复习要点

1. 民航专业工程危险性较大工程的安全管理

为加强民航专业工程施工安全管理，规范运输机场专业工程参建单位行为，民航行业管理部门结合行业特点和其他行业施工管理经验，陆续颁布了有关规定，尤其规定了民航专业工程危险性较大工程的安全管理。

1）民航专业工程施工安全的管理

相关规定有：①《民航专业工程安全生产费用管理办法（试行）》；②《运输机场专业工程参建单位施工安全自查指南（试行）》；③《运输机场专业工程施工单位安全管理人员管理办法（试行）》；④《民航专业工程劳动保护用品管理规范（试行）》；⑤《民航专业工程质量和施工安全应急预案管理规定》；⑥《民航专业工程质量和施工安全投诉举报处理办法》；⑦《民航专业工程施工重大安全隐患判定标准（试行）》；⑧《民航专业工程施工安全事故报告和调查方法（试行）》等。

2）民航专业工程危险性较大工程的安全管理规定

危险性较大的工程（以下简称"危大工程"）是指民航专业工程在施工过程中存在的、可能导致作业人员群死群伤、造成重大经济损失或者造成重大社会影响的工程。《民航专业工程危险性较大的工程安全管理规定（试行）》是为加强对民航专业工程中危险性较大工程的安全管理，有效防范生产安全事故，依据《中华人民共和国安全生产法》《建设工程安全生产管理条例》《运输机场建设管理规定》《运输机场运行安全管理规定》等法律法规及部门规章而制定的。该规定适用于民航专业工程中危险性较大的工程安全管理。该规定主要包含前期保障、专项施工方案、专家论证、现场安全管理等内容。

2. 运输机场不停航施工管理

不停航施工是指在运输机场不关闭或者部分区域、部分时段关闭，并按照航班计划接收和放行航空器的情况下，在飞行区内实施工程施工。

《运输机场不停航施工管理办法》是为加强运输机场不停航施工管理，确保机场运行安全，提升运行效率，根据《运输机场运行安全管理规定》等规章而制定的。《运输机场不停航施工管理办法》主要包含申请与审批、不停航施工组织管理方案编制、不停航施工实施、监督管理等内容。运输机场（包括军民合用机场民用部分）的不停航施工管理适用该办法。飞行区内进行的日常维护和紧急抢修，不适用该办法。

此外，与不停航施工管理相关的规定还有：①《运输机场飞行区场地管理办法》；②《运输机场机坪运行管理规则》；③《运输机场地面车辆和人员跑道侵入防范管理办法》；④《运输机场外来物防范管理办法》；⑤《运输机场目视助航设施管理办法》等。

一 单项选择题

1.《民航专业工程危险性较大的工程安全管理规定（试行）》的主要内容不包括（　　）。

    A．专项施工方案　　　　　　B．专家论证

    C．现场安全管理　　　　　　D．净空和电磁保护

2. 以下关于运输机场不停航施工的说法，不正确的是（　　）。

    A．在跑道有飞行活动期间，禁止在跑道端之外 300m 以内、跑道中心线两侧 75m 以内的区域进行任何施工作业

    B．进入飞行区从事施工作业的人员，应当经过培训并申办通行证（不包括车辆通行证）

    C．因施工使原有排水系统不能正常运行的，应当采取临时排水措施

    D．进入飞行区的施工车辆顶部应当设置黄色旋转灯标，并应当处于开启状态

3. 以下（　　）属于《运输机场外来物防范管理办法》所称外来物损伤航空器事件。

    A．风蚀　　　　　　　　　　B．磨损

    C．腐蚀　　　　　　　　　　D．轮胎

二 多项选择题

1. 以下（　　）属于民航专业工程中超过一定规模的危险性较大的工程。

    A．山区或丘陵地区机场最大填方高度或填方边坡高度（坡顶和坡脚高差）大于等于 80m 的工程

    B．总高度大于等于 20m 的支挡工程

    C．各类工具式模板工程，包括：滑模、爬模、飞模等工程

    D．开挖深度超过 5m（含 5m）的基坑（槽）的土方开挖、支护、降水工程

    E．采用非常规起重设备、方法，且单件起吊重量在 10kN 及以上的起重吊装工程

2. 以下（　　）属于民航专业工程中超过一定规模的危险性较大的工程。

    A．用于钢结构安装、飞机荷载桥梁、飞行区下穿通道等支撑体系，承受单点集中荷载 7kN 以上的承重支撑体系

    B．起重量 300kN 及以上的起重设备安装工程

    C．石方爆破工程

    D．异型脚手架工程

    E．开挖深度 16m 及以上的人工挖孔桩工程

3. 机场管理机构应当按照（　　）的原则组织编制适用本场的机坪运行管理手册。

    A．管理要求统一　　　　　　B．监督模式统一

    C．施工流程统一　　　　　　D．作业程序统一

    E．操作标准统一

【答案与解析】

一、单项选择题

1. D；   *2. B；   3. D

【解析】

2.【答案】B

进入飞行区从事施工作业的人员，应当经过培训并申办通行证，其中包括车辆通行证。

二、多项选择题

1. A、D；   2. A、B、C、E；   3. A、D、E

8.2 民航专业工程安全及质量监督管理

复习要点

1. 安全与质量监督管理条件及程序

1）专业工程建设质量与安全监督条件

民航行政机关及其委托的质量监督机构从事监督检查执法的人员应当取得行政执法证件。不具备执法资格的其他工作人员或者专业人员，可以在具备执法资格人员的带领下，协助实施检查。

2）专业工程建设质量与安全监督程序

现场监督检查类、非现场监督检查类项目所对应的建设质量与安全监督程序有所不同。建设单位办理监督手续材料符合规定的，民航行政机关或者其委托的质量监督机构应当在10个工作日内为其完成监督手续办理并出具监督通知书。监督手续办理后15个工作日内，民航行政机关或者其委托的质量监督机构应当向建设单位发放监督方案书。竣工验收前，建设单位应当提前5个工作日书面通知民航行政机关或者其委托的质量监督机构，并按照《运输机场专业工程竣工验收管理办法》规定提交相关材料。竣工验收时，民航行政机关或者其委托的质量监督机构应当对验收组织形式、验收程序、验收人员组成等进行重点监督，并对工程质量验收标准的执行情况进行重点检查。竣工验收通过后，施工现场的安全监督自动终止。

3）专业工程建设质量与安全监督申报材料

项目开工前，完成施工图设计审查报告备案的，建设单位应当向民航行政机关或者其委托的质量监督机构办理监督手续，并提交所需的各项材料。

2. 安全与质量监督管理方法及形式

1）安全与质量监督管理方法

民航行政机关依照《中华人民共和国行政处罚法》的规定，可以在法定权限内书面委托符合条件的质量监督机构实施行政处罚。

2）安全与质量监督管理形式

民航行政机关及其委托的质量监督机构可以采取随机抽查、联合检查、专项检查等方式对参建单位实施监督检查。根据工程情况，质量监督机构可以聘请技术专家协助实施工程质量和施工安全监督检查。

3．安全与质量监督管理主要内容

1）监督检查内容

参建单位（包括：建设单位，勘察、设计单位，监理单位、施工单位，试验检测单位）接受的安全与质量监督检查主要包括首次监督检查和过程监督检查。项目采用工程总承包方式的，首次监督检查和过程监督检查项目有所不同。此外，过程监督检查内容还包括工程质量安全生产管理体系的运转情况。

2）停工后复工

因故需要停止施工时间大于 30d 的（如工程冬歇期停工），建设单位应当向民航行政机关委托的质量监督机构提交工程中止施工的报告。

一　单项选择题

1．以下对安全与质量监督管理程序的描述，正确的是（　　　）。

A．竣工验收通过后，施工现场的安全监督仍未终止

B．在开工前，建设单位应当向民航行政机关或者其委托的质量监督机构办理工程质量和施工现场安全监督手续

C．民航行政机关或者其委托的质量监督机构应当自完成办理工程质量和施工现场安全监督手续之日起，至专业工程竣工验收合格 5 个工作日后，依法开展专业工程建设质量和安全生产监督管理工作

D．建设单位应当在工程竣工验收的 10 个工作日前，书面通知民航行政机关委托的质量监督机构

2．民航专业工程发生重大、特大质量事故，建设单位应立即向（　　　）报告。

A．民航局

B．事故发生地民航地区管理局

C．民航局和事故发生地民航地区管理局

D．质量监督机构

二　多项选择题

1．民航行政机关及其委托的质量监督机构可以采取（　　　）等方式对参建单位实施监督检查。

A．随机抽查　　　　　　　　　　B．联合检查

C．重点检查　　　　　　　　　　D．专项检查

E．突击检查

2．质量监督机构应对施工单位的（　　　）进行检查。

A．参加重要部位工程质量验收和工程竣工验收情况

B．技术资料的收集、整理情况

　　C．分项、分部工程及隐蔽工程的检验、验收情况

　　D．组织工程竣工验收的情况

　　E．资质及人员配备情况

【答案与解析】

　　一、单项选择题

*1．B；　　2．C

【解析】

1．【答案】B

　　竣工验收通过后，施工现场的安全监督自动终止。在开工前，建设单位应当向民航行政机关或者其委托的质量监督机构办理工程质量和施工现场安全监督手续。民航行政机关或者其委托的质量监督机构应当在收到有效齐全材料后10个工作日内完成监督手续办理。建设单位应当在工程竣工验收的5个工作日前，书面通知民航行政机关委托的质量监督机构。

　　二、多项选择题

1．A、B、D；　　　　　2．B、C、E

8.3　民航机场工程安全生产及建设质量的法律责任认定

复习要点

　　1．建设单位的安全生产责任

　　（1）依法设置安全生产管理机构或者配备专职安全生产管理人员，建立健全安全生产管理制度，组织审核安全生产条件，组织开展项目安全风险管理，编制应急预案，组织应急演练和有关培训，定期组织安全生产检查。

　　（2）及时足额支付安全生产费用，严禁挪用。

　　（3）对有关参建单位从业人员的安全生产教育和培训工作进行检查。

　　（4）实施安全风险管理，必要时应当组织专家进行专项论证。

　　（5）建设单位应当组织项目安全生产管理检查，检查参建单位和人员安全生产管理责任落实情况，确保发现的问题整改到位。

　　（6）根据安全生产检查结果，定期组织项目安全形势分析，强化监控监测、预报预警。

　　（7）对新技术、新材料、新工艺、新设备组织安全生产条件论证，掌握其安全技术特性，采取有效安全防护措施，组织专项安全生产教育和培训。

　　2．施工单位的安全生产责任

　　（1）依法设置安全生产管理机构，配备专职安全生产管理人员，落实项目全员安全生产责任制，制定项目安全生产管理制度和操作规程，保障项目施工安全生产条件，组织制定本合同段应急预案并定期演练。

（2）专业工程实行总承包的，总承包单位应当对施工现场的安全生产负总责。分包单位应当服从总承包单位的安全生产管理。

（3）建立安全风险分级管控制度，定期进行安全风险分析，完善施工组织设计和专项施工方案，落实安全风险分级管控措施，加强安全生产教育和技能培训，按照工程需要设置安全风险警示标志，强化重大风险源监测和预警。

（4）管理人员和作业人员接受安全生产教育和培训的时间、内容以及考核结果等情况，施工单位应当如实记录并建档备查。

（5）建立健全安全生产技术分级交底制度，明确安全技术分级交底的原则、内容、方法及确认手续。

（6）对危险性较大的工程，应当编制专项施工方案，附具安全验算结果；对超出一定规模的危险性较大的工程，应当组织专家对专项施工方案进行论证。

（7）保障安全警示标志设置规范、充分、明显，安全防护用具及设施符合规定。

（8）建立健全并落实生产安全事故隐患排查治理制度，建立职工参与的工作机制，对高度风险工程重点排查，对隐患排查、登记、治理等全过程闭合管理情况予以记录，并向从业人员通报事故隐患排查治理情况。其中，重大事故隐患排查治理情况应当及时向民航行政机关及其委托的质量监督机构报告。

（9）指定专职安全生产管理人员对施工现场安全生产状况进行经常性检查，制止和纠正违章指挥、违章操作和违反劳动纪律的行为，现场处理检查中发现的安全问题。

（10）按照国家有关规定足额及时提取和使用安全生产费用，确保专款专用。

3. 建设单位的质量责任

（1）落实项目法人责任制，完善项目质量管理制度，严格执行质量责任制。

（2）将工程发包给具有相应资质等级的勘察、设计、监理、施工、试验检测等单位。建设单位应当依法与勘察、设计、监理、施工、试验检测等单位在合同中明确质量目标、管理责任和要求，加强对涉及质量的关键人员、施工设备等方面的履约管理。

（3）科学确定并严格执行合理的工程建设周期，不得随意压缩。建设单位应当实施全过程的进度管控，督促有关参建单位严格执行施工工期。

（4）组织对有关参建单位质量管理工作的检查和工程质量的检测，责成有关参建单位及时整改，强化工程质量管理措施，实现工程质量目标。

（5）将施工图设计文件交付施工单位前，应当按照《运输机场建设管理规定》的要求完成对施工图设计文件的审查。

（6）开工前组织勘察、设计单位对施工、监理、试验检测等参建单位进行勘察、设计交底。

（7）建设单位采购供应的工程材料、构配件和设备等，其质量应当符合国家规定、设计文件要求和合同约定。

（8）依法组织勘察、设计、监理、施工等有关单位进行工程竣工验收。竣工验收应当具备相关规定条件。专业工程未经竣工验收或者竣工验收不合格的，不得交付使用。

（9）对新技术、新材料、新工艺、新设备应用可靠性的评估进行检查。

4. 施工单位的质量责任

（1）施工单位对专业工程建设项目的施工质量负责。

（2）专业工程实行总承包的，总承包单位应当对全部专业工程建设质量负责。总承包单位依法将专业工程分包给其他单位的，分包单位应当按照分包合同的约定对其分包工程质量向总承包单位负责，总承包单位与分包单位应当履行各方质量管理职责，并对分包工程质量承担连带责任。以联合体形式总承包的，应当确定牵头单位。联合体各方应当按照合同约定及联合体协议履行各方质量管理职责，并对承包工程质量承担连带责任。

专业工程实行总承包的，应当保证总承包项目经理在岗履职。总承包项目经理不得擅自变更；确需调整的，应当征得建设单位同意且不低于合同约定的资格和条件，并及时向民航行政机关委托的质量监督机构报送变更情况。

（3）施工单位应当建立健全项目质量管理体系，设置项目质量管理机构，落实项目施工质量责任制，制定项目施工质量管理制度，配备与项目相匹配的工程技术人员和管理人员，加强施工质量管理。

施工单位应当保证工程技术人员和管理人员在岗履职。项目负责人不得擅自变更；确需调整的，应当征得建设单位同意且不低于合同约定的资格和条件，并及时向民航行政机关委托的质量监督机构报送变更情况。

（4）施工单位应当按照施工技术标准、施工图设计文件和合同约定施工。

（5）施工单位应当对工程材料、构配件、设备等进行检验，出具的试验检测结果必须真实、客观和准确。施工单位设立的工地试验室应当按照施工技术标准、设计文件和合同约定开展试验检测，做好试验检测资料的签认和保存工作。

（6）施工单位应当建立健全技术交底制度。采用新技术、新材料、新工艺、新设备的工程应当进行专项技术交底。

（7）施工单位应当强化工序管理、质量自控、质量自检。出现质量问题或者验收不合格的工程，施工单位应当负责返工处理，未经质量验收合格不得进入下道工序。施工单位的质量管理资料应当清晰、完整、可追溯，工程关键部位和关键工序施工还应当保留影像资料。

（8）竣工验收申请前，施工单位应当完成设计和合同约定内容、施工质量自评、施工资料整理等工作，向建设单位提交工程竣工报告和工程保修书。

一　单项选择题

1．根据安全生产检查结果，定期组织项目安全形势分析，强化监控监测、预报预警，是（　　）单位的安全生产责任。

 A．建设   B．勘察、设计

 C．监理   D．施工

2．施工单位项目负责人不得擅自变更；确需调整的，应当征得（　　）单位同意。

 A．建设   B．勘察和设计

 C．监理   D．建设和监理

二 多项选择题

1. 民航机场工程施工单位的安全生产责任包括（　　　）等。

　　A. 指定专职安全生产管理人员对施工现场安全生产状况进行经常性检查

　　B. 对危险性较大的工程，应当编制专项施工方案

　　C. 进行安全生产巡视

　　D. 在设计阶段应当进行安全风险分析

　　E. 依法设置安全生产管理机构，配备专职安全生产管理人员

2. 民航机场工程监理单位的质量责任包括（　　　）。

　　A. 对工程材料、构配件、设备等进行检验

　　B. 进行定期或者不定期的巡视

　　C. 对工程建设内容是否符合勘察要求进行综合检查和分析评价

　　D. 及时组织或者参加工程量测、质量检查和验收

　　E. 定期进行工程质量情况分析

【答案与解析】

一、单项选择题

1. A;　　*2. A

【解析】

2.【答案】A

项目负责人不得擅自变更；确需调整的，应当征得建设单位同意且不低于合同约定的资格和条件，并及时向民航行政机关委托的质量监督机构报送变更情况。

二、多项选择题

*1. A、B、E;　　　*2. B、D、E

【解析】

1.【答案】A、B、E

见《民航机场工程管理与实务》8.3.1。

2.【答案】B、D、E

见《民航机场工程管理与实务》8.3.2。

8.4　民航机场工程质量控制及验收

复习要点

1. 飞行区场道工程质量控制及验收

1)《民用机场飞行区场道工程质量检验评定标准》MH 5007—2017

为规范民用机场飞行区场道工程质量检验评定工作，保证工程质量，制定本标准。

本标准适用于民用运输机场（含军民合用机场的民用部分）飞行区场道工程的质量检验评定。本标准所称的飞行区场道工程包括：土石方与地基处理、边坡防护、道面、路面、排水、桥梁、涵隧、消防管网、围界等工程。

2）《民用机场飞行区土石方与道面基（垫）层施工技术规范》MH/T 5014—2022

为规范民用机场飞行区土石方与道面基（垫）层施工，保证工程质量和施工安全，满足绿色与环保要求，制定了本规范。本规范适用于民用运输机场（含军民合用机场民用部分）飞行区土石方与道面基（垫）层施工，通用机场土石方与道面基（垫）层的施工可参照本规范执行。

3）《民用机场高填方工程技术规范》MH/T 5035—2017

本规范适用于新建、改（扩）建民用机场（含军民合用机场民用部分）最大填方高度和填方边坡高度不大于160m的高填方工程的勘测、设计、施工、检测和监测。

4）《民用机场飞行区排水工程施工技术规范》MH/T 5005—2021

本规范目的是规范民用机场飞行区排水工程施工，保证工程质量和施工安全，满足绿色施工要求，适用于新建、改（扩）建民用机场（含军民合用机场民用部分）飞行区排水工程的施工。飞行区排水工程主要包括：飞行区内的箱涵工程、明沟工程、盖板沟工程、管道工程、拱涵工程及附属构筑物等。民用机场排水工程是一项系统工程，涉及范围包括：飞行区、航站区、货运区等区域的场内及场外排水。本规范依据民航行业管理范围，只适用于飞行区的排水工程施工技术要求。

5）《民用机场水泥混凝土面层施工技术规范》MH 5006—2015及第一修订案

本规范目的是为适应我国民用机场建设的需要，提高民用机场飞行区水泥混凝土道面面层施工技术水平，明确水泥混凝土面层施工技术要求，保证工程施工质量。适用于新建、改建（扩）建民用机场（含军民合用机场的民用部分）飞行区道面和路面（包括：跑道、滑行道、机坪、道肩、防吹坪、围场路和服务车道等）的水泥混凝土面层施工。

6）《民用机场沥青道面施工技术规范》MH/T 5011—2019

本规范目的是规范民用机场沥青道面施工，保证施工质量、安全，做到技术先进、绿色环保。适用于新建、改建（扩）建民用机场（含军民合用机场的民用部分）沥青道面施工。

2．民航空管工程质量控制及验收

民航空管工程质量控制及验收按照通信工程、导航工程、监视工程、气象工程、航行情报工程、信息工程及配套工程等进行。其质量控制及验收的相关规范较多，有《甚高频地空通信地面系统 第1部分：话音通信系统技术规范》MH/T 4001.1—2016，《民用航空通信导航监视台（站）设置场地规范 第1部分：导航》MH/T 4003.1—2021等。

3．民航机场弱电系统工程质量控制及验收

1）《民用运输机场信息集成系统检测规范》MH/T 5039—2019

为规范民用运输机场信息集成系统检测工作，明确民用运输机场信息集成系统检测内容、方式和判定标准，制定本规范。

2）《运输机场离港系统检测规范》MH/T 5068—2023

为规范运输机场离港系统检测工作，明确检测内容、方式和判定标准，制定本规范。本规范适用于运输机场（含军民合用机场民用部分）新建离港系统的检测，原有系统升级改造的检测可依照本规范执行。

3）《民用运输机场航班信息显示系统检测规范》MH/T 5032—2015

为规范民用运输机场航班信息显示系统检测工作，明确民用运输机场航班信息显示系统检测内容和方法，确保检测质量，制定本规范。本规范适用于民用运输机场（含军民合用机场民用部分）的航班信息显示系统的检测。

4）《民用运输机场公共广播系统检测规范》MH/T 5038—2019

为规范民用运输机场公共广播系统检测工作，明确民用运输机场公共广播系统检测内容、方式和判定标准，制定本规范。适用于民用运输机场（含军民合用机场民用部分）的公共广播系统检测。

5）《民用运输机场安全保卫设施》MH/T 7003—2017

本规范适用于民用运输机场（含军民合用机场的民用部分）安全保卫设施的项目和要求，适用于民用运输机场（以下简称"机场"）规划、设计、施工和运行中的安全保卫设施。

6）《行李处理系统 第 1 部分：带式输送机》MH/T 6123.1—2021、《行李处理系统 第 2 部分：分流器》MH/T 6123.2—2021、《行李处理系统 第 3 部分：转盘》MH/T 6123.3—2021

该系列文件规定了民用机场内使用的行李处理系统的技术要求、试验方法、检验规则、标牌、标识、使用说明书、包装、运输和贮存。适用于行李处理系统的设计、制造与检验。

7）《民用运输机场航站楼安防监控系统工程设计规范》MH/T 5017—2017

为指导和规范民用运输机场航站楼安防监控系统工程设计，明确安防监控系统设计工作内容，确保设计质量，制定本规范。本规范适用于民用运输机场（包括军民合用机场的民用部分）航站楼的新建、扩建和改建安防监控系统工程设计。

8）《民用运输机场航站楼时钟系统工程设计规范》MH/T 5019—2016

为指导和规范民用运输机场航站楼时钟系统工程设计，明确时钟系统设计工作内容，确保设计质量，促进民用运输机场航站楼时钟系统建设，制定本规范。本规范适用于民用运输机场（包括军民合用机场的民用部分）的新建、扩建和改建项目中的航站楼时钟系统工程的设计。

9）《民用运输机场航站楼公共广播系统工程设计规范》MH/T 5020—2016

为指导和规范民用运输机场航站楼公共广播系统的设计，促进民用运输机场航站楼公共广播系统建设，制定本规范。本规范适用于民用运输机场（包括军民合用机场的民用部分）航站楼新建公共广播系统及系统升级改造的设计，原有系统升级改造可参照本规范执行。

4．民航机场目视助航工程质量控制及验收

为保障民用机场目视助航设施施工质量，规范工程质量评定标准，统一工程验收技术要求，实现安全适用、技术先进、资源节约、文明施工、绿色环保等目标，制定

《民用机场目视助航设施施工质量验收规范》MH/T 5012—2022。新建、扩建和改建的运输机场（含军民合用机场民用部分）和 A1 级通用机场的目视助航设施施工质量验收依据本规范执行。其他通用机场宜参照该规范执行。

一　单项选择题

1. 飞行区场道工程质量检验评定应以（　　）为基本评定单元。
　　A. 单位工程　　　　　　　　　B. 分部工程
　　C. 分项工程　　　　　　　　　D. 专业工程

2. 新建、扩建和改建的运输机场（含军民合用机场民用部分）和（　　）级通用机场的目视助航设施施工质量验收依据《民用机场目视助航设施施工质量验收规范》MH/T 5012—2022 执行。
　　A. A1　　　　　　　　　　　　B. A2
　　C. A3　　　　　　　　　　　　D. B

二　多项选择题

1. 飞行区场道工程分项工程质量检验评定内容应包括（　　）的内容。
　　A. 使用情况　　　　　　　　　B. 基本要求
　　C. 实测项目　　　　　　　　　D. 外观检查
　　E. 质量保证资料

2. 根据《民用运输机场信息集成系统检测规范》MH/T 5039—2019，检测工作应当遵循（　　）的原则。
　　A. 科学　　　　　　　　　　　B. 严谨
　　C. 精确　　　　　　　　　　　D. 客观
　　E. 公正

【答案与解析】

一、单项选择题

*1. C;　　2. A

【解析】

1.【答案】C

场道工程工程质量检验评定应以分项工程为基本评定单元，在分项工程评定的基础上，逐级评定分部工程、单位工程。

二、多项选择题

1. B、C、D、E;　　2. A、B、D、E

第3篇 民航机场工程项目管理实务

第9章 民航机场工程企业资质与施工组织

9.1 民航机场工程企业资质

微信扫一扫
在线做题＋答疑

复习要点

1. 民航专业工程设计企业资质

不同工程设计企业资质允许开展的民航专业工程的要求如下：

（1）具有民航工程设计行业甲级资质的企业可以承担民航行业建设工程项目主体工程及其配套工程的设计业务，其规模不受限制。

（2）具有民航工程设计行业乙级资质的企业可以承担民航行业中、小型建设工程项目的主体工程及其配套工程的设计业务。

（3）具有工程设计综合资质的企业可以承担民航行业建设工程项目的设计业务，其规模不受限制。

2. 行业甲级资质要求

具有施工总承包特级资质的企业，可以取得相应行业的设计甲级资质。申请民航行业工程行业甲级资质要求如下：

1）资历和信誉

（1）具有独立企业法人资格。

（2）社会信誉良好，注册资本不少于600万元人民币。

（3）企业完成过的工程设计项目应满足所申请行业主要专业技术人员配备表中对工程设计类型业绩考核的要求，且要求考核业绩的每个设计类型的大型项目工程设计不少于1项或中型项目工程设计不少于2项，并已建成投产。

2）技术条件

（1）专业配备齐全、合理，主要专业技术人员数量不少于所申请行业资质标准中主要专业技术人员配备表规定的人数。

（2）企业主要技术负责人或总工程师应当具有大学本科以上学历、10年以上设计经历，主持过所申请行业大型项目工程设计不少于2项，具备注册执业资格或高级专业技术职称。

（3）在主要专业技术人员配备表规定的人员中，主导专业的非注册人员应当作为专业技术负责人主持过所申请行业中型以上项目不少于3项，其中大型项目不少于1项。

3）技术装备及管理水平

（1）有必要的技术装备及固定的工作场所。

（2）企业管理组织结构、标准体系、质量体系、档案管理体系健全。

3．行业乙级资质要求

申请民航行业工程行业乙级资质要求如下：

1）资历和信誉

（1）具有独立企业法人资格。

（2）社会信誉良好，注册资本不少于300万元人民币。

2）技术条件

（1）专业配备齐全、合理，主要专业技术人员数量不少于所申请行业资质标准中主要专业技术人员配备表规定的人数。

（2）企业的主要技术负责人或总工程师应当具有大学本科及以上学历、10年以上设计经历，主持过所申请行业大型项目工程设计不少于1项，或中型项目工程设计不少于3项，具备注册执业资格或高级专业技术职称。

（3）在主要专业技术人员配备表规定的人员中，主导专业的非注册人员应当作为专业技术负责人主持过所申请行业中型项目不少于2项，或大型项目不少于1项。

3）技术装备及管理水平

（1）有必要的技术装备及固定的工作场所。

（2）有完善的质量体系和技术、经营、人事、财务、档案管理制度。

4．民航专业工程施工企业资质

民航专业工程施工企业资质属于专业承包序列，包括：机场场道工程专业承包资质、民航空管工程及机场弱电统工程专业承包资质和机场目视助航工程专业承包资质三个类别，分为一级和二级两个等级。

5．民航机场场道工程专业承包资质标准

机场场道工程专业承包资质分为一级、二级。

1）一级资质标准

（1）企业资产：净资产6000万元以上。

（2）企业主要人员：技术负责人具有10年以上从事工程施工技术管理工作经历，且具有机场场道工程相关专业高级职称。机场场道工程相关专业职称包括：机场工程、场道（或道路）、桥隧、岩土、排水、测量、检测等专业职称。

（3）企业工程业绩：近5年独立承担过单项合同额5000万元以上的机场场道工程两项或单项合同额3000万元以上的机场场道工程3项的工程施工，工程质量合格。

2）二级资质标准

（1）企业资产：净资产2500万元以上。

（2）企业主要人员：

① 民航机场工程专业一级注册建造师不少于3人。

② 技术负责人具有8年以上从事工程施工技术管理工作经历，且具有机场场道工程相关专业高级职称或民航机场工程专业一级注册建造师执业资格；工程序列中级以上职称人员不少于15人，其中场道（或道路）、桥隧、岩土、排水、测量、检测等专业齐全。

③ 持有岗位证书的施工现场管理人员不少于15人，且施工员、质量员、安全员、材料员、资料员等人员齐全。

④ 经考核或培训合格的电工、测量工、混凝土工、模板工、钢筋工、焊工、架子工等中级工以上技术工人不少于 30 人。

⑤ 技术负责人（或注册建造师）主持完成过本类别资质一级标准要求的工程业绩不少于两项。

3）承包工程范围

（1）一级资质可承担各类机场场道工程的施工。

（2）二级资质可承担飞行区指标为 4E 以上，单项合同额在 2000 万元以下技术不复杂的飞行区场道工程的施工；或飞行区指标为 4D，单项合同额在 4000 万元以下的飞行区场道工程的施工；或飞行区指标为 4C 以下，单项合同额在 6000 万元以下的飞行区场道工程的施工；各类场道维修工程。

6. 民航空管工程及机场弱电系统工程专业承包资质标准

民航空管工程及机场弱电系统工程专业承包资质分为一级、二级。

1）一级资质标准

（1）企业资产：净资产 1000 万元以上。

（2）企业主要人员：技术负责人具有 10 年以上从事工程施工技术管理工作经历，且具有民航空管工程及机场弱电系统工程相关专业高级职称。民航空管工程和机场弱电系统工程相关专业职称包括：机场工程、电子、电气、通信、计算机、自动控制等专业职称。

（3）企业工程业绩：近 5 年独立承担过单项合同额 1000 万元以上的民航空管工程两项或单项合同额 1500 万元以上的机场弱电系统工程两项的工程施工，工程质量合格。

2）二级资质标准

（1）企业资产：净资产 400 万元以上。

（2）企业主要人员：

① 企业具有民航机场工程、机电工程、通信与广电工程专业一级注册建造师合计不少于 3 人，其中民航机场工程专业不少于两人。

② 技术负责人具有 8 年以上从事工程施工技术管理工作经历，且具有民航空管工程及机场弱电系统工程相关专业高级职称或民航机场工程专业一级注册建造师执业资格；工程序列中级以上职称人员不少于 18 人，其中电子、电气、通信、计算机、自动控制等专业齐全。

③ 持有岗位证书的施工现场管理人员不少于 12 人，且施工员、质量员、安全员、材料员、资料员等人员齐全。

④ 经考核或培训合格的电工、焊工等中级工以上技术工人不少于 10 人。

⑤ 技术负责人（或注册建造师）主持完成过本类别资质一级标准要求的工程业绩不少于两项。

3）承包工程范围

（1）一级资质可承担各类民航空管工程和机场弱电系统工程的施工。

（2）二级资质可承担单项合同额 2000 万元以下的民航空管工程和单项合同额 2500 万元以下的机场弱电系统工程的施工。

7. 民航机场目视助航工程专业承包资质标准

机场目视助航工程专业承包资质分为一级、二级。

1）一级资质标准

（1）企业资产：净资产1000万元以上。

（2）企业主要人员：技术负责人具有10年以上从事工程施工技术管理工作经历，且具有机场目视助航工程相关专业高级职称。机场目视助航工程相关专业职称包括：机场工程、电力、电气、自动控制、计算机等专业职称。

（3）企业工程业绩：近5年独立承担过累计合同额不少于3000万元的机场目视助航工程施工，其中单项合同额1200万元以上的工程两项或单项合同额700万元以上的工程3项，工程质量合格。

2）二级资质标准

（1）企业资产：净资产400万元以上。

（2）企业主要人员：

① 民航机场工程、机电工程专业一级注册建造师合计不少于3人，其中民航机场工程专业一级注册建造师不少于2人。

② 技术负责人具有8年以上从事工程施工技术管理工作经历，且具有机场目视助航工程相关专业高级职称或民航机场工程专业一级注册建造师执业资格；工程序列中级以上职称人员不少于10人，其中电力、电气、自动控制、计算机等专业齐全。

③ 持有岗位证书的施工现场管理人员不少于10人，且施工员、质量员、安全员、材料员、资料员等人员齐全。

④ 经考核或培训合格的电工、焊工、测量工等中级工以上技术工人不少于15人。

⑤ 技术负责人（或注册建造师）累计主持完成过本类别资质一级标准要求的工程业绩不少于两项。

各专业注册建造师在民航专业工程建设项目中担任施工项目负责人时可遵照《民航局机场司关于进一步明确注册建造师担任施工项目负责人有关意见的通知》执行。

3）承包工程范围

（1）一级资质可承担各类机场目视助航工程的施工。

（2）二级资质可承担飞行区指标为4E以上，单项合同额500万元以下的目视助航工程；或飞行区指标为4D以下的目视助航工程的施工。

实务操作和案例分析专项练习题

【案例1】

1. 背景

某南方运输机场扩建，飞行区指标4E，一标段场道工程招标概算造价为5000万元，二标段助航灯光工程及机场弱电工程招标概算造价为2000万元，包括机场弱电工程概算造价500万元，二标段允许联合体投标。

甲施工单位具备民用机场场道工程一级承包资质，乙施工单位具备目视助航工程一级承包资质，丙施工单位具备民航空管工程和机场弱电系统工程二级承包资质。

2．问题

（1）甲施工单位是否具备与一标段要求相符合的企业资质，为什么？

（2）乙施工单位是否具备与二标段要求相符合的企业资质，为什么？

（3）乙施工单位与丙施工单位联合体投标二标段，两家施工单位企业资质是否符合，为什么？

3．分析与答案

（1）甲施工单位具备与一标段要求相符的企业资质，因为甲施工单位具备场道工程一级资质，可以承担各类机场场道工程的施工。

（2）乙施工单位不具备与二标段要求相符合的企业资质，因为乙施工单位为目视助航工程一级资质，但招标概算内含有机场弱电工程内容，乙施工单位不具备机场弱电系统工程资质。

（3）乙施工单位与丙施工单位联合体投标二标段，两家施工单位符合企业资质要求，因为乙施工单位具备目视助航工程一级资质，可以承担各类机场目视助航工程的施工，丙施工单位具备机场弱电系统工程二级资质，可以承担单项合同额 2500 万元以下的机场弱电系统工程的施工。

【案例 2】

1．背景

某地区拟新建 4E 等级机场及配套空管、弱电、助航灯光等工程。其中空管工程合同额为 2500 万，弱电单项合同额为 2000 万元。机场空管、弱电工程采用公开招标方式，机场建设指挥部按照法定程序进行了招标，最终 A、B、C、D、E 五家公司在招标文件规定的投标截止时间前递交了空管工程投标文件，F、G、H、I 四家公司在招标文件规定的投标截止时间前递交了弱电工程投标文件。资格审查时，D 公司仅具有民航空管工程及机场弱电系统工程专业承包资质二级资质，其余四家公司均为一级资质。开标时，E 公司因其投标文件的签署人没有法定代表人的授权委托书。弱电工程资格审查时发现 G、H 公司仅具有民航空管工程及机场弱电系统工程专业承包资质二级资质，其余两家公司均为一级资质。

2．问题

（1）D 公司是否有资格进行空管工程的投标？

（2）空管工程招标是否有效？

（3）G、H 公司是否有资格进行弱电工程的投标？

（4）弱电工程招标是否有效？

3．分析与答案

（1）有资格。二级资质可承担单项合同额 2000 万元以下的民航空管工程的施工。

（2）有效。投标 E 公司被取消投标资格后仍有 4 家合格的投标公司，满足招标投标法规定。

（3）二级资质可承担单项合同额 2500 万元以下的机场弱电系统工程的施工。

（4）有效。投标 G、H 公司具备投标弱电工程资格，有 4 家合格的投标公司，满足招标投标法规定。

【案例 3】

1. 背景

某民用机场飞行区指标为 4E，近期计划实施跑道及机坪整修工程，其中目视助航设施工程划分为两个标段招标，建设单位对视助航设施工程计划造价为：跑道整修工程（目视助航设施工程）450 万元，机坪整修工程（目视助航设施工程）600 万元。发生如下事件：

事件 1：现有两家设计单位拟承接该工程设计业务，A 设计单位设计资质为工程设计综合资质甲级。B 设计单位设计资质为民航工程设计行业甲级。

事件 2：现有两家施工单位拟承接该工程的目视助航设施工程，C 施工单位拟承接跑道整修工程（目视助航设施工程）、D 施工单位拟承接机坪整修工程（目视助航设施工程），两家施工单位分别具备民用机场目视助航工程一级和目视助航工程二级的施工资质。

2. 问题

（1）事件 1 中，A、B 两家设计单位是否具备承揽该机场建设工程设计业务相应资格，为什么？

（2）事件 2 中，C、D 两家施工单位是否具备承揽该机场建设工程项目相应工程的资格，为什么？

3. 分析与答案

（1）设计单位 A 具备承揽该机场建设工程设计业务相应资格，因为具有民航工程设计行业甲级资质的企业可以承担民航行业建设工程项目主体工程及其配套工程的设计业务，其规模不受限制。

设计单位 B 具备承揽该机场建设工程设计业务相应资格，因为具有工程设计综合资质甲级的企业可以承担民航行业建设工程项目的设计业务，其规模不受限制。

（2）施工单位 C 具备承揽该机场跑道整修工程（目视助航设施工程）的资格，因为目视助航工程专业一级企业承包范围为：一级资质可承担各类机场目视助航工程的施工。

施工单位 D 不具备承揽该机场机坪整修工程（目视助航设施工程）的资格，因为目视助航工程专业二级企业承包范围为：二级资质可承担飞行区指标为 4E 以上，单项合同额 500 万元以下的目视助航工程；或飞行区指标为 4D 以下的目视助航工程的施工。

9.2 施工项目管理机构

复习要点

1. 民航机场工程施工项目管理组织构架

1）直线型组织结构

直线型组织结构是最简单的一种组织结构形式，组织内各级呈直线关系。各组织单元只接受一个直接上级的指令，只对一个上级负责。组织内责权分明、秩序井然、命令统一、工作效率高，但相互之间缺少协调工作。

2）矩阵型组织结构

复杂的建设工程项目多采用矩阵型组织结构形式。这种组织结构形式既有按职能划分的纵向组织部门，也有按项目划分的横向部门。组织中专业人员既接受本部门领导，也接受项目经理部领导，加强了各职能部门的横向业务联系，专业人员、设备得到充分利用，有利于资源优化，具有较大适应性和灵活性。

2．项目经理的岗位职责

项目经理是项目实施的最高领导者、组织者和责任者，在项目管理中起着决定性作用，是决定项目的关键人物。在项目实施管理过程中，项目经理既要对建设单位负责，也要对施工企业负责。项目经理需要在项目全过程中全面把握各项工作，并与相关团队密切配合，确保项目的顺利进行、高质量完成和经济效益的实现。

（1）项目经理在我国实行项目负责制时，具有以下主要职责：贯彻执行法律、法规和政策；严格财经管理；履行承包合同责任；施工控制和技术执行。

（2）在施工项目自开工准备至竣工验收的过程中，项目经理应履行以下主要职责：完成"项目管理目标责任书"规定的任务；组织编制项目管理实施规划；进行生产要素优化配置和动态管理；建立质量管理体系和安全管理体系并组织实施；协调与各方的合作与沟通；现场文明施工管理；参与工程竣工验收，准备结算资料和总结分析。

3．民航机场工程施工项目的现场管理

施工单位项目管理的任务包括：安全管理、投资控制和施工单位的成本控制、进度控制、质量控制、合同管理、信息管理和与施工单位有关的组织和协调。根据相应任务施工单位应当写出各项管理制度，它包括：工地施工现场管理制度、施工现场材料管理制度、机械设备现场管理制度、消防保卫管理制度、财务管理制度、质量管理制度等。

实务操作和案例分析专项练习题

【案例 1】

1．背景

某运输机场场道工程扩建，甲施工单位通过公开竞标的方式中标该项目，根据建设单位的工期和关键节点要求，甲施工单位建立项目管理直线型组织机构，组织若干专业班组，开展场道工程各项准备工作和现场管理。

2．问题

（1）什么是直线型项目管理组织机构？根据案例背景绘制直线型组织机构图。

（2）场道工程技术准备和现场准备内容包括哪些？

（3）场道施工材料的现场管理内容包括哪些？

3．分析与答案

（1）直线型组织结构是最简单的一种组织结构形式，组织内各级呈直线关系。各组织单元只接受一个直接上级的指令，只对一个上级负责。组织内责权分明，秩序井然，命令统一，工作效率高，但相互之间缺少协调工作。

直线型组织结构如图 9.2-1 所示。

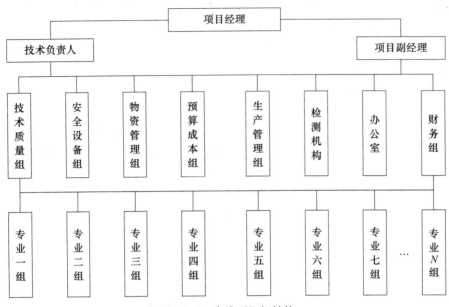

图 9.2-1   直线型组织结构

（2）场道工程技术准备：

① 会审施工图纸。由设计单位、上级主管单位、施工单位、监理单位、建设单位共同参与，对施工图纸进行会审，核对设计与实际情况的符合性，提出改进意见和建议。

② 现场调查。进行水文地质、气象情况的调查，了解供水、供电、交通和通信等情况，以及拆迁和征地情况，评估当地建材供应和价格情况。

③ 编制施工组织设计和施工预算。制定施工组织设计和施工预算，详细规划施工过程和资源安排。

场道工程现场准备：

① 清理现场。清理现场包括：拆除原有建筑和工程管网，清理树木，以及处理坑、井、墓等。

② 三通一平。确保施工必要的条件，包括：通路、通水、通电，并使施工场地平整。

③ 建立现场测量控制网。根据勘测单位提供的永久性坐标和高程控制点，进行施工场地闭合导线和水准线路控制网的布设，设置临时控制测量标桩（网）。

（3）场道施工材料现场管理：

① 材料堆放与保管。

② 材料验收与追溯。

③ 材料消耗控制。

④ 材料库存管理。

⑤ 材料回收与再利用。

【案例 2】

1．背景

某施工单位承接了一新建机场航班信息显示系统安装工程，施工区域涉及航站楼、机场停车楼。其中，航站楼内航显屏、运控中心的拼接屏的安装需在土建、装修等工程基本结束时方可开始进行，为此施工单位在场外提前完成了各类支撑件、固定件的制作加工，以提高后期施工进度。

2．问题

（1）该工程前期技术准备工作主要有哪些？

（2）航班信息显示系统施工过程中，应注意与哪些工程配合？

（3）简述航班信息显示系统安装施工工序。

3．分析与答案

（1）该工程前期技术准备主要工作：

① 会审施工图纸，编写重点施工部位技术交底。

② 根据施工图提出预埋件、桥架等材料的加工计划及管线、控制设备等的购置时间，并根据工程进度计划确定进场日期，同时做好各种材料进场的复试准备。

③ 施工组织设计的编写、工程预算书及材料单的编制。

④ 控制柜的制作及安装构件的预制加工、配合土建工程预埋管路等。

（2）航班信息显示系统施工过程中，应注意与以下工程配合：

① 预留孔洞和预埋管线与土建工程的配合。

② 线槽架的施工与土建工程的配合。

③ 管线施工与装饰工程的配合。

④ 运控中心布置与装饰工程的配合。

（3）航班信息显示系统安装施工工序：

审阅图纸→现场定位测量→配合土建工程预埋管线支架→安装设备支吊架→安装电缆桥架金属线槽→管路清扫→穿放线缆→航显屏安装→控制设备安装→航显屏通电测试→网络性能测试→单系统调试→系统联调测试→竣工预验收→竣工验收。

4．解析

（1）施工准备工作除技术准备外，通常还包括：施工现场准备，物资、机具、劳动力准备以及季节性施工准备等。

（2）在航站楼弱电系统施工阶段，应配合土建工程、机电设备安装工程和装修工程在其施工内容界面上的划分和协调，注意和遵循其施工规律：

① 预留孔洞和预埋管线与土建工程的配合：在土建基础施工中，应做好接地工程引线孔、地坪中配管的过墙孔、线缆过墙保护管和进线管的预埋工作。

② 线槽架的施工与土建工程的配合：线槽架的安装施工，在土建工程基本结束以后，与其他管道（风管、给水排水管）的安装同步进行，也可稍迟于管道安装一段时间，但必须解决好系统线槽架与管道在空间位置上的合理安置与配合。

③ 管线施工与装饰工程的配合：配线和穿线工作，在土建工程完全结束以后，与装饰工程同步进行，进度安排应避免装饰工程结束以后，造成穿线敷设的困难。

④ 运控中心布置与装饰工程的配合：各控制室的装饰应与整体的装饰工程同步，弱电系统设备的定位、安装、接线端连接，应在装饰工程基本结束时开始。

（3）应先安装各类台架、支架、电缆桥架等机械件，再进行管线敷设、终端接线等工作，最后安装航显屏、工控机等设备，以提高施工效率并减小施工对设备的损坏和污染。

【案例3】

1. 背景

某民用运输机场助航灯光建设工程项目，某一级资质企业已通过竞标取得该项目的施工任务，签订了工程承包合同。承包企业按规定成立了项目经理部。

2. 问题

（1）民航机场工程施工项目管理的组织机构可采用哪些组织结构形式？简述其特点。

（2）简述承包企业项目经理开工至竣工验收期间应履行的主要职责。

（3）该承包企业施工前现场准备工作有哪些？

3. 分析与答案

（1）民航机场工程施工项目管理的组织机构可采用直线型组织结构和矩阵型组织结构：

① 直线型组织结构是最简单的一种组织结构形式，组织内各级呈直线关系。各组织单元只接受一个直接上级的指令，只对一个上级负责。组织内责权分明，秩序井然，命令统一，工作效率高，但相互之间缺少协调工作。

② 矩阵型组织结构形式既有按职能划分的纵向组织部门，也有按项目划分的横向部门。组织中专业人员既接受本部门领导，也接受项目经理部领导，加强了各职能部门的横向业务联系，专业人员、设备得到充分利用，有利于资源优化，具有较大适应性和灵活性。

（2）承包企业项目经理开工至竣工验收期间应履行的主要职责：

① 完成"项目管理目标责任书"规定的任务。

② 组织编制项目管理实施规划。

③ 进行生产要素优化配置和动态管理。

④ 建立质量管理体系和安全管理体系并组织实施。

⑤ 协调与各方的合作与沟通。

⑥ 现场文明施工管理。

⑦ 参与工程竣工验收，准备结算资料和总结分析。

（3）该承包企业施工前现场准备工作：

① 进场前进行施工现场的清理，道路硬化处理，确保临时道路畅通。

② 布置现场队伍，清理现场并标识周围环境。

③ 接入给水排水口，引入电源线，并按平面图布置电缆和配电箱。

④ 探查地下障碍物并加以保护。

9.3　施工组织设计

复习要点

1．总体施工部署

总体施工部署是施工组织总设计的核心内容，应在深入了解工程项目的情况、施工条件和建设要求的基础上，对整个建设项目进行全面部署和规划，以解决工程施工中的重大战略问题，确保项目在全局范围内有序进行。一般包括以下内容：工程施工规划、工程项目施工方案、工程施工组织安排、工程施工准备。

2．工程施工准备

总体施工准备应满足项目分阶段（期）施工的需要，确保在施工过程中有序推进，同时能够根据实际情况进行调整和优化，为民航机场工程的顺利施工奠定坚实基础，确保施工过程的安全和质量。包括技术准备和现场准备两个方面。

3．施工总平面布置

施工总平面布置是民航机场工程施工的一个重要环节，它涉及施工场地的科学规划和布置，以保证施工的顺利进行，同时满足节能、环保、安全、消防和文明施工等要求。为了符合上述要求，施工总平面布置应考虑以下几个方面：科学合理和动态调整；施工区域划分和临时占用；利用既有建（构）筑物和设施；临时设施分离设置；符合节能、环保、安全、消防和文明施工等要求；绘制不同施工阶段的总平面布置图。

4．民航专业工程专项施工方案

为了民航专业工程施工顺利进行和达到预期目标，应详细规划和组织施工各个专项工程的具体步骤、方法、流程和要求，形成专项施工方案。场道、目视助航、空管与弱电工程专项施工方案各有其特点。

5．民航专业工程中的危险性较大的工程

民航专业工程中的危险性较大的工程是指在施工过程中存在的、可能导致作业人员群死群伤、造成重大经济损失或者造成重大社会影响的工程。因此应针对这类工程编制专项施工方案，应包括以下内容：工程概况、编制依据、施工计划、危险因素分析、施工工艺技术、施工安全保证措施、施工管理及作业人员、安全验算书及相关图纸、其他需要说明的内容。

实务操作和案例分析专项练习题

【案例1】

1．背景

甲施工单位承建某运输机场一标段建设任务，项目建设分为多个标段，建设单位在各标段施工单位编制施工组织设计时进行统筹管理，确保各施工组织设计的协调性和可行性。由甲施工单位根据项目施工总体目标，牵头编制项目施工组织总体设计，各标段施工组织总体设计要根据项目施工组织总体设计进行调整，并保持一致。

2. 问题

（1）施工组织设计应由谁主持编制？当项目采用非工程总承包方式时，施工组织总体设计由施工单位谁审批？

（2）施工组织总体设计应包括哪些基本内容？

（3）施工组织总设计的核心是什么，一般包括哪些内容？

3. 分析与答案

（1）施工组织设计应由项目负责人（项目经理）主持编制，当项目采用非工程总承包方式时，施工组织总体设计由施工单位技术负责人审批。

（2）施工组织总体设计应包括：工程概况、总体施工部署、施工总体进度计划、总体施工准备与主要资源配置计划、施工总平面布置等基本内容。

（3）施工组织总设计的核心是总体施工部署，一般包括以下内容：

① 工程施工的规划。确定项目的整体施工计划，包括：工期、工程进度、工程里程碑等。规划还包括施工资源的调配和利用，确保在施工过程中资源的合理配置。

② 工程项目的施工方案。制定具体的施工方案，包括：施工方法、施工工艺、技术路线等。施工方案需要根据工程的特点和条件，确保施工过程中质量、安全和效率。

③ 工程施工组织安排。确定项目的施工组织机构，明确各个职能部门和岗位的职责。施工组织安排还包括对项目管理的整体规划，确保项目的顺利推进。

④ 工程施工的准备。制定项目施工前的准备工作，包括：场地准备、施工前的物资储备、施工人员培训等。这些准备工作是项目施工成功的基础。

【案例 2】

1. 背景

某施工单位承建运输机场扩建任务，机场场道工程施工内容包括土石方与地基处理工程、机坪道面工程、沟涵工程、消防管井及围界工程；根据建设单位要求，施工单位应完成施工总平面布置和施工方案的编制工作。

2. 问题

（1）施工总平面布置应考虑的因素包括哪些？

（2）施工总平面布置包括哪些内容？

（3）根据背景资料，施工单位应编制什么施工方案？施工方案应包括哪些内容？

3. 分析与答案

（1）施工总平面布置应考虑以下因素：

① 科学合理和动态调整。总平面布置应经过充分的科学规划，合理利用施工场地，使占用面积最小化。随着施工进展，需要根据实际情况进行动态调整，确保施工进程的顺利进行。

② 施工区域划分和临时占用。施工区域的划分和临时占用应根据总体施工部署和施工流程的要求进行规划，避免不同施工区域之间的相互干扰，提高施工效率。

③ 利用既有建（构）筑物和设施。在总平面布置中，应充分考虑利用现有的建筑物和设施，以减少对环境的影响，节约资源和成本。

④ 临时设施分离设置。施工现场的临时设施，如办公区、生活区和生产区，应合

理分离设置，确保施工人员的生产和生活环境良好，提高工作效率。

⑤ 符合节能、环保、安全、消防和文明施工等要求。总平面布置应符合节能、环保、安全、消防和文明施工等相关要求，保障施工的可持续发展和安全施工。

⑥ 绘制不同施工阶段的总平面布置图。根据项目总体施工部署，制定现场不同施工阶段的总平面布置图，清晰展示施工进度和计划，有利于施工组织和管理。

（2）施工总平面布置包括以下内容：

① 项目施工用地范围内的地形条件。

② 全部拟建的建（构）筑物和其他基础设施的位置。

③ 加工设施、运输设施、存储设施、拌合站等设施和办公生活用房。

④ 临时施工道路、临时供水、临时排水、临时用电等临时设施。

⑤ 施工现场必备的安全、消防和环境保护等设施。

⑥ 围界、道口、安检等相关设施。

⑦ 既有重要管道和线缆等相关设施。

⑧ 相邻的地上、地下既有建（构）筑物及相关环境。

（3）根据背景资料，施工单位应编制土石方与地基处理工程施工方案，施工方案内容应包括：地基处理工程施工与土石方工程施工；编制机坪道面工程施工方案，施工方案内容应包括：底基层施工、基层施工、面层施工；编制排水工程施工方案，施工方案内容中应有沟涵工程施工；编制消防管网工程施工方案，施工方案内容应包括：管道施工、消防井施工；编制围界工程施工方案，施工方案内容中应有围界工程施工。

【案例 3】

1．背景

甲施工单位承建某运输机场不停航施工任务，甲施工单位在机场隔离区内新建一座消防井，基坑开挖深度为 4.5m，建设单位要求施工单位在关闭周边机位，且待航情资料生效后方可施工，并要求施工单位编制专项施工方案。

2．问题

（1）民航专业工程中危险性较大的工程是指什么？

（2）甲施工单位的施工内容属不属于危险性较大的工程？为什么？

（3）危险性较大工程专项施工方案内容应包括哪些？

3．分析与答案

（1）民航专业工程中危险性较大的工程是在施工过程中存在的、可能导致作业人员群死群伤、造成重大经济损失或者造成重大社会影响的工程。

（2）甲施工单位的施工内容属于危险性较大的工程，根据《民航专业工程危险性较大的工程安全管理规定（试行）》要求，不停航施工工程属于危险性较大的工程和超过一定规模的危险性较的工程范围，且消防井基坑开挖深度超过 3m，属于危险性较大的工程。

（3）危险性较大工程专项施工方案内容应包括以下内容：

① 工程概况。

② 编制依据。

③ 施工计划。

④ 危险因素分析。

⑤ 施工工艺技术。

⑥ 施工安全保证措施。

⑦ 施工管理及作业人员。

⑧ 安全验算书及相关图纸。

⑨ 其他需要说明的内容。

（本问做答时还可列明每项内容下的详细要求作为完善）

【案例 4】

1. 背景

某机场计划不停航施工下滑台加装 DME 工程。根据本工程的特点，施工单位编制了施工组织设计。

2. 问题

（1）写出本工程施工组织设计需反映的主要内容。

（2）危险性较大工程专项施工方案需反映的主要内容。

（3）施工单位在危险性较大工程专项施工方案编制后需要进行什么操作才能实施？

3. 分析与答案

（1）需反映的主要内容为：施工组织总体设计（工程概况、总体施工部署、施工总进度计划、总体施工准备与主要资源配置计划、施工总平面布置等）；施工方案；主要施工管理计划（进度、质量、安全、环境、文明施工及临时设施管理计划）；施工安全应急预案等。

（2）下滑台加装 DME 工程涉及不停航施工，不停航施工需要编制危大专项方案，危大工程专项施工方的安全专项方案包括：

① 工程概况。

② 编制依据。

③ 施工计划。

④ 危险因素分析。

⑤ 施工工艺技术。

⑥ 施工安全保证措施。

⑦ 施工管理及作业人员。

⑧ 安全验算书及相关图纸。

⑨ 其他需要说明的内容。

（本问做答时还可列明每项内容下详细要求作为完善）

（3）危大工程专项施工方案应当由施工单位技术负责人审查签字、加盖单位公章，并由总监理工程师审核签字、加盖执业印章后方可实施。不停航施工方案属于超过一定规模的危大工程专项施工方案，在施工单位审查、总监理工程师审核后，施工单位还应当组织召开专家论证会，经建设单位审批后方可实施。

【案例 5】

1. 背景

某施工单位中标一机场航站楼民航专业弱电系统施工工程，包含民航专业各类弱电系统的安装及软件的开发。在安全防范系统实施之前，项目经理组织项目部有关人员编制安全防范系统专项施工方案。

2. 问题

（1）弱电系统工程专业施工方案主要应包括哪些内容？

（2）如何与其他专业明确各种工作界面？

（3）专项施工方案的编制依据是什么？

3. 分析与答案

（1）民航专业弱电系统工程专项施工方案应包括：合理的工程计划、严格的施工流程、详细的调试过程等内容。

（2）明确与其他专业的工作界面主要有：

① 在工程计划初期，与土建、电气、机械等其他专业进行充分沟通，确定工作界面，确保施工顺利进行。

② 与土建协调基础设施的布局，为弱电系统设备提供合适的安装位置。

③ 与电气专业协调电源供应和配电系统，确保弱电系统稳定供电。

④ 与机械专业协调通风、空调等环境条件，确保设备正常工作。

（3）专项施工方案的编制依据：与工程建设有关的法律法规、标准规范、施工合同、施工组织设计、设计技术文件、供货方技术文件、施工环境条件、同类工程施工经验、管理及作业人员的技术素质及创造能力等。

【案例 6】

1. 背景

某单位中标某新建 4C 级机场目视助航设施工程项目，项目经理准备编制该工程施工组织设计。

2. 问题

（1）简要说明施工组织设计的编制审批及报审流程。

（2）简要说明施工组织设计的主要内容。

3. 分析与答案

（1）施工组织设计应由项目负责人（项目经理）主持编制，施工单位技术负责人审批，报送专业监理工程师和总监理工程师审查，签认后报建设单位。

（2）施工组织设计应包括：施工组织总体设计、施工方案、主要施工管理计划、不停航施工安全方案（如涉及）、施工安全应急预案等内容。

第 10 章   工程招标投标与合同管理

10.1   工程招标投标

微信扫一扫
在线做题＋答疑

复习要点

1．施工招标投标管理要求

民航专业工程建设项目的招标投标管理（机电产品的国际招标投标除外）应根据《民航专业工程建设项目招标投标管理办法（含第一修订案）》进行。工程建设项目包括：工程以及与工程建设有关的货物、服务。依法必须招标的民航专业工程建设项目的范围和规模标准，按照国家发改委有关规定执行。任何单位和个人不得将依法必须进行招标的项目化整为零或者以其他任何方式规避招标。

民航局机场司、民航地区管理局、质监总站在民航专业工程建设项目的招标投标管理中各负其责。

2．招标条件

（1）招标人已经依法成立。

（2）工程建设项目初步设计、施工图设计已按照有关规定要求获得批准。

（3）有相应资金或者资金来源已经落实。

（4）能够提出招标技术要求。

3．招标方案应包括的内容

（1）招标项目及内容。

（2）《民航专业工程建设项目招标投标管理办法（含第一修订案）》所述要求的文件。

（3）招标方式（公开招标或邀请招标）。

（4）招标组织形式（自行招标或委托招标）。

（5）是否利用工程项目所在地政府招标投标有形市场（交易中心）。

（6）招标时间计划安排。

（7）招标公告或投标邀请书。

（8）招标文件或资格预审文件。

（9）其他有必要向监管部门说明的事项。

4．招标程序

招标程序分为：招标准备、招标实施、开标定标。

投标程序从过程上可分为：熟悉招标文件；申请资格预审；调查投标环境与现场勘察；分析招标文件，进行项目可行性研究；编制投标报价；编制投标文件；递交投标文件；开标及投标文件澄清；合同签订。

实务操作和案例分析专项练习题

【案例1】

1. 背景

某运输机场招标人根据《民航专业工程建设项目招标投标管理办法（含第一修订案）》规定，向民航地区管理局提交机坪扩建项目招标方案和资格预审等招标文件，民航专业工程质量监督总站通过民航专业工程专家库抽取5名评标专家，按照招标程序，招标人顺利完成了本次招标任务。

2. 问题

（1）根据《民航专业工程建设项目招标投标管理办法（含第一修订案）》规定，回答民航地局管理局职责？

（2）根据《民航专业工程建设项目招标投标管理办法（含第一修订案）》规定，回答民航专业工程质量监督总站职责？

（3）机场工程项目招标条件具备以后，通常按照哪些程序进行招标？

3. 分析与答案

（1）根据《民航专业工程建设项目招标投标管理办法（含第一修订案）》规定，民航地局管理局职责为：

① 贯彻执行国家及民航有关招标投标管理的法律、法规、规章和规范性文件。

② 对辖区民航专业工程建设项目招标投标活动进行监督管理。

③ 受理并备案审核辖区招标人提交的招标方案、资格预审文件、招标文件和抽取评标专家申请表。

④ 认定省级或者市级地方公共资源交易市场（以下简称"地方交易市场"）；与地方交易市场制定工作方案，约定业务流程，明确有关责任义务。

⑤ 受理并备案审核招标人提交的评标报告和评标结果公示报告，对招标人提供的合同副本进行备案。

⑥ 受理辖区内有关招标投标活动的投诉，依法查处招标投标活动中的违法违规行为。

（2）根据《民航专业工程建设项目招标投标管理办法（含第一修订案）》规定，民航专业工程质量监督总站职责为：

① 贯彻执行国家及民航有关招标投标管理的法律、法规、规章和规范性文件。

② 承担民航专业工程评标专家及专家库的管理和评标专家的抽取工作。

③ 受委托承担民航专业工程建设项目进入地方交易市场进行开标评标的驻场服务工作。

④ 对招标投标活动各当事人进行信用体系建设。

⑤ 受委托的其他招标投标管理的有关工作。

（3）机场工程项目招标条件具备以后，通常按照以下程序进行招标：

① 招标准备。

② 招标实施。

③ 开标定标。

【案例 2】

1. 背景

某机场空管工程招标项目，其招标文件规定：

（1）"投标文件正本、副本分开包装，并在封套上标记'正本'或'副本'字样，否则不予接收。"

（2）"投标保证金仅接受无条件保函或电汇。投标保函随投标文件递交给招标人；采用电汇的，应于投标文件递交截止时间前，将投标保证金由投标人的基本账户一次性汇入招标人指定账户，否则投标保证金无效。"

有 A、B、C、D、E、F、G、H、I 和 J 共 10 个招标人投标。投标文件接收情况如下：

投标人 B 的正本与副本封装在了一个文件箱内，招标人认为其不影响评标予以接收；投标人 C 的投标文件在招标文件规定的投标截止时间后 1min 送到，招标人不予接受；投标人 G 在投标截止时间前提交了投标文件，但其投标保证金——电汇款在投标截止时间后 20min 才汇入招标人指定账户，招标人接收了其投标文件及其保证金。最终，招标人接受了除投标人 C 以外的其他投标人的投标文件。

招标人在规定的开标时间宣布开标，对投标人资格进行审查。招标人宣读了评标办法，该办法对招标文件中的一些主要评标因素、标准进行了修改。投标人 A 认为招标人变动评标因素和标准对其不公平，当场提出异议，要求撤销其投标。招标人对 A 提交的投标文件不退还、不拆封、不唱标。

唱标时发现，投标人 E 提交的银行保函中声明：履行保函载明的担保义务时，应提供索赔报告并取得该项目监理人书面同意；投标人 F 以其分公司独立账户电汇提交投标保证金，并于投标截止期前 1d 到账。

投标人 I 的投标函上有两个投标报价，注明以第一个报价为准，但招标人认为投标人 I 报了两个报价，宣布其投标无效；投标人 J 在投标函上填写的报价，大写与小写不一致，招标人查对了其投标文件中报价汇总表，发现投标函上报价的小写数值与投标报价汇总表一致，于是按照其投标函上小写数值进行了唱标。

2. 问题

（1）投标人 E、F 递交的投标担保是否合格？如不合格，请说明理由。

（2）逐一指出招标投标过程中的不妥之处，并说明理由。

3. 分析与答案

（1）投标人 E 递交的投标担保不合格。理由：违反了招标文件要求的仅接受无条件保函。

投标人 F 递交的投标担保不合格。理由：投标保证金由投标人的基本账户汇入，而不能由其分公司独立账户汇入。

（2）招标过程的不妥之处及其理由：

① 不妥：投标人 B 的正本与副本封装在了一个文件箱内，招标人认为其不影响评标予以接收。理由：违反了招标文件的要求。

②　不妥：招标人接收了 G 投标文件及其保证金。理由：招标人应该认定 G 投标保证金无效。由评标委员会在评标时以未按招标文件要求提交投标保证金为由作废标处理。

③　不妥：招标人宣读了评标办法，该办法对招标文件中的一些主要评标因素、标准进行了修改。理由：不可以修改。

④　不妥：对 A 提交的投标文件不退还、不拆封、不唱标。理由：A 提交的投标文件应当退还。

⑤　不妥：招标人按照投标人 J 投标函上小写数值进行了唱标。理由：大写与小写不一致时，以大写为准。

【案例 3】

1.　背景

某机场安全防范系统改造提升项目，工程内容包括：航站楼监控、机坪监控、飞行区围界安防系统，建设单位通过招标选择了一家具有相应资质的监理单位承担施工招标代理和施工阶段监理工作，并在监理中标通知书发出后 45d 内，与该监理单位签订了委托监理协议。之后双方又另行签订了一份监理酬金比监理中标价降低 10% 的协议。

在施工公开招标中，有一级资质的 A、B、C、D、E、F、G、H 等施工单位报名投标，经监理单位资格预审均符合规定，但建设单位以 A 施工单位是外地企业为由不同意其参加投标，而监理单位坚持认为 A 施工单位有资格参加投标。

评标委员会委员由招标人直接确定，共由 7 人组成，其中招标人代表 2 人，技术专家 3 人，经济专家 2 人。

评标时发现，B 施工单位投标报价明显低于其他投标单位报价且未能合理阐明理由；D 施工单位投标报价大写金额与小写金额不一致；F 施工单位投标文件提供的检验原则和措施不符合招标文件的规定；H 施工单位投标文件中某分项工程的报价有个别漏项；其他施工单位的投标文件均符合招标文件规定。

建设单位最终确定 G 施工单位中标，并与该施工单位签订了施工合同。

2.　问题

（1）指出建设单位在监理招标和委托监理协议签订过程中的不妥之处，并说明理由。

（2）在施工招标资格预审中，监理单位认为 A 施工单位有资格参加投标是否正确？说明理由。

（3）指出评标委员会构成的不妥之处，说明理由，并写出正确的做法。

（4）鉴别 B、D、F、H 四家施工单位的投标是否为有效标？说明理由。

3.　分析与答案

（1）①　委托监理协议签订时间不妥，按规定，招标人和中标人应当自中标通知书发出之日起 30d 内订立书面合同，而本案例为 45d；②　在签订委托监理协议后双方又另行签订了一份监理酬金比监理中标价降低 10% 的协议，因为《中华人民共和国招标投标法》规定，招标人和中标人不得再行签订背离协议实质性内容的其他协议。

（2）监理单位认为 A 施工单位有资格参加投标是正确的，因为以所处地区作为确定招标投标资格的依据是一种歧视性的依据，这是招标投标法明确禁止的。

（3）评标委员会委员不应全部由招标人直接确定。按规定，评标委员会中的技术、经济专家，一般招标项目应采取（从专家库中）随机抽取方式，特殊招标项目可以由招标人直接确定。本项目显然属于一般招标项目。

（4）① B、F 两家施工单位的投标为无效标，因为 B 单位的状况可视为低于成本，F 单位的状况可认定为明显不符合技术规范和技术原则的规定，属于重大偏差；② D、H 两家施工单位的投标是有效的，因为他们的状况不属于重大偏差。

10.2 工程合同管理

复习要点

1．合同变更

合同变更是指合同成立以后和履行完毕以前由双方当事人依法对合同的内容所进行的修改，包括：合同价款、工程内容、工程的数量、质量要求和标准、实施程序等的一切改变。

工程变更一般是指在工程施工过程中，根据合同约定对施工的程序、工程的内容、数量、质量要求及标准等做出的变更。工程变更属于合同变更，合同变更主要是由于工程变更而引起的，合同变更的管理也主要是进行工程变更的管理。

2．变更的程序

（1）变更发生后的 14d 内，承包方提出变更价款报告，经监理工程师确认后调整合同价。

（2）若变更发生后 14d 内，承包方不提出变更价款报告，则视为该变更不涉及价款变更。

（3）监理工程师收到变更价款报告日起 14d 内应对其予以确认；若无正当理由不确认时，自收到报告时算起 14d 后该报告自动生效。

3．施工单位的索赔要求成立必须同时具备的四个条件

（1）与合同相比较，已造成了实际的额外费用或工期损失。

（2）造成费用增加或工期损失的原因不属于施工单位的行为责任。

（3）造成的费用增加或工期损失不是应由施工单位承担的风险。

（4）施工单位在事件发生后的规定时间内提交了索赔的书面意向通知和索赔报告。

4．索赔程序

（1）意向通知。

（2）提交索赔报告和有关资料。

（3）索赔报告评审。

（4）谈判。

（5）发包人审查索赔处理。

（6）承包人是否接受最终索赔处理。

5．项目合同担保有关规定

（1）投标担保，或投标保证金，是指投标人保证其投标被接受后对其投标书中规定

的责任不得撤销或者反悔。否则，招标人将对投标保证金予以没收，投标保证金的数额一般为投标价的 2% 左右，但最高不得超过 80 万元人民币。投标保证金有效期应当与投标有效期一致。投标人不按招标文件要求提交投标保证金的，该投标文件将被拒绝，按废标处理。

（2）履约担保，是指发包人在招标文件中规定的要求承包人提交的保证履行合同义务的担保。FIDIC《土木工程施工合同条件》对履约担保的规定如下：

① 如果合同要求承包人为其正确履行合同取得担保时，承包人应在收到中标函之后 28d 内，按投标书附件中注明的金额取得担保，并将此保函提交给发包人。该保函应与投标书附件中规定的货币种类及其比例相一致。当向发包人提交此保函时，承包人应将这一情况通知工程师。该保函采取本条件附件中的格式或由发包人和承包人双方同意的格式。提供担保的机构须经发包人同意。除非合同另有规定，执行本款时所发生的费用应由承包人负担。

② 在承包人根据合同完成施工和竣工，并修补了任何缺陷之前，履约担保将一直有效。在发出缺陷责任证书之后，即不应对该担保提出索赔，并应在上述缺陷责任证书发出后 14d 内将该保函退还给承包人。

③ 在任何情况下，发包人在按照履约担保提出索赔之前，皆应通知承包人，说明导致索赔的违约性质。

（3）预付款担保是指承包人与发包人签订合同后，承包人正确、合理使用发包人支付的预付款的担保。建设工程合同签订以后，发包人给承包人一定比例的预付款，一般为合同金额的 10%，但需由承包人的开户银行向发包人出具预付款担保。

（4）支付担保是指应承包人的要求，发包人提交的保证履行合同中约定的工程款支付义务的担保。

实务操作和案例分析专项练习题

【案例 1】

1. 背景

某运输机场扩建项目，甲施工单位与建设单位签约合同价为 1.5 亿元，合同约定签约合同价的 10% 作为工程预付款，建设单位在施工单位提交预付款保函及增值税专用发票后 7 日内支付，自支付第二期工程进度款起分 5 期在计量支付中等额扣回；工程进度款金额合计达到签约合同价的 85% 时停止支付工程进度款，经工程审计并办理工程结算且档案资料由建设单位签字认可后，支付至工程结算总价的 98.5%。该项目自开工至竣工结算、档案移交，建设单位共支付 1 次预付款、6 次工程进度款，每次支付工程进度款金额为 2750 万元、1700 万元、1700 万元、1700 万元、1700 万元、1700 万元。经建设单位签字确认，工程结算总价为 1.6 亿元。

2. 问题

（1）请问甲施工单位的工程预付款金额为多少？

（2）从第 2 期工程进度款起，每次扣除预付款金额为多少？建设单位支付的工程进度款是否达到约定的进度款支付比例?

（3）经工程审计并办理结算且档案资料由建设单位签字认可后，可以收款的金额为多少?

3. 分析与答案

（1）甲施工单位的工程预付款金额为 1500 万元，即 1.5×10% = 0.15 亿元（合 1500 万元）。

（2）从第二期工程进度款起，每次扣除预付款金额为 300 万元，1500÷5 = 300 万元；建设单位支付的工程进度款达到签约合同价的 85% 的比例，1500 + 2750 + 1700 + 1700 + 1700 + 1700 + 1700 = 12750 万元，与 1.5×85% = 1.275 亿元相符。

（3）经工程审计并办理结算且档案资料由建设单位签字认可后，可以收款的金额为 2962 万元，1.6×98.5%－1.275 = 0.301 亿元。

【案例 2】

1. 背景

某施工单位（乙方）与某建设单位（甲方）按照《建设工程施工合同（示范文本）》签订了空管工程施工合同。空管工程仅包括仪表着陆系统一套，本项目合同计价方式为固定总价合同。工程开工前，乙方提交了施工组织设计并得到批准。

2. 问题

（1）在工程施工过程中，信号电缆在航管楼中需经过一楼综合布线机房跳接至二楼的监控室，导致线缆布放长度多于施工前预估。施工完成后，乙方将增加的线缆工程量向业主提出计量付款的要求，但遭到监理人的拒绝。试问监理人拒绝乙方的要求是否合理? 为什么?

（2）在基础开挖土方过程中，发生一事件使工期发生较大的拖延：土方开挖时遇到了一些工程地质勘探没有探明的孤石，排除孤石拖延了一定的时间。为此乙方按照索赔程序提出了延长工期和费用补偿要求。试问监理人应如何处理?

3. 分析与答案

（1）监理人拒绝的合理，因为本项目为固定总价合同。

（2）对处理孤石引起的索赔，这是地质勘探报告未提供的，施工单位预先无法估计的地质条件变化（不利的物质条件），属于甲方应承担的风险，应给予乙方工期顺延和费用补偿。

【案例 3】

1. 背景

某机场弱电系统工程项目采用了固定单价施工合同。工程招标文件参考资料中提供的光缆供应商为当地一家公司。但是开工后，经检查该光缆不符合要求，承包商只得从另一家外地企业采购，造成光缆部分成本上升。

在一个关键工作面上游发生了几种原因造成的临时停工：5 月 20 日—5 月 26 日承包商的施工设备出现了从未出现过的故障；应于 5 月 24 日交给承包商的后续图纸直到 6 月 10 日才交给承包商；6 月 7 日—6 月 12 日施工现场下了罕见的特大暴雨，造成了

6月11日—6月14日该地区的供电全部中断。

2．问题

（1）承包商的索赔要求成立的条件是什么？

（2）由于光缆异地采购引起的费用增加，承包商经过认真计算后，在业主指令下达的第3天，向业主的造价工程师提交了将原用光缆单价每米提高1元人民币的索赔要求。该索赔要求是否可以被批准，为什么？

（3）若承包商对因业主原因造成窝工损失进行索赔时，要求设备窝工损失按台班计算，人工的窝工损失按日工资标准计算是否合理，如不合理该怎样计算？

（4）在业主支付给承包商的工程进度款中是否应扣除因设备故障引起的竣工拖期违约损失赔偿金，为什么？

3．分析与答案

对该案例的求解首先要弄清工程索赔的概念，工程索赔成立的条件，施工进度拖延和费用增加的责任划分与处理原则，特别是在出现共同延误情况下工期延长和费用索赔的处理原则与方法，以及竣工拖期违约损失赔偿金的处理原则与方法。

（1）承包商的索赔要求成立须同时具备如下四个条件：

① 与合同相比较，已造成了实际的额外费用或工期损失。

② 造成费用增加或工期损失的原因不是由于承包商的过失。

③ 造成的费用增加或工期损失不是承包商承担的风险。

④ 承包商在事件发生后的规定时间内提出了索赔的书面意向通知和索赔报告。

（2）因光缆异地采购而提出的索赔不能被批准，原因是如下：

① 承包商应对自己就招标文件的解释负责。

② 承包商应对自己报价的正确性与完备性负责。

③ 作为一个有经验的承包商可以通过现场踏勘确认招标文件参考资料中提供的光缆质量是否合格，若承包商没有通过现场踏勘发现将用光缆质量问题，其相关风险应由承包商承担。

（3）不合理。

因窝工闲置的设备按折旧费或停滞台班费或租赁费计算，不包括运转费部分；人工费损失应考虑这部分工作的工人调做其他工作时工效降低的损失费用；一般用工日单价乘以一个测算的降效系数计算这一部分损失，而且只按成本费用计算，不包括利润。

（4）业主不应在支付给承包商的工程进度款中扣除竣工拖期违约损失赔偿金。

原因：因为设备故障引起的工程进度拖延不等于竣工工期的延误，如果承包商能够通过施工方案的调整将延误的工期补回，则不会造成工期延误；而承包商如果无法通过施工方案的调整将延误的工期补回，则会造成工期延误。所以，工期提前奖励或拖期罚款应在竣工时处理。

【案例 4】

1．背景

某民用运输机场助航灯光建设工程项目，某一级资质企业中标后与建设单位签订了工程承包合同。合同专用条款约定了：工程范围、工期、质量目标、安全目标；本项目主要材料（供电设备、调光设备、灯具、线缆、隔离变压器、隔离变压器箱、电缆保护管等）由建设单位采购提供；不得进行土建工程分包。工程实施过程中发生如下事件：

事件1：施工单位将电缆井、高杆灯基础的劳务分包给了某具有劳务资质的 A 单位，监理单位以电缆井和高杆灯基础为土建内容，合同约定"不得进行土建工程分包"为由不予认可，要求进行合同变更。

事件2：施工单位发现建设单位采购的部分调光器功率与图纸要求不符，随即申请设计变更，建设单位认为不需要进行设计变更。同时施工单位因设计变更引起的工期损失30d按照合同约定程序向建设单位提出了索赔，建设单位不予认可。

2．问题

（1）事件1中监理单位的做法是否正确？简述原因。

（2）简述哪些内容变更属于合同变更。

（3）事件2中建设单位认为不需要进行设计变更是否正确？说明原因。

（4）事件2中建设单位不予认可索赔是否合理？为什么。

3．分析与答案

（1）不正确。原因：合同中约定的是不允许专业分包，未约定不得进行劳务分包。

（2）属于合同变更的内容有：合同价款、工程内容、工程的数量、质量要求和标准、实施程序等。

（3）不正确。履行合同中发生以下情形之一，应按照规定进行变更：

① 取消合同中任何一项工作，但被取消的工作不能转由发包人或其他人实施。

② 改变合同中任何一项工作的质量或其他特性。

③ 改变合同工程的基线、标高、位置或尺寸。

④ 改变合同中任何一项工作的施工时间或改变已批准的施工工艺或顺序。

⑤ 为完成工程需要追加的额外工作。

调光器功率与设计图纸不符，符合上述第②条：改变合同中任何一项工作的质量或其他特性。

（4）不合理。因为施工单位的索赔行为同时符合下列条件：

① 与合同相比较，已造成了实际的额外费用或工期损失。

② 造成费用增加或工期损失的原因不属于施工单位的行为责任。

③ 造成的费用增加或工期损失不是应由施工单位承担的风险。

④ 施工单位在事件发生后的规定时间内提交了索赔的书面意向通知和索赔报告。

【案例5】

1．背景

某项目业主甲与乙施工单位签订了灯光工程安装合同。合同工期为420d，主要工程量包括：箱式变电站10座，高杆灯24基，机位牌23套，三角机位牌23套，机务配电亭23座等。

人工工日单价为80元/工日，窝工补偿按70%计，机械台班单价按500元/台班，闲置补偿按80%计。管理费利润为人、材、机费用之和的20%，规费和增值税为13%。

该工程实施过程中发生如下事件：

事件 1：基础工程 A 工作施工完毕组织验槽时，发现部分基坑实际土质与业主甲提供的工程地质资料不符。为此，设计单位修改方案换填部分了基坑，该换填处理使乙施工单位增加用工 50 个工日，增加机械 10 个台班，乙施工单位及时向业主提出费用索赔。

事件 2：设备基础 B 工作的预埋件完毕后，乙施工单位未报监理工程师直接进行隐蔽工序的施工，业主代表得知该情况后要求施工单位剥露重新检验，检验发现预理尺寸不足，位置偏差过大，不符合设计要求。该重新检验导致乙施工单位增加人工 30 工日，材料费 1.2 万元，乙施工单位及时向业主提供了费用索赔。

事件 3：设备安装 C 工作开始后，乙施工单位发现的业主采购设备配件缺失，业主要求乙施工单位自行采购缺失配件。为此，乙施工单位发生材料费 2.5 万元，人工费 0.5 万元，机械费 1 万元。乙施工单位向业主提出费用索赔。

事件 4：设备安装过程中，由于乙施工单位安装设备故障和调试设备损坏，使 D 工作窝工 24 个工日。增加安装、调试设备修理费 1.6 万元。

2. 问题

（1）分别指出事件 1～4 中乙施工单位的费用索赔是否成立。

（2）事件 2 中，业主代表的做法是否妥当？说明理由。

（3）计算业主应补偿乙施工单位的费用分别是多少元？（计算过程和结果保留三位小数）

3. 分析与答案

（1）事件 1 费用索赔成立；事件 2 费用索赔不成立；事件 3 费用索赔成立；事件 4 费用索赔不成立。

（2）业主代表的做法妥当，经监理人检查质量合格或监理人未按约定的时间进行检查的，承包人覆盖工程隐蔽部位后，对质量有疑问的，可要求施工单位对已隐蔽的部位揭开重新检验，施工单位应遵照执行，并在检验后重新覆盖恢复原状。

（3）应补偿的费用为：$(50 \times 80 + 10 \times 500)/10000 + (2.5 + 0.5 + 1) \times (1 + 20\%) \times (1 + 13\%) = 6.324$ 万元。

第 11 章　施工进度管理

11.1　民航机场工程施工进度计划编制

微信扫一扫
在线做题 + 答疑

复习要点

1．网络计划技术

网络计划技术是一种把计划、协调、优化和控制有机结合在一起的进度计划管理方法。网络图有单代号、双代号之分。双代号网络图是应用较为普遍的一种网络计划形式，它是用圆圈和有向箭杆表达计划所要完成的各项工作及其先后顺序和相互关系而构成的网状图形。利用网络图编制施工进度计划，一般编制步骤如下：

（1）任务分解，划分施工工作（施工过程）。

（2）确定完成工作计划的全部工作和逻辑关系。

（3）确定每项工作（施工过程）的持续时间，确定各项工作的逻辑关系。

（4）根据各项工作的逻辑关系，绘制网络图。

2．网络计划优化

网络计划表示的逻辑关系通常有两种：一是工艺关系，由工艺技术要求的工作先后顺序关系；二是组织关系，施工组织时按需要进行的工作先后顺序安排。通常情况下，网络计划优化时，只能调整工作间的组织关系。网络计划的优化目标按计划任务的需要和条件分为三方面：工期目标、费用目标和资源目标。根据优化目标的不同，网络计划的优化相应分为工期优化、费用优化和资源优化三种。

3．横道图

对整个机场建设工程而言，基本特性为流水施工，场道工程、助航灯光工程、弱电工程及空管工程均属于单项工程。使用横道图编制单项工程的施工进度计划，应确定工艺、时间及空间参数。

工艺参数包括：施工过程数、流水强度；时间参数包括：流水节拍、流水步距；空间参数包括：工作面、施工段数。

利用横道图编制民用机场工程施工计划的一般步骤为：

（1）确定施工过程。

（2）计算工程量及流水强度。

（3）确定劳动量和机械台班数。

（4）确定各施工过程的流水节拍（作业天数）及流水步距。

（5）编制施工进度计划。

4．机场工程进度计划编制

机场工程总进度计划编制需要深度理解与分析机场工程系统，以及机场工程所处环境和条件。机场工程建设总进度计划的内容包括：工程前期进度计划；飞行区工程进度计划；航站区工程进度计划；货运区工程进度计划；场内综合配套工程进度计划；航空公司工程进度计划；空管工程进度计划；供油工程进度计划；场外配套工程进度计划和其他计划等。

　　机场工程施工计划编制的依据有：项目任务书，项目承包合同，项目建设地区原始文件，建设单位对建设工程项目的有关要求，经过会审的项目施工图纸和标准图及有关资料，工程地质勘察及有关测量资料，相关项目预算资料，有关项目的规定、规范、规程和定额资料，有关技术成果和类似工程的经验资料。

实务操作和案例分析专项练习题

【案例1】

1. 背景

　　某运输机场扩建四个滑行道道口，施工过程包括：土方与地基处理、水稳基层处理、道面混凝土浇筑。四个滑行道道口的各施工过程有着不同的流水节拍，如表11.1-1所示。

表 11.1-1　滑行道道口工程流水节拍　　（单位：周）

施工过程	施工段			
	滑行道道口1	滑行道道口2	滑行道道口3	滑行道道口4
土方与地基处理	2	3	2	2
水稳基层处理	4	4	2	3
道面混凝土浇筑	2	3	2	3

2. 问题

（1）确定施工流向、施工段数、施工过程数。

（2）计算流水步距和流水施工工期。

（3）绘制非节奏流水施工进度计划。

3. 分析与答案

（1）从流水节拍的特点可以看出，本工程应按非节奏流水施工方式组织施工，确定施工流向由 $1 \rightarrow 2 \rightarrow 3 \rightarrow 4$，施工段数为4，确定施工过程数为3，包括：土方与地基处理、水稳基层处理和道面混凝土浇筑。

（2）采用"累加数列错位相减取大差法"计算流水步距：

$$2，5，7，9 \qquad\qquad 4，8，10，13$$
$$-)\ 4，8，10，13 \qquad -)\ 2，5，7，10$$
$$K_{1,2} = \max[2，1，-1，-1，-13] = 2 \qquad K_{2,3} = \max[4，6，5，6，-10] = 6$$

施工工期：$T = (2+6) + (2+3+2+3) = 18$ 周

（3）绘制非节奏流水施工进度计划如图11.1-1所示。

施工过程	施工进度（周）																	
	1	2	3	4	5	6	7	8	9	10	11	12	13	14	15	16	17	18
土方与地基处理	1		2			3		4										
水稳基层处理				1			2				3			4				
道面混凝土浇筑								1			2			3		4		

图 11.1-1　非节奏流水施工进度计划

【案例 2】

1. 背景

某运输机场扩建工程，批准的施工进度计划如图 11.1-2 所示，各项工作均按最早开始时间安排，匀速进行。开工后第 20d 下班时刻，经确认：A、B 工作已完成；C 工作已完成 6d 的工作量；D 工作已完成 5d 工作量；F 工作已进行 1d。

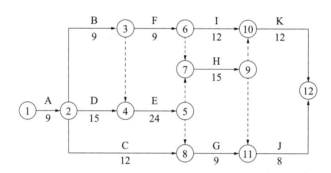

图 11.1-2　批准的施工进度计划（单位：d）

2. 问题

（1）针对图示的施工进度计划，确定该施工进度的工期和关键工作？

（2）计算 C 工作、D 工作、F 工作的总时差和自由时差？

（3）分析开工后第 20 天下班时刻施工进度计划的执行情况，并分别说明对总工期及紧后工作的影响。此时总工期延长多少天？

3. 分析与答案

（1）针对工程网络计划图的分析结果如下：

施工进度的总工期为 75d，关键工作包括：A、D、E、H、K。

（2）C 工作的总时差为 37d，自由时差为 27d；D 工作的总时差和自由时差为 0；F 工作的总时差为 21d，自由时差为 0。

（3）开工后第 20 天下班时刻，施工进度计划的执行情况如下：C 工作推迟 5d，不影响总工期，不影响紧后工作的最早开始时间；D 工作推迟 6d，影响总工期 6d，影响紧后工作的最早开始时间 6d；F 工作推迟 1d，不影响总工期，影响紧后工作的最早开始时间 1d；施工总工期将延长 6d。

【案例 3】

1．背景

某新建机场，含场道工程，灯光、空管、弱电工程及航管楼、航站楼等工程。A 施工单位承接了空管工程，包括：航管楼内各系统设备、飞行区内导航和气象工程等，开工前施工单位编制进度计划。本机场项目场道工程拟计划 6 月底完成，飞行区及灯光工程拟计划 11 月底之前完成，航管楼拟计划 5 月底完成土建部分，航站楼拟计划 6 月底完成土建部分。实施过程中，场道工程延迟到 7 月底才完成。

2．问题

（1）空管工程进度计划一般包括哪几类？
（2）编制进度计划时需要考虑哪几个专业工程的进度情况？
（3）场内导航工程是否可以 7 月初开工？

3．分析与答案

（1）包括：塔台工程进度计划；航管楼工程进度计划；场内导航、通信和气象工程进度计划；场外台站工程进度计划和其他计划等
（2）场道工程、航管楼土建工程；
（3）不可以，场道延迟到 7 月底，而导航工程施工的条件是场地平整到设计标高。

【案例 4】

1．背景

一施工单位 2022 年 3 月中标华东某新机场的航站楼民航专业弱电系统工程，施工单位进场后，向监理单位提交了施工组织设计和施工总进度计划，其中进度横道图如图 11.1-3 所示。

序号	内容	2022 年 5 月			2022 年 6 月			2022 年 7 月			2022 年 8 月		
		10	20	31	10	20	30	10	20	31	10	20	31
1	深化设计												
2	施工准备												
3	设备材料到货												
4	基础施工												
5	桥架、管路敷设												
6	线缆敷设												
7	线路测试												
8	各系统前端设备安装												
9	各系统后台设备安装												
10	单系统调试												
11	系统联网调试												
12	系统校飞												
13	竣工验收												

图 11.1-3　施工总进度计划横道图

2．问题

（1）施工单位向监理单位提交的资料有无问题？

（2）该横道图存在哪些问题？

（3）航站楼民航专业弱电系统与其他专业相关的主要前置工作有哪些？

3．分析与答案

（1）施工单位向监理单位提交的资料有问题，不是总进度计划，应改为"施工进度计划"。

（2）该横道图存在的问题有：

① 基础数据缺少工程量、劳动力和机械设备需要量等；

② 弱电系统不存在"系统校飞"这一施工过程。

（3）航站楼民航专业弱电系统与其他专业相关的主要前置工作有：① 主机房和配线间的移交；② 正式电的提供；③ 精装修装饰的完成。

【案例5】

1．背景

某施工单位承接一新建 4E 级运输机场目视助航工程，合同工期 9 个月。本工程主要工程量如下：测量定位 1 项，电缆保护排管安装 12265m，切槽埋二次管 8100m，深桶灯安装 1112 套，浅桶灯安装 4810 套，立式灯具安装 1925 套，隔离变压器箱安装 7847 套，灯光电缆敷设 109958m，二次电缆敷设 27398m，隔离变压器安装 7847 台，供电及调光设备安装调试 1 项，系统调试运行 1 项。施工单位进场前，场道工程的地基处理已完成。施工单位进场后，依据合同、施工图、规范和场道工程施工进度计划等资料编制了目视助航工程施工组织设计、施工进度计划横道图（见图 11.1-4）。

工作内容	月								
	1	2	3	4	5	6	7	8	9
测量定位									
电缆保护排管安装									
切槽埋二次管									
深桶灯底座安装									
灯坑预留									
灯具安装									
隔离变压器箱安装									
灯光电缆敷设									
二次电缆敷设									
隔离变压器安装									
供电及调光设备安装调试									
系统调试运行									
竣工验收									

图 11.1-4　施工进度计划横道图

切槽埋二次管、深桶灯底座安装计划在水泥稳定碎石层施工后 30d 开始。道面混凝土浇筑、灯坑预留在水泥稳定碎石层施工后 30d 开始。水泥稳定碎石层预计 1 月 1 日开始施工，但因场道工程设计变更，水泥稳定碎石层工期推迟 1 个月，至 5 月底才能完成。施工单位随即在保证合同工期的前提下调整了目视助航工程的进度计划。

2．问题

（1）请指出施工进度计划横道图中的问题，并说明。

（2）请写出用横道图编制民用机场工程施工计划的一般步骤。

（3）请画出调整后完整的进度计划横道图，背景材料中未提供的数据可不填写。

3．分析与答案

（1）施工进度计划横道图中左侧数据不完善，应补充工程量、劳动力和机械设备等数据。横道图应完整反映单位工程施工设计的主要内容。横道图分左右两部分，左边为基本数据，如施工过程、施工段数、工程量、劳动力和机械设备需要量等，右边为设计进度，如流水节拍、流水步距等。

（2）横道图编制民用机场工程施工计划的一般步骤：

① 确定施工过程。

② 计算工程量及流水强度。

③ 确定劳动量和机械台班数。

④ 确定各施工过程的流水节拍（作业天数）及流水步距。

⑤ 编制施工进度计划。

（3）调整后的进度计划横道图如图 11.1-5 所示。

工作内容	工程量	劳动力	机械设备	1月	2月	3月	4月	5月	6月	7月	8月	9月
测量定位	1项			──								
电缆保护排管安装	12265m				──							
切槽埋二次管	8100m					────						
深桶灯底座安装	1112套					────						
灯坑预留	4810个						─────					
灯具安装	7847套						─────					
隔离变压器箱安装	7847套							────				
灯光电缆敷设	109958m							─────				
二次电缆敷设	27398m							─────				
隔离变压器安装	7847台								──			
供电及调光设备安装调试	1项									──		
系统调试运行	1项											─
竣工验收	1项											─

图 11.1-5 调整后的进度计划横道图

11.2 民航机场工程施工进度的检查及分析

复习要点

1．常用的施工进度比较分析方法

1）网络图比较分析方法

双代号网络计划时间参数的计算方法很多，一般常用的有按工作计算和按节点计算两种。单代号网络计划时间参数的计算应在确定各项工作的持续时间之后进行，时间参数的计算顺序和计算方法基本上与双代号网络计划时间参数的计算相同。

2）S曲线比较分析方法

所谓S曲线分析法，即在对施工进度统计分析的基础上，通过实际进度与计划进度的比较，计算进度偏差（超前或拖后完成的工程量及工期），分析进度偏差对后续工作的影响并调整施工进度。

3）香蕉曲线分析方法

按照工程网络计划中每项工作的最早开始时间绘制整个工程项目的计划累计完成工程量或造价，即可得到一条S曲线（ES曲线）；而按照工程网络计划中每项工作的最迟开始时间绘制整个工程项目的计划累计完成工程量或造价，又可得到一条S曲线（LS曲线），两条S曲线组合在一起，即成为香蕉曲线。

4）前锋线比较分析方法

前锋线比较法就是通过实际进度前锋线与原进度计划中各工作箭线交点的位置来判断工作实际进度与计划进度的偏差，进而判定该偏差对后续工作及总工期影响程度的一种方法。

5）列表比较分析方法

这种方法是记录检查日期应进行的工作名称及其已经作业的时间，然后列表计算有关时间参数，并根据工作总时差进行实际进度与计划进度比较的方法。

2．施工进度偏差对于后续施工及总进度的影响分析

1）使用S曲线分析

（1）首先画出S曲线。

（2）计算不同时间的累计完成工作量。

（3）利用S曲线比较，可获得实际工程进展速度、进度超前或拖后的时间、工程量完成情况。而后分析进度偏差对后续工作的影响，如总工期可能出现的延误。

（4）找出出现进度偏差的原因，并有针对性地调整施工进度计划。

2）使用网络图分析

（1）准备阶段。步骤包括：确定网络计划目标；调查研究；项目分解；工作方案设计。

（2）绘制网络图阶段。步骤包括：逻辑关系分析；网络图绘制。

（3）计算参数阶段。步骤包括：计算工作持续时间和搭接时间；计算其他时间参数；确定关键线路。

（4）编制可行网络计划阶段。步骤包括：检查与修正；可行网络计划编制。

（5）确定正式网络计划阶段。步骤包括：网络计划优化；网络计划的确定。

（6）网络计划的实施与控制阶段。步骤包括：网络计划的贯彻；检查和数据采集；控制与调整。

（7）收尾阶段：分析；总结。

3）使用前锋线分析

（1）绘制时标网络计划图。

（2）绘制实际进度前锋线。

（3）进行实际进度与计划进度的比较。

（4）预测进度偏差对后续工作及总工期的影响。

4）使用列表比较法分析

（1）对于实际进度检查日期应该进行的工作，根据已经作业的时间，确定其尚需作业时间。

（2）根据原进度计划计算检查日期应该进行的工作从检查日期到原计划最迟完成时尚余时间。

（3）计算工作尚有总时差，其值等于工作从检查日期到原计划最迟完成时间尚余时间与该工作尚需作业时间之差。

（4）比较实际进度与计划进度。

实务操作和案例分析专项练习题

【案例 1】

1．背景

某新建运输机场工程，道面混凝土浇筑总方量为 2000m^3，按照施工方案，计划 9d 完成，每日计划完成的混凝土浇筑量如图 11.2-1 所示。

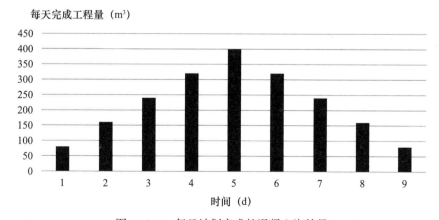

图 11.2-1　每日计划完成的混凝土浇筑量

2．问题

（1）施工进度 S 曲线比较分析法是指什么？

（2）确定单位时间计划完成任务量，计算不同时间累计完成任务量，并列表。

（3）根据累计完成任务量绘制 S 曲线。

3．分析与答案

（1）S 曲线分析法是机场施工进度管理的有效方法。所谓 S 曲线分析法，即在对施工进度统计分析的基础上，通过实际进度与计划进度的比较，计算进度偏差（超前或拖后完成的工程量及工期），分析进度偏差对后续工作的影响并调整施工进度。

（2）确定单位时间计划完成任务量，计算不同时间累计完成任务量，结果如表 11.2-1 所示。

表 11.2-1　不同时间累计完成任务量

时间（d）	1	2	3	4	5	6	7	8	9
每日完成量（m³）	80	160	240	320	400	320	240	160	80
累计完成量（m³）	80	240	480	800	1200	1520	1760	1920	2000

（3）根据累计完成任务量绘制 S 曲线图如图 11.2-2 所示。

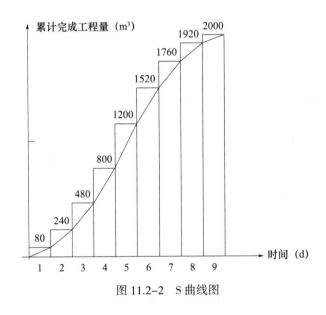

图 11.2-2　S 曲线图

【案例 2】

1．背景

某运输机场扩建工程，施工合同工期为 16 周，批准的施工进度计划如图 11.2-3 所示（时间单位：周）。各工作均按匀速施工。施工单位的报价单（部分）如表 11.2-2 所示。

工程施工到第 4 周时进行进度检查，发生如下情况：

A 工作已经完成，但由于设计图纸变更，实际完成的工程量为 840m³，工作持续时间未变；B 工作施工时，遇到异常恶劣的气候，实际只完成估算工程量的 25%；C 工作只完成了估算工程量的 20%；施工中发现地下文物，导致 D 工作尚未开始。

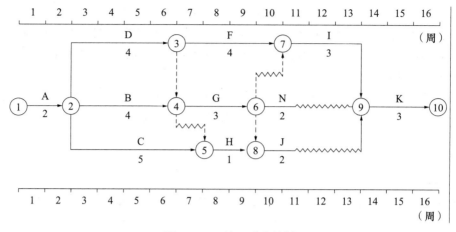

图 11.2-3 施工进度计划

表 11.2-2 施工单位报价单

序号	工作名称	估算工程量	综合单价（元 /m³）	合价（万元）
1	A	800m³	300	24
2	B	1200m³	320	38.4
3	C	20 次	—	—
4	D	1600m³	280	44.8

2. 问题

（1）根据第 4 周末的检查结果，在施工进度计划图上绘制实际进度前锋线。

（2）逐项分析 B、C、D 三项工作的实际进度对工期的影响，并说明理由。

（3）若施工单位在第 4 周末就 B、C、D 出现的进度偏差提出工程延期的要求，可申请多长时间的工程延期，为什么？

3. 分析与答案

（1）根据第 4 周末的检查结果，绘制的实际进度前锋线如图 11.2-4 所示。

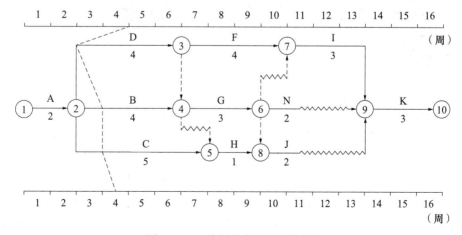

图 11.2-4 绘制的实际进度前锋线

（2）根据图 11.2-4 中的实际进度前锋线，分析如下：

工作 B 拖后 1 周，因工作 B 总时差为 1 周，所以不影响工期；工作 C 拖后 1 周，因工作 C 总时差为 3 周，所以不影响工期；工作 D 拖后 2 周，因工作 D 总时差为 0，D 为关键工作，所以影响工期 2 周。

（3）可申请 2 周的工程延期，因为第 4 周末就 B、C、D 出现的进度偏差可知，B、C 两项工作不影响工期，而工作 D 因地下文物拖后 2 周，影响工期 2 周。

【案例 3】

1．背景

某民用运输机场助航灯光建设工程项目，某一级资质企业中标后与建设单位签订了工程承包合同。施工过程中因与场道单位交叉配合不畅，造成了进度滞后。建设单位要求找出原因，采取措施按既定工期目标完工。施工单位采用 S 曲线分析方法找出了原因，提出了赶工措施。

2．问题

（1）简述施工进度比较分析方法有哪些。哪种分析方法是机场施工进度管理的有效方法？

（2）简述施工进度偏差对于后续施工及总进度的影响分析方法有哪些。

（3）简述利用 S 曲线分析法可以获得工程哪些信息。

3．分析与答案

（1）施工进度比较分析方法有：施工进度网络图比较分析法；施工进度 S 曲线分析法；施工进度香蕉曲线分析法；施工进度前锋线比较分析法；施工进度列表比较分析法。其中 S 曲线分析法是机场施工进度管理的有效方法。

（2）施工进度偏差对于后续施工及总进度的影响分析方法有：S 曲线分析法；网络图分析法；前锋线分析法；列表比较分析法。

（3）利用 S 曲线分析法可以获得工程信息有：实际工程进展速度；进度超前或拖后的时间；工程量完成情况。

11.3　民航机场工程施工进度的控制及调整

复习要点

1．施工进度保证措施

施工进度控制的程序包括：确定进度控制目标、编制施工进度计划、申请开工并按指令日期开工、实施施工进度计划、进度控制总结并编写施工进度控制报告。施工进度计划是进度控制的依据，要编制施工总进度计划和单位工程施工进度计划。施工进度控制的保证措施主要包括：组织措施、管理措施、经济措施和技术措施。

2．工序控制管理的相关内容

（1）在分部、分项工程施工之前，施工单位应向监理工程师提出相应的施工计划，详细说明完成施工项目的施工方法，检查机械设备、人员配置，质量检验手段和保证措施是否得当。材料或设备检验不合格不得使用，上道工序或分部、分项工程检验不合格的不得转入下一道工序，整改后，要重新进行检验。

（2）对主要的分部、分项工程，监理工程师应在开工前进行施工方案的重新审查，对设计要求、施工图纸、施工及验收规范、质量检查验收标准、安全操作规程有异议的，要做好调整，确认无误方可实施。

（3）平行作业、交叉作业、各施工区段的施工，对施工方法、工艺及施工方案有影响的要组织专家进行评估，若确实可行并有可靠的组织保证措施方可施工。

（4）施工机械设备的选择要在技术和质量方面有可靠保证。

（5）监理工程师对主要的分部分项工程，应按国家有关规定，做出施工机械设备选择和施工组织的评价报告。

3．网络计划的调整方法

（1）调整关键线路的方法：提前的调整；滞后的调整。

（2）调整非关键工作时差的方法：将工作在其最早开始时间和最迟完成时间范围内移动；延长工作的持续时间；缩短工作的持续时间。

（3）调整逻辑关系。

（4）调整工作的持续时间和资源的投入。

4．香蕉曲线的调整方法

（1）根据工程项目具体要求，编制工程网络计划，并计算工作时间参数。

（2）根据工程网络计划，在以横坐标表示时间，纵坐标表示累计完成的工程数量或造价的坐标体系中，绘制工程数量或造价的 ES 曲线和 LS 曲线。

（3）根据工程进展情况，同一坐标体系中绘制工程数量或造价的实际累计 S 曲线。

（4）将实际 S 曲线与计划香蕉曲线进行比较，以此判断工程进度偏差或造价偏差。

（5）如果投资计划或进度计划作出调整，则需要重新绘制调整后的香蕉曲线，以便在下一步控制过程中进行对比分析。

实务操作和案例分析专项练习题

【案例 1】

1．背景

某运输机场滑行道及联络扩建工程，双代号时标网络计划如图 11.3-1 所示，该计划执行到 35d 下班时刻检查时，其实际进度如图中前锋线所示。

2．问题

（1）分析目前实际进度对后续工作的影响。

（2）分析目前实际进度对总工期的影响。

（3）如果工作 G 的开始时间不允许超过第 60 天，提出相应的调整措施，并绘制调整后的网络计划图。

3．分析与答案

（1）从图中可以看出，目前只有工作 D 的开始时间拖后 15d，而影响其后续工作 G

的最早开始时间，其他工作的实际进度均正常。

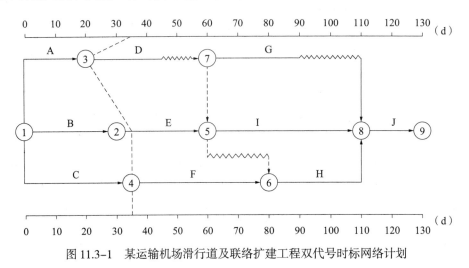

图 11.3-1 某运输机场滑行道及联络扩建工程双代号时标网络计划

（2）由于工作 D 的总时差为 30d，故此时工作 D 的实际进度不影响总工期。

（3）如果工作 G 的开始时间不允许超过第 60 天，则只能将其紧前工作 D 的持续时间压缩为 25d，调整后的网络计划如图 11.3-2 所示。

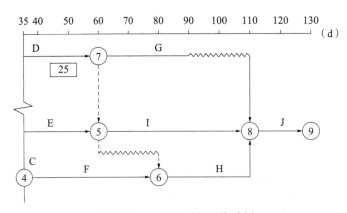

图 11.3-2 调整后的网络计划

【案例 2】

1. 背景

某运输机场扩建工程，甲施工单位合同约定工期为 130d，开工前，甲施工单位编制的时标网络计划如图 11.3-3 所示（箭线下方数字为工作的计划工日），各项工作均匀速进展。核查时标网络计划时发现工作 C、F 和 I 需使用一台挖掘机，工作 E 和 H 需单独使用摊铺机，而施工单位仅有一台摊铺机。建设单位要求对工作 E 进行设计变更，使工作 E 的持续时间延长 5d，允许甲施工单位提出延期申请。

2. 问题

（1）针对工作 C、F 和 I，是否需要调整工作进度安排，为什么？

（2）针对工作 E 和 H 需单独使用摊铺机，分析是否影响总工期。

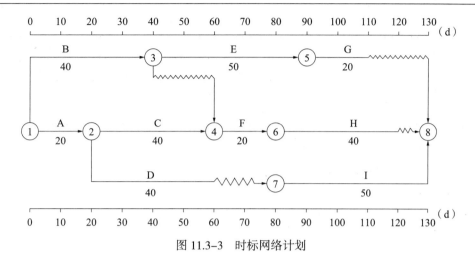

图 11.3-3　时标网络计划

（3）建设单位要求对工作 E 进行设计变更，分析该项要求是否影响总工期，可以延长多少天？

3. 分析与答案

（1）不需要调整，因为工作 C、F 和 I 需使用一台挖掘机，从时标网络计划中可以看出，这三项工作在计划安排上没有搭接，因此，不需要调整进度安排。

（2）针对工作 E 和 H 需单独使用摊铺机，而施工单位仅有一台摊铺机。这样，工作 E 和 H 就不能搭接作业。从时标网格计划中可以看出，工作 H 有 10d 总时差，恰好可将工作 H 推后 10d，推后到工作 E 完成后再开始而不影响总工期。这样，调整后的总工期仍为 130d。

（3）针对建设单位要求对工作 E 进行设计变更，使工作 E 的持续时间延长 5d，因工作 E 为关键工作，其持续时间延长 5d，将影响总工期 5d，因此可以延长 5d。

【案例 3】

1. 背景

某运输机场新建一灯光变电站，施工单位承包站内供电及调光设备的施工。设备中调光设备和柴油发电机由建设单位从国外采购。灯光变电站土建及配套机电工程已基本完工。施工单位进场后，按合同工期要求，与建设单位和进口设备供应商洽谈，明确进口设备到场时间。施工单位依据工程实际情况编制了施工进度计划（双代号网络图），安装内容、工作持续时间及逻辑关系如表 11.3-1 所示。

表 11.3-1　施工安装内容、工作持续时间及逻辑关系

工作内容	紧前工作	持续时间（d）
施工准备	—	10
设备订货	—	60
基础验收	施工准备	30
供电设备安装	施工准备	30
柴油发电机安装	设备订货、基础验收	75

续表

工作内容	紧前工作	持续时间（d）
调光设备安装	设备订货、基础验收	20
调试	供电设备安装、柴油发电机安装、调光设备安装	25
配套设施安装	调光设备安装	10
试运行	调试、配套设施安装	20

在对柴油发电机房进行检验时，施工单位发现土建施工单位预留的螺栓及进线管位置错误，基础须重新制作，由此导致基础验收工期增加20d。调光设备因通关影响，导致到场时间滞后10d。安装公司随后根据实际情况及时调整了进度计划，确保按合同约定工期完成。

2．问题

（1）请根据背景资料，用双代号网络图绘制进度计划，并计算出总工期。

（2）柴油发电机基础工期增加20d，是否影响总工期？说明理由。

（3）调光设备到场滞后10d，是否影响总工期？说明理由。

3．分析与答案

（1）双代号网络图如图11.3-4所示，根据双代号网络图计算出本工程总工期为180d。

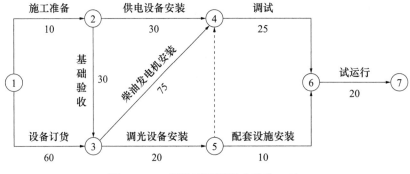

图11.3-4　双代号网络图（单位：d）

（2）柴油发电机基础工期增加20d不会影响总工期，因为柴油发电机基础验收不在关键线路上，有20d时差。

（3）调光设备到场滞后10d不会影响总工期，因为调光设备安装不在关键线路上，有55d时差。

第12章 施工质量管理

12.1 民航机场工程施工过程质量控制及质量事故处理

复习要点

1. 场道工程质量控制重点与检测要求

（1）土基施工：控制土壤的含水率，碾压前应尽量使实际含水率接近最佳含水率；合理确定松铺土的碾压厚度；针对土壤及各类碾压设备的特点，合理选择碾压设备。

（2）基层工程施工：材料选用与质量控制；基层平整度和密实度；基层厚度控制；水泥掺量控制；基层的细部处理。

（3）面层工程：面层几何尺寸，平整性、摩阻特性，抗折性及"通病"（掉边、掉角、麻面、裂纹、断板等）的防治等。

（4）民航机场滑行道桥工程。灌注混凝土前应检验：混凝土组成材料及配合比（包括外加剂）；混凝土凝结速度等工作性能；基础、钢筋、预埋件等隐蔽工程及支架、模板；养护方法及设施。

拌合灌注混凝土时的检验：混凝土组成材料的外观及配料、拌制，每一工作班至少两次，必要时随时抽样试验；混凝土的和易性每工班至少两次；砂石材料的含水率，每日开工前一次，气候有较大变化时随时检测；当含水率变化较大、将使配料偏差超过规定时，应及时调整；钢筋、模板、支架等的稳固性和安装位置；混凝土的运输、灌注方式和质量；外加剂的使用效果，制取混凝土试件及强度检验。

（5）排水工程：机场排水工程按其构造形式分为土明沟、砌石明沟、砌石盖板沟、钢筋混凝土盖板沟、钢筋混凝土管涵等设施。在施工过程中，需要重点控制的是排水工程的外形尺寸、沟槽外形尺寸、中心线位置、顶底板高程、土基压实度、坡度、垫层厚度等。在机场排水工程中，最主要的设施是各类沟槽。

2. 民航空管工程质量控制重点及检测要求

空管工程质量控制包括：空管工程与土建工程的配合、工程实施条件准备、进场设备和材料的验收、隐蔽工程检查验收和过程检查、系统自检和试运行、飞行校验等。

3. 民航机场弱电系统工程质量控制重点及检测要求

机场弱电工程施工质量控制包括：与前期工程的交接和工程实施条件准备、进场设备和材料的验收、隐蔽工程检查验收和过程检查、工程安装质量检查、系统自检和试运行等。

4. 航机场目视助航工程施工质量控制重点及检测要求

工程质量检验评定在检验批评定的基础上，逐级评定分项工程、分部工程、子单位工程及单位工程。

民用机场目视助航灯光系统工程中助航灯光线路敷设、助航灯光设备安装、助航灯光工艺设备安装和助航灯光系统调试。所需的质量验收检查表详见《民用机场目视助航设施施工质量验收规范》MH/T 5012—2022。除上述工程外，其他目视助航设施工程按照国家及行业相关标准进行质量验收检查。

5. 检验批质量验收合格应符合下列规定

（1）主控项目的质量经抽样检验均应合格。

（2）一般项目的质量经抽样检验合格。

（3）具有完整的施工操作依据、质量验收记录。

6. 质量事故的处理程序

（1）进行事故调查，了解事故情况，并确定是否需要采取防护措施。

（2）分析调查结果，找出事故的主要原因。

（3）确定是否需要处理，若需处理，由施工单位确定处理方案。

（4）事故处理。

（5）检查事故处理结果是否达到要求。

（6）事故处理结论。

（7）提交处理方案。

实务操作和案例分析专项练习题

【案例 1】

1. 背景

甲施工单位承建某机场跑道 300m 延长工程，总面积为 18000m²，结构设计为 40cm 水泥混凝土道面、20cm 水泥稳定集料基层、20cm 水泥稳定集料底基层。水泥稳定集料底基层和基层压实度要求 ≥98%，60cm 山皮石垫层，水泥混凝土道面设计抗折强度为 5.0MPa，水泥稳定集料底基层无侧限抗压强度为 3MPa，水泥稳定集料基层无侧限抗压强度为 4MPa，山皮石固体体积率 ≥82%，地基反应模量为 ≥60MN/m³，土方均为挖方，顶面压实度设计要求 ≥96%。甲施工单位已完成 12000m² 山皮石平整，6000m² 水泥稳定集料基层施工，准备报验。

2. 问题

（1）12000m² 山皮石平整完成后，甲施工单位需自检的项目包括哪些，各检测项目的频率为多少？

（2）6000m² 水泥稳定集料基层报验，甲施工单位需自检的项目包括哪些，其中基层厚度的极值为多少？

（3）12000m² 山皮石平整完成后，需不需要组织分部工程验收？需要哪些单位参加？

3. 分析与答案

（1）12000m² 山皮石平整完成后，甲施工单位需自检的项目包括：顶面高程、顶面平整度、固体体积率、地基反应模量，平面位置；每 1000m² 测 1 处平整度，按 10m×10m 方格网测量高程，每 4000m² 测 1 处固体体积率，每直线端点及转角点测量平面位置。

（2）6000m² 水泥稳定集料基层报验，甲施工单位需自检的项目包括：强度、压实度、平整度、高度、宽度、厚度；其基层厚度的极值为 −10mm。

（3）12000m² 山皮石平整完成后，需组织地基处理分部工程验收，需要施工、监理、勘察、设计、建设及检测单位参加。

【案例 2】

1．背景

某东北机场机坪扩建，机坪扩建面积为 10000m²，道面采用水泥混凝土浇筑，设计有抗冻等级要求，甲施工单位在开工前，对道面混凝土队伍进行详细的技术交底，严格把控道面混凝土施工质量。

2．问题

（1）描述机坪道面水泥混凝土施工主要工艺流程。

（2）机坪水泥混凝土面层实测项目包括哪些？

（3）当允许低温施工时，测温应符合哪些规定？

3．分析与答案

（1）机坪道面水泥混凝土施工主要工艺流程为施工准备、模板制作、模板安装、质量检测、混合料摊铺、混合料振捣、混合料整平、揉浆、找平、混凝土表面做面、混凝土表面拉毛、混凝土道面拆模、养护、切缝、质量验收。

（2）机坪水泥混凝土面层实测项目包括：混凝土弯拉强度、抗冻等级、板厚度、平整度、表面平均纹理深度、纵横缝直线性、高程、长度、宽度、预埋件预留孔中心偏差、平面位置。

（3）当允许低温施工时，测温应符合以下规定：水和集料投入搅拌机前与拌合物出料时温度测定，每台班应不少于 5 次；混凝土板养护过程中，最初 48h 应每隔 6h 测温 1 次，以后每 24h 不少于 2 次；面层测温每 5 块板应不少于 1 处，测点交错布置于模板附近和板中部，测点深度应不小于 100mm。

【案例 3】

1．背景

中国民用航空局于 2019 年 8 月 19 日发布《民用机场水泥混凝土面层施工技术规范（第一修订案）》公告，第一修订案对水泥和细集料的技术标准进行了修订，删除和修订了个别条款。

2．问题

（1）第一修订案对水泥和细集料技术标准修订内容是什么？

（2）第一修订案对混凝土原材料检测项目、频率及方法修订内容是什么？

（3）第一修订案对碎石和破碎卵石技术标准有无修订，修订内容是什么？

3．分析与答案

（1）第一修订案将水泥技术标准中的细度 1%～10% 修订为 0～10%；将细集料技术标中的含泥量 ≤ 2% 修订为 2.5%。

（2）第一修订案将混凝土原材料检测项目、频率及方法中的水泥细度修订为比表面积。

（3）有修订，第一修订案将碎石和破碎卵石技术标准中的压碎值≤21修订为≤25，含泥量≤0.5修订为≤1.0，泥块含量≤0.2修订为0.5。

【案例4】

1.背景

某运输机场扩建一条排水沟，箱涵长度为500m，由甲施工单位承建，施工单位上报的排水沟试验段方案中箱涵试验段长度为100m，其中40m在规划的滑行道中线上方；施工单位按照隐蔽验收程序，严格把关钢筋隐蔽验收。

2.问题

（1）甲施工单位的试验段方案是否合理？为什么？

（2）隐蔽工程验收的程序是什么，需要注意的事项有哪些？

（3）钢筋工程隐蔽验收的要点包括哪些？

3.分析与答案

（1）不合理，依据《民用机场飞行区排水工程施工技术规范》MH/T 5005—2021，试验段不宜位于工程关键部位，试验段长度宜不超过60m。

（2）隐蔽工程的验收程序：自检、开单、通知、验收、签证、后续施工。隐蔽工程验收的注意事项如下：

①隐蔽工程在隐蔽前应由施工单位通知有关单位进行验收，并形成验收文件。

②自检含施工单位的"三检"，自检并合格，才能开单通知，保证单、实一致，不合格整改后须重新检验合格方可签证。

（3）钢筋工程隐蔽验收的要点包括以下内容：

①按施工图核查纵向受力钢筋，检查钢筋品种、直径、数量、位置、间距、形状。

②检查混凝土保护层厚度，构造钢筋是否符合构造要求。

③钢筋锚固长度，箍筋加密区及加密间距。

④检查钢筋接头：如绑扎搭接，要检查搭接长度、接头位置和数量（错开长度、接头百分率），焊接接头或机械连接，要检查外观质量，取样试件力学性能试验是否达到要求，接头位置（相互错开）数量（接头百分率）。

【案例5】

1.背景

某运输机场滑行道桥，桩基采用钻孔灌注桩，设计桩长为18m，施工单位对钻孔灌注桩成孔质量进行了检查，按照分级原则设置了质量控制点，确保桩基质量。

2.问题

（1）钻孔灌注桩成孔后质量检查项目包括哪些？

（2）灌注混凝土前检验项目包括哪些内容？

（3）钻孔灌注桩质量控制点按哪些原则分级设置？

3.分析与答案

（1）钻孔灌注桩成孔后质量检查项目包括：孔位、孔形、孔径、倾斜度、泥浆相对密度、孔深、孔底沉淀厚度。

（2）灌注混凝土前检验项目包括：

① 施工设备和场地。

② 混凝土组成材料及配合比（包括外加剂）。

③ 混凝土凝结速度等性能。

④ 基础、钢筋、预埋件等隐蔽工程及支架、模板。

⑤ 养护方法及设施。

（3）钻孔灌注桩质量控制点按以下原则分级设置：

① 施工过程中的重要项目、薄弱环节和关键部位。

② 影响工期、质量、成本、安全、材料消耗等重要因素的环节。

③ 新材料、新技术、新工艺的施工环节。

④ 质量信息反馈中缺陷频数较多的项目。

【案例 6】

1. 背景

某新建机场项目含场道工程、空管工程、弱电工程、灯光工程等。A 施工单位承接了空管工程，包括：导航工程（含场内仪表着陆系统、场外全向信标）、气象工程（含自动观测系统、气象观测场）、甚高频系统、二次雷达等工程。项目经理计划开工各项事宜，拟计划 9 月 1 日申报开工。

2. 问题

（1）开工准备条件有哪些？

（2）如何进行单位及分部工程划分？

3. 分析与答案

（1）图纸会审和设计交底已完成；基础定位与台址批复、设计文件位置进行复核；编制施工组织设计文件；施工质量、安全生产保证体系报审；进场主要管理人员及特种作业人员报审；主要施工机械进／退场报审；供货单位（厂家）资质报审；工程材料、构配件和设备已进场，并满足连续施工的需要；施工用电、通信等已满足开工要求。

（2）单位工程划分为导航单位工程、气象单位工程、通信单位工程、监视单位工程；导航单位工程含仪表着陆系统分部工程、全向信标分部工程；气象单位工程含自动观测系统、气象观测场；通信单位工程甚高频分部工程；监视单位工程含二次雷达分部工程。

【案例 7】

1. 背景

某机场新建甚高频系统 1 套，天线布放于航管楼顶，工期较紧，拟先做设备基础，基础施工完毕后，养护期时间还没过，铁塔构配件已经到场，施工人员考虑工期进展想立即安装铁塔，被监理工程师制止。由于场地已经装设其他设备，空间有限，于是计划天馈线缆利用现有其他系统的电源线桥架敷设进机房。工艺设备安装接地工作未与土建施工单位沟通防雷接地设施建设，天馈线缆进设备间端时，防雷接地设施还未建设完成，施工员考虑工期等因素决定直接将天馈线穿机房预留洞口进机房的机柜内。

2．问题

（1）请问监理工程师做法是否正确？

（2）不合理的施工做法有哪些？

3．分析与答案

（1）正确，铁塔基础需要保证一定的养护期，达到设计强度后才能进行下道工序的安装。

（2）信号、电力电缆需分开布放，且布放间距有要求。天馈线缆进设备间需要在孔洞口预留的等电位接地端子板作等电位接地，天馈线缆进机柜端也需要信号浪涌保护器。

【案例 8】

1．背景

新建航路二次雷达站项目，涉及二次雷达设备安装、通信设施、防雷设施安装等，因地形复杂，本项目的通信传输模式无法采用 1 路地面 1 路空中的方式。邻近机场拟新建自动化系统，引用此航路二次雷达相关信号，含主用自动化系统 1 套，备用自动化系统 1 套系统。在实施过程中，监理工程师审查设备报验材料时发现施工单位提供的拟进场备用系统设备型号的许可证过期，不同意本设备进场，待厂家补充该型号最新许可证后，才同意设备进场。

2．问题

（1）简述二次雷达安装基本的施工工序。

（2）航路雷达的通信模式是否有问题？

（3）监理工程师做法是否合理？

3．分析与答案

（1）施工工序：雷达室外单元设备吊装（含雷达罩、避雷针）、避雷针安装、雷达罩拼装、雷达室外单元设备安装、雷达室内单元设备安装、通信及配套设施安装。

（2）可行。通信传输通常采用 2 地面 1 路空中或 1 路地面 1 路空中的方式，确保传输稳定、可靠。地面有线传输主要利用地方通信运营商（如电信、移动、联通等）提供的数字线路，将台站数据传至管制区机房，若台站离管制区较近，也可自行建设地面通信线路。空中传输则是利用民航 Ku 卫星地面站或微波站进行数据传输。

（3）合理。根据《民用航空空中交通通信导航监视设备使用许可管理办法》《空管设备使用许可目录》，自动化系统设备需要提供许可证号。

【案例 9】

1．背景

某机场民航专业弱电系统改造工程的部分设计说明内容如下。

离港系统设计目标及系统容量：离港系统的改造设计目标以满足近期年旅客吞吐量 1200 万人次的旅客出港要求为目标，并在体系架构不变的前提下经过适当的改造，能够支持 2030 年后及远期的机场业务量指标，升级后的离港系统达到 C 类等级标准，远期具备升级到 B 类等级标准。

　　某施工单位中标了该离港系统改造升级项目，施工单位进场后对离港系统进行了图纸会审和深化设计。

　　施工单位根据深化设计的内容进行安装调试，施工单位部分自检记录如下：① 离港系统服务器冷启动开始后，11min 系统达到正常工作状态；② 主机运行模式与备份运行模式的切换时间为 205s；③ 最多支持两个共享代码航班；④ 接口状态监视模块最短反应时延为 1.9s；⑤ 登机牌阅读器能正确识别一维码和二维码。

2. 问题

（1）此设计说明有无问题？请说明理由。

（2）施工单位在图纸会审和深化设计过程中可能会变更增加哪些设备？

（3）逐项判断自检记录相应项目是否合格，并说明理由。

3. 分析与答案

（1）此设计说明有问题，年旅客吞吐量 1200 万人次，按照《民用运输机场航站楼离港系统工程设计规范》MH/T 5003—2016 中，$4000 > P \geqslant 1000$ 万人次应按照 B 类系统设计，而不是 C 类系统设计。

（2）因为原设计是 C 类，深化设计后是 B 类，有可能会变更增加核心交换机、汇聚交换机、接入交换机和防火墙等网络安全设备。

（3）① 判断结论：合格。理由：离港系统服务器冷启动开始后，应在 30min 内达到正常工作状态。

　　② 判断结论：合格。理由：离港系统主机运行模式与备份运行模式的切换时间应小于 300s。

　　③ 判断结论：不合格。理由：离港系统应支持至少 3 个共享代码航班。

　　④ 判断结论：不合格。理由：离港系统接口状态监视应实时监视接口状态。

　　⑤ 判断结论：合格。理由：离港系统登机牌阅读器应能正确识别一维码和二维码。

【案例 10】

1. 背景

　　某大型机场航站楼内安全检查系统工程（涵盖旅客人身、随身行李、托运行李等安全检查设施的安装），托运行李采用后置式五级安检。因专业性强、工期紧，施工单位中标后就按照合同要求供货，设备货到现场后经监理开箱验收后现场安装调试，最终按时完成调试工作，并顺利参与建设单位组织的竣工验收。

2. 问题

（1）设备到货验收监理机构应主要检查哪些内容？

（2）该安全检查系统工程主要涉及哪些安全检查设备的现场安装调试？

（3）本项目安全检查系统工程主要需要与哪些弱电系统有通信接口？

（4）在投入验收前安全检查系统还需要完成什么测试？

3. 分析与答案

（1）设备开箱验收时，项目监理机构应检查以下主要内容：

① 箱号、封识及箱体外观等。

② 装箱单。

③ 质量证明文件，包括产品合格证及性能检测报告等。

④ 设备铭牌的名称、型号、规格。

⑤ 随机附件、备件、工具的规格与数量。

⑥ 设备安装使用说明书。

⑦ 进口设备的报关单、商检单，中英文对照说明书。

⑧ 其他相关技术资料。

（2）主要涉及高速 X 射线自动安检机、CT 安检机、安检门、手提行李 X 射线安检机等。

（3）主要与安全检查信息管理系统、行李处理系统、时钟系统有通信接口。

（4）应完成中国民用航空局航空安全技术中心民航安全检查设备鉴定办公室的验收技术检测，检测通过后应收到《民用航空安全检查设备使用验收报告》。

4．解析

旅客安全检查通道检查设备主要有 X 射线机、安检门和手持式探测仪，其中 X 射线机和安检门需要现场安装。该托运行李采用五级后置式安检，后置式安检的主要设备有：X 射线自动安检机、CT 安检机、毒品炸药痕量探测仪等，其中毒品炸药痕量探测仪外形尺寸较小，一般是安装调试好后直接运抵现场，其他两个设备则需现场安装。

【案例 11】

1．背景

某机场经过国家规定的招标、投标程序，决定由 A 施工单位承接该机场航站楼视频监控系统工程建设项目。施工合同签订后，A 施工单位会同有关部门组织电气施工人员进行系统的学习、培训，熟悉并掌握图纸、规范，进行了缆线敷设、光纤接续施工等技能专项培训，按施工进度计划落实了设备、器具、材料的到货情况。

2．问题

（1）在图审会审时，参会人员有人提出：本次建设概算投资有限，想把视频监控系统存储的时间缩减到 30d，这样可以吗？请说明原因。

（2）如何进行光纤接续？

（3）在安装部分摄像机时，发现墙体为轻质隔板，云台应如何安装？

3．分析与答案

（1）不可以。依据《民用运输机场安全保卫设施》MH/T 7003—2017 和《民用运输机场航站楼安防监控系统工程设计规范》MH/T 5017—2017 的要求，视频图像和音频信息资料的保存时限应不少于 90d。

（2）光纤接续方法：

在光纤上预先套上对光缆接续部位进行补强的带有钢丝的热缩套管；除去涂覆层；切割光纤，制作端面；将预接的两根光纤放入熔接机中进行熔接；用光时域反射仪（OTDR）进行接续性能测试及评定，符合接续指标后，热熔带有钢丝的热缩管进行接续部位的补强保护；在全部纤芯接续完毕后，收入收容盘内，用光时域反射仪（OTDR）进行复测，不合格的要进行重新收容或重新接续，直到合格为止。

（3）应在隔墙龙骨上制作加固底板，再将支架固定在加固的底板上，云台用解码器可安装在附近的吊顶内。轻质隔墙承受荷载能力较弱，若直接用膨胀螺栓打到墙体上，墙体需承载支架、云台和摄像机的重量，在云台运动时，可能造成支架脱落。

【案例 12】

1. 背景

某施工单位中标一新建机场公共广播系统工程的实施，其消防广播平面布置示意图如图 12.1–1 所示。

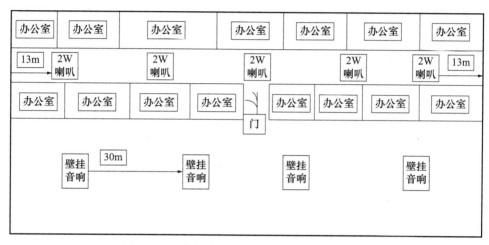

图 12.1–1 某新建机场消防广播平面布置示意图

施工单位选用耐火铝芯电线电缆作为应急广播信号传输线缆敷设，在信息小间进行设备接线过程中，将旅客到达区和行李提取区的广播扬声器接在受同一信号源驱动的功率放大器上，功率放大器的电源和小间内的照明灯电源取自同一供电回路，广播主机处于冷备状态，且由应急指挥中心控制消防广播。

2. 问题

（1）该示意图存在哪些问题？

（2）施工单位的做法存在哪些问题？

（3）广播系统设备功能检查的内容有哪些？

3. 分析与答案

（1）①"扬声器功率 2W"不妥。理由：每个扬声器的额定功率应不小于 3W。

②"壁挂音响之间间距 30m"不妥。理由：每个扬声器数量应能保证从一个防火分区内的任何部位到最近一个扬声器的直线距离不大于 25m。

③"吸顶扬声器距走廊末端 13m"不妥。理由：走道末端距最近的扬声器距离应不大于 12.5m。

（2）①"施工单位选用耐火铝芯电线电缆作为应急广播信号传输线缆敷设"不妥。理由：应急广播系统的线缆应采用阻燃耐火铜芯电线电缆。

②"将旅客到达区和行李提取区的广播扬声器接在受同一信号源驱动的功率放大器上"不妥。理由：同一广播分区的广播扬声器应连接在受同一信号源驱动的功放单元上。

③"功率放大器的电源和小间内的照明灯电源取自同一供电回路"不妥。理由：公共广播系统应采用独立的供电回路，不应与其他动力或照明设备共用同一供电回路。

④"广播主机处于冷备状态"不妥。理由：应急广播系统的设备（含主机、功放）应处于热备状态。

⑤"且由应急指挥中心控制消防广播"不妥。理由：空防或突发事件应急广播可在应急指挥中心或广播控制室控制，消防应急广播应在消防控制室（中心）控制。

（3）广播系统设备功能检查的内容：音源设备、控制设备功能、功放设备、呼叫站设备、录音设备扬声器、广播软件系统、服务器及存储系统以及接口设备。

【案例13】

1. 背景

某单位中标某机场目视助航设施改造升级项目，工程内容包括：调光器及切换柜安装、新增一套助航灯光监控系统。发生如下事件：

事件1：施工前，施工单位制定了单位、子单位、分部、分项工程划分方案，并由监理单位审核。

事件2：调光器及切换柜安装完成后，发现一组调光器输出电流波动为±0.5A，该检验批评定为合格。

事件3：助航灯光监控系统安装完成后，施工单位会同监控系统供应厂商进行系统调试。

2. 问题

（1）事件1中，该工程的单位、子单位、分部、分项工程应如何划分？

（2）事件2中，该检验批评定是否正确？说明理由。

（3）事件3中，监控系统调试应检查哪些功能？

3. 分析与答案

（1）该工程的单位、子单位、分部、分项工程应按表12.1-1划分。

表12.1-1　该工程的单位、子单位、分部、分项工程划分表

单位工程	子单位工程	分部工程	分项工程
目视助航设施工程	目视助航灯光系统工程	助航灯光工艺设备安装	灯光控制柜安装
		助航灯光系统调试	并联灯光回路调试
			串联灯光回路调试
			监控系统调试

（2）该检验批评定不正确，按《民用机场目视助航设施施工质量验收规范》MH/T 5012—2022要求，调光器输出电流波动应为±0.1A，该控制项为主控项目，合格率应为100%，应判定检验批不合格。

（3）在调试中，应检查但不限于下列各项功能：

①故障安全保护功能。

②防止误操作功能。

③ 单个或成组监控灯光回路功能。

④ 各主备用计算机、主备用通信电缆自动切换功能。

⑤ 各项故障报警功能。

⑥ 电源系统运行状态的监视功能。

⑦ 事件管理、控制权限管理等基本管理功能。

【案例 14】

1. 背景

某单位中标某新建 4E 级机场目视助航设施工程项目，该机场设计运行等级为 II 类精密进近，跑道长 3600m、宽 45m、道肩宽各 7.5m，设置一条和跑道等长的平行滑行道，两条快速出口滑行道和五条垂直联络道，不设置掉头坪。

2. 问题

（1）请列举跑道范围内（含防吹坪）的可能设置嵌入灯具。

（2）若建设单位对该工程进行竣工验收，应具备哪些条件？

3. 分析与答案

（1）跑道范围内（含防吹坪）的可能设置嵌入灯具包括：进近灯光系统灯具、跑道入口灯、跑道入口翼排灯、跑道末端灯、跑道中线灯、跑道边灯、快速出口滑行道指示灯、滑行道中线灯。

（2）若建设单位对该工程进行竣工验收，应具备以下条件：

① 完成建设工程设计和合同约定的各项内容。

② 各参建单位与工程同步生成的文件资料齐备，并基本完成收集、分类、组卷、编目等归档工作。

③ 竣工预验收合格。

④ 已完成飞行校验并形成飞行校验报告（如涉及），且导航设备完成飞行校验后，设备运行状态和相关场地环境未发生变化。

⑤ 勘察、设计单位已分别签署工程质量检查报告。

⑥ 施工单位已签署工程竣工报告和工程保修书。

⑦ 监理单位已签署工程质量评估报告。

【案例 15】

1. 背景

某单位承建的某新建 4C 级机场目视助航设施工程项目，该项目在交付运行单位使用半年后，发生了大规模灯光回路绝缘降低，不满足运行要求的情况，相关管理部门计划对该起质量事故进行调查。

2. 问题

简要说明质量事故处理程序。

3. 分析与答案

质量事故应按下列程序处理：

（1）进行事故调查，了解事故情况，并确定是否需要采取防护措施。

（2）分析调查结果，找出事故的主要原因。

（3）确定是否需要处理，若需处理，由施工单位确定处理方案。

（4）事故处理。

（5）检查事故处理结果是否达到要求。

（6）事故处理结论。

（7）提交处理方案。

12.2　民航机场工程投运前验收

复习要点

1. 民航机场工程验收

对于民航机场验收管理，重点掌握民航机场竣工预验收、竣工验收、行业验收内容。竣工验收由建设单位负责组织实施，竣工预验收由监理单位负责组织实施。施工单位负责完成工程质量的自检、自评，提交竣工资料，配合完成竣工预验收和竣工验收工作。民航专业工程质量监督机构（以下简称"质监机构"）负责监督专业工程竣工验收。竣工预验收和竣工验收可根据实际情况分阶段进行。

运输机场工程竣工验收应当具备下列条件：完成建设工程设计及合同约定的各项内容；各参建单位与工程同步生成的文件资料齐备，并基本完成收集、分类、组卷、编目等归档工作；竣工预验收合格；已完成飞行校验并形成飞行校验报告（如涉及），且导航设备完成飞行校验后，设备运行状态和相关场地环境未发生变化；勘察、设计单位已分别签署工程质量检查报告；施工单位已签署工程竣工报告和工程保修书；监理单位已签署工程质量评估报告。

运输机场工程竣工验收的内容包括：工程项目是否按批准的规模、标准和内容建成；工程质量是否符合国家和行业有关标准及规范；工程项目与合同约定及主要设备的技术规格与说明书符合情况；工程主要设备的安装、调试、检测情况；各参建单位与工程同步生成的文件资料是否完整、准确、系统、规范、安全，并是否基本完成收集、分类、组卷、编目等归档工作；工程的概算执行情况；工程项目竣工预验收和校飞问题的整改情况。

2. 运输机场专业工程行业验收的条件和内容

运输机场专业工程行业验收条件包括：竣工验收合格；已完成飞行校验；试飞合格；民航专业弱电系统经第三方检测符合设计要求；涉及机场安全及正常运行的项目存在的问题已整改完成；环保、消防等专项验收合格、准许使用或同意备案；民航专业工程质量监督机构已出具同意提交行业验收的工程质量监督报告。

运输机场专业工程行业验收的内容包括：工程项目是否符合批准的建设规模、标准；工程质量是否符合国家和行业现行的有关标准及规范；工程主要设备的安装、调试、检测及联合试运转情况；航站楼工艺流程是否符合有关规定、满足使用需要；工程是否满足机场运行安全和生产使用需要；运输机场工程档案收集、整理和归档情况；由中央政府直接投资、资本金注入或资金补助方式投资的工程的概算执行情况。

3．竣工资料

根据《运输机场专业工程竣工验收管理办法（验收检查单和验收资料样本）》，民航机场专业工程竣工验收检查单包括：机场场道工程验收检查单，民航空管工程验收检查单，机场目视助航工程检查单，航站楼、货运站的工艺流程及民航专业弱电系统工程验收检查单和航空供油工程验收检查单。

实务操作和案例分析专项练习题

【案例 1】

1．背景

某运输机场扩建项目，施工单位按照合同约定完成了全部施工内容，并向监理单位提交了竣工预验收申请，监理单位组织相关单位进行竣工预验收，并形成竣工预验收意见。

2．问题

（1）竣工预验收应当具备的条件包括哪些？

（2）竣工预验收的内容包括哪些？

（3）竣工预验收合格后，勘察、设计和监理单位应出具什么报告？

3．分析与答案

（1）竣工预验收应当具备的条件包括：

① 完成建设工程设计和合同约定的各项内容。

② 各参建单位与工程同步生成的文件资料齐备，并基本完成收集、分类、组卷、编目等归档工作。

③ 有工程主要材料、构配件和设备的进场试验报告。

④ 施工单位完成工程质量自评，并形成工程竣工报告。

⑤ 试验检测完成并出具检测合格报告（如涉及）。需要进行试验检测的工程包括：场道工程，助航灯光监控系统，民航专业弱电系统，安保设施设备，航油储罐，工艺管道及机坪管道，防雷工程等。

⑥ 完成验收工程竣工图的编制。

（2）竣工预验收的内容包括：

① 工程项目是否按批准的规模、标准和内容建成。

② 工程质量是否符合国家和行业有关标准及规范。

③ 工程项目与合同约定及主要设备的技术规格与说明书符合情况。

④ 工程主要设备的安装、调试、检测情况。

⑤ 各参建单位与工程同步生成的文件资料是否完整、准确、系统、规范、安全，并是否基本完成收集、分类、组卷、编目等归档工作。

（3）竣工预验收合格后，勘察、设计单位出具工程质量检查报告；监理单位出具竣工预验收报告和工程质量评估报告。

【案例2】

1. 背景

某运输机场扩建项目，竣工预验收合格后，各相关单位向建设单位提交了竣工材料，建设单位对竣工验收条件进行了核查，并制定竣工验收组织方案，竣工验收合格后，建设单位形成竣工验收报告并提交质监机构，抄送民航行政机关。

2. 问题

（1）竣工验收应当具备的条件包括哪些？

（2）竣工预验收合格后，各相关单位向建设单位提交材料包括哪些？

（3）竣工验收的内容包括哪些？

3. 分析与答案

（1）竣工验收应当具备的条件包括：

① 完成建设工程设计及合同约定的各项内容。

② 各参建单位与工程同步生成的文件资料齐备，并基本完成收集、分类、组卷、编目等归档工作。

③ 竣工预验收合格。

④ 已完成飞行校验并形成飞行校验报告（如涉及），且导航设备完成飞行校验后，设备运行状态和相关场地环境未发生变化。

⑤ 勘察、设计单位已分别签署工程质量检查报告。

⑥ 施工单位已签署工程竣工报告和工程保修书。

⑦ 监理单位已签署工程质量评估报告。

涉及飞行校验的，飞行校验前与飞行校验相关的飞行区场道工程、助航灯光工程、地空通信工程、导航工程、监视工程、气象工程等应当建成并通过竣工预验收。

（2）竣工预验收合格后，各相关单位向建设单位提交材料包括：

① 竣工验收申请表。

② 勘察、设计单位签署的工程质量检查报告。

③ 施工单位签署的工程竣工报告和工程保修书。

④ 监理单位签署的竣工预验收报告和工程质量评估报告。

（3）竣工验收的内容包括：

① 工程项目是否按批准的规模、标准和内容建成。

② 工程质量是否符合国家和行业有关标准及规范。

③ 工程项目与合同约定及主要设备的技术规格与说明书符合情况。

④ 工程主要设备的安装、调试、检测情况。

⑤ 各参建单位与工程同步生成的文件资料是否完整、准确、系统、规范、安全，并是否基本完成收集、分类、组卷、编目等归档工作。

⑥ 工程的概算执行情况。

⑦ 工程项目竣工预验收和校飞问题的整改情况。

【案例 3】

1．背景

某机场拟新建场外 25m×25m 的气象观测场项目。在实施过程中，施工员将电传风向风速仪安装到了气象观测场最南边。项目施工完成后，项目经理向监理部提交了竣工验收申请，监理人员检查竣工验收条件时发现竣工图未编制完成，遂提出竣工条件不具备。

2．问题

（1）施工员做法是否正确？简述气象观测场设备安装的基本原则。

（2）列举 3 种气象观测场设备名称。

（3）监理人员做法是否合理？

3．分析与答案

（1）不正确。气象观测场的仪器应当按照"北高南低，互不影响，便于观测"的原则进行合理布置。

（2）场内设备主要有百叶箱，干、湿球温度表，最高、最低气温表，毛发湿度表，电传风向风速仪，雨量器，振筒气压仪，量雪尺等。

（3）合理，竣工验收的条件有：

① 完成建设工程设计和合同约定的各项内容。

② 各参建单位与工程同步生成的文件资料齐备，并基本完成收集、分类、组卷、编目等归档工作。

③ 有工程主要材料、构配件和设备的进场试验报告。

④ 施工单位完成工程质量自评，并形成工程竣工报告。

⑤ 试验检测完成并出具检测合格报告（如涉及）。需要进行试验检测的工程包括：场道工程，助航灯光监控系统，民航专业弱电系统，安保设施设备，航油储罐，工艺管道及机坪管道，防雷工程等。

⑥ 完成验收工程竣工图的编制。

【案例 4】

1．背景

某新建航站楼民航专业弱电系统主要由信息集成、离港、安检信息集成、安全防范系统、航班信息显示系统、行李处理系统、安全检查设备等系统组成，由某具有民航机场弱电系统工程专业承包一级资质的施工单位承担了全部的工程内容。工程于 2022 年 3 月 1 日开工，于 2022 年 10 月 14 日完成了竣工预验收，2022 年 11 月 15 日完成了竣工验收，2022 年 12 月 30 日完成了行业验收。

2．问题

（1）行李处理系统在申请竣工验收前需要通过哪些外部机构进行的测试？

（2）民航专业弱电系统竣工验收由谁组织，参加的单位有哪些？

（3）航站楼工程申请行业验收应该具备的条件有哪些？

3. 分析与答案

（1）行李处理系统在申请竣工验收前需要通过弱电第三方检测单位的测试、当地具有计量资质单位对行李电子秤的测试。

（2）民航专业弱电系统竣工验收由建设单位组织，设计、施工、监理、试验检测单位项目负责人和运营单位相关负责人等参加验收。

（3）航站楼工程申请行业验收应具备的条件有：

① 竣工验收合格。

② 民航专业弱电系统经第三方检测符合设计要求。

③ 涉及机场安全及正常运行的项目存在的问题已整改完成。

④ 环保、消防等专项验收合格、准许使用或同意备案。

⑤ 民航专业工程质量监督机构已出具同意提交行业验收的工程质量监督报告。

【案例 5】

1. 背景

某民用运输机场目视助航工程竣工后，施工单位除竣工图外其他工程资料均已编制完成，并形成了竣工报告。为尽快投用，建设单位遂组织了工程竣工预验收和竣工验收，验收合格。本工程随即投入使用。

2. 问题

（1）该工程是否达到预验收条件，为什么？

（2）该工程验收程序是否正确，为什么？

（3）该工程投用前，还需要哪些程序，并简要说明。

3. 分析与答案

（1）未达到预验收条件，因为竣工图编制未完成。工程竣工预验收应当具备的条件：

① 完成建设工程设计和合同约定的各项内容。

② 各参建单位与工程同步生成的文件资料齐备，并基本完成收集、分类、组卷、编目等归档工作。

③ 有工程主要材料、构配件和设备的进场试验报告。

④ 施工单位完成工程质量自评，并形成工程竣工报告。

⑤ 试验检测完成并出具检测合格报告（如涉及）。需要进行试验检测的工程包括：场道工程，助航灯光监控系统，民航专业弱电系统，安保设施设备，航油储罐，工艺管道及机坪管道，防雷工程等。

⑥ 完成验收工程竣工图的编制。

（2）不正确，工程竣工预验收不应由建设单位组织。监理单位应当组织勘察、设计、施工、试验检测等单位参加竣工预验收，根据实际需要，可邀请运营单位和有关专家（包括安保专家）参加竣工预验收。建设单位应当参加竣工预验收。

（3）运输机场专业工程投用前，除完成工程竣工预验收和工程竣工验收外，还应完成工程行业验收。工程行业验收条件：

① 竣工验收合格。

② 已完成飞行校验。

③ 试飞合格。

④ 民航专业弱电系统经第三方检测符合设计要求。

⑤ 涉及机场安全及正常运行的项目存在的问题已整改完成。

⑥ 环保、消防等专项验收合格、准许使用或同意备案。

⑦ 民航专业工程质量监督机构已出具同意提交行业验收的工程质量监督报告。

12.3 民航通信导航监视设备及助航灯光系统设施飞行校验管理

复习要点

1. 飞行校验

民用航空通信导航监视设备飞行校验是指为了保证飞行安全，使用装有专门校验设备的飞行校验航空器，按照飞行校验的有关标准、规范，检查、校准和分析通信、导航、监视设备（以下简称"校验对象"）的空间信号质量、容限及系统功能，并根据检查、校准和分析结果出具飞行校验报告的活动。

飞行校验分为投产校验、监视性校验、定期校验、特殊校验四类。

（1）投产校验是指校验对象新建、迁建或者更新后，为了获取校验对象全部技术参数和信息而进行的飞行校验。

（2）监视性校验是指投产校验后的符合性飞行校验。

（3）定期校验是指为了确定校验对象是否符合技术标准和满足持续运行要求，按照规定的校验周期对运行中的校验对象所进行的飞行校验。

（4）特殊校验是指校验对象出现下列特殊情形时，对其受影响部分进行的有针对性校验。

2. 校验对象

飞行校验对象包括：通信设备、导航设备和监视设备。

实务操作和案例分析专项练习题

【案例 1】

1. 背景

某机场工程建有一条 2800m 的跑道、一座建筑面积 15000m² 的航站楼、一座建筑面积 3000m² 的航管楼和塔台。跑道设有 I 类精密进近灯光系统、PAPI 系统，I 类仪表着陆系统、自动气象观测系统也已完成安装。场外设置全向信标、二次雷达站，并已安装完成。现该机场各项工程已进行了自检，部分项目须进行飞行校验。在相关施工单位配合下，飞行校验工作顺利完成。

2. 问题

（1）本机场哪些项目需要进行飞行校验？属于哪种飞行校验？

（2）飞行校验实施中，相关施工单位如何配合？

3. 分析与答案

（1）本机场需要进行飞行校验的设备是 PAPI 系统、仪表着陆系统、全向信标、二次雷达，属于投产校验。

（2）施工单位配合工作包括：明确地空校验通信频率；向校验员提供地面校验设备的工作情况信息；做好意外情况时的校验科目调整方案，以便管制指挥人员及时掌握校验科目变化，顺利实施飞行校验的协调指挥。

【案例 2】

1. 背景

某施工单位已完成仪表陆系统工程、全向信标、自动气象观测系统，VHF 系统工程，并完成相关工程资料、竣工图收集归档工作，遂向建设单位提出飞行校验申请，被建设单位拒绝。

2. 问题

（1）建设单位做法是否正确？原因是什么？

（2）飞行校验有哪几类？

3. 分析与答案

（1）正确，飞行校验前须通过预验收。

（2）飞行校验分为投产校验、监视性校验、定期校验、特殊校验四类。

【案例 3】

1. 背景

某单位承建的某新建 4C 级机场工程项目，工程内容包括：新建 12 个 4C 机位，一条跑道长度 2800m、宽 45m、道肩 7.5m，机坪两端新建两条垂直联络道，跑道两端设置 I 类精密进近灯光系统。施工单位在完成工程合同内容后，建设单位向飞行校验中心提请飞行校验。

2. 问题

（1）建设单位做法是否正确？请说明理由。

（2）目视助航设施应校验哪些灯具？

3. 分析与答案

（1）不正确，按照《运输机场专业工程竣工验收管理办法》和《民用机场目视助航设施施工质量验收管理规范》MH/T 5012—2022 要求，飞行校验应在竣工预验收完成之后实施。

（2）目视助航设施应校验精密进近坡度指示器、进近灯光系统和跑道灯光系统。

第 13 章 施工成本管理

13.1 民航机场工程施工成本计划编制

复习要点

微信扫一扫
在线做题+答疑

1. 工程量计价清单的应用

编制工程量清单中须载明民航专业工程分部分项工程项目、措施项目、其他项目的名称和对应数量以及规费项目和税金项目等内容的明细。

工程量清单的编制应依据：

（1）《民航专业工程工程量清单计价规范》MH 5028—2014。

（2）国家或省级、行业建设主管部门颁发的计价定额和办法。

（3）工程设计文件及相关资料。

（4）与工程项目有关的标准、规范、技术资料。

（5）拟定的招标文件。

（6）施工现场情况、地勘与水文资料、工程特点及常规施工方案。

（7）其他相关资料。

2. 民航机场工程概算编制的基本要求

工程概算是指在初步设计阶段，根据初步设计图纸、说明书、设备规格表、概（预）算定额或指标、各种工程取费和费用标准等资料计算出的建设项目投资额，是初步设计文件的重要组成部分。

工程概算应当按照项目所在地和编制年的价格水平编制，完整地反映设计内容，结合施工现场条件及其他影响工程造价的动态因素，合理确定工程投资。

工程概算应控制在项目可行性研究报告估算范围内。如因特殊情况确实需要超出的，必须说明超出原因并落实超出部分资金来源。

3. 民航机场工程建设其他费用和基本预备费

（1）工程建设其他费用是指根据有关规定应在建设工程总投资中支付，但又不宜列入建筑、安装工程费用和设备购置费用内的费用，包括：土地征用及拆迁补偿费、建设单位管理费、建设单位临时设施费、可行性研究费、专项研究试验费、勘察设计费、设计审查费、招标投标代理费、建设监理费、工程质量监督费、生产职工培训费、办公及生活家（器）具购置费、不停航施工措施费、联合试运转费、校飞费、试飞费、转场费。

（2）基本预备费是指在初步设计和概算中难以预料的工程和费用，包括：在批准的初步设计和概算范围内，在技术设计、施工图设计及施工过程中所增加的工程和费用；由于一般自然灾害所造成的损失和预防自然灾害所采取的措施费用；竣工验收时为鉴定工程质量对隐蔽工程进行必要开挖和修复的费用。

4. 我国现行工程造价的构成

我国现行工程造价的构成主要划分为设备及工、器具购置费用，建筑安装工程费用，工程建设其他费用等。

实务操作和案例分析专项练习题

【案例1】

1. 背景

某场道工程按工程量清单计价，分部分项工程工程量清单计价合计3200万元，措施项目清单计价合计150万元，其他项目清单计价合计300万元，规费190万元，税率是不含税造价的3.4%。施工过程中，按10%支付工程预付款，从第一期进度起，分3次扣回工程预付款。

某月计划产值360万元，实际完成产值410万元，实际成本为396万元。

2. 问题

（1）该工程的总造价是多少？

（2）该工程预付款是多少，每次扣回金额是多少？

（3）某月的费用偏差是多少，费用绩效指数是多少？分析费用状况。

3. 分析与答案

（1）总造价：（3200＋150＋300＋190）×（1＋3.4%）＝3970.56万元。

（2）该工程预付款：3970.56×10%＝397.056万元，每次扣回金额：397.056÷3＝132.352万元。

（3）某月的费用偏差是410－396＝14万元；费用绩效指数是410÷396＝1.035；费用节约14万元，节约3.5%。

【案例2】

1. 背景

某新建运输机场工程，在施工招标过程中，招标人规定采用工程量清单计价作为投标人的商务报价。评标发现：投标人在分部分项工程量清单中，对排水工程中的传力杆数量进行了修正，补列了排水沟胀缝板的工程量。两处错漏均因设计单位的疏忽产生。

在施工过程中，由于设计变更，道面水稳基层的工程量发生了一定的增加，施工单位参考合同中的报价，对增加的工程量重新提出综合单价，以此作为结算依据。

2. 问题

（1）工程量清单应由哪个单位提供？说明工程量清单的组成部分。

（2）投标人对分部分项工程量清单提出的修正和项目补列是否允许？

（3）评价施工单位对道面水稳基层增加的工程量提出综合单价的合理性。

3. 分析与答案

（1）工程量清单应由招标人统一提供，工程量清单的组成包括：分部分项工程量清单；措施项目清单；其他项目清单；规费项目清单；税金项目清单。

（2）投标人对分部分项工程量清单提出修正和补列增多不允许。因为分部分项工程量清单是招标人提供的，用于各个投标人编制投标文件的法定基础，任何投标人对清单所列内容均不得擅自变动；如对分部分项工程量清单的内容有疑义，或分部分项工程量清单有遗漏项目，只能在投标准备阶段提出质疑，由招标人做出统一修改。

（3）如工程量的增加在合同约定幅度以内的，应执行原有的综合单价；如工程量的增加超过了合同约定的幅度，其超过部分的工程量的综合单价由承包人提出，经发包人确认后作为结算依据。

【案例 3】

1. 背景

某空管工程按工程量清单计价，项目发承包双方签订了施工合同，工期为 6 个月。有关工程价款及支付条款约定如下：分部分项工程工程量清单计价合计 60 万元，单价措施项目清单计价合计 6 万元，总价措施项目费用 8 万元，其中安全文明施工费按分部分项工程和单价措施项目费用之和的 5% 计取，除安全文明施工费外的总价措施项目费用不予调整。其他项目清单计价合计 5 万元，规费按人、材、机费和管理费、利润之和的 5% 计取，增值税率为 11%。

开工前，发包人按分部分项工程和单价措施项目工程款的 30% 支付给承包人作为预付款，同时将安全文明施工费工程款全额支付给承包人。竣工验收通过后 30d 内进行工程结算，扣留工程总造价的 3% 作为质量保证金。

2. 问题

（1）该工程签约合同价为多少万元？

（2）开工前发包人应支付给承包人的预付款和安全文明施工费工程款分别为多少万元？

（3）该工程竣工结算累计付款为多少万元？

（计算过程和结果保留三位小数）

3. 分析与答案

（1）工程签约合同价为：$(60＋6＋8＋5)×(1＋5\%)×(1＋11\%)＝92.075$ 万元。

（2）预付款为：$(60＋6)×(1＋5\%)×(1＋11\%)×30\%＝23.077$ 万元。

安全文明施工费为：$(60＋6)×5\%×(1＋5\%)×(1＋11\%)＝3.846$ 万元。

（3）工程竣工结算累计付款为：$(60＋6＋8＋5)×(1＋5\%)×(1＋11\%)×(1－3\%)＝89.312$ 万元。

【案例 4】

1. 背景

某机场航站楼民航专业弱电改造工程，建设单位决定采用议标形式，由建设单位提供图纸，要求参加议标的单位自行编制工程量清单，按综合单价报价。A 施工单位按建设单位要求编制了工程量清单报价，其部分内容如表 13.1-1 所示。

表 13.1-1　分部分项工程量清单计价表

序号	项目名称	规格型号	单位	数量	单价	小计	备注
1	门锁控制线缆	RVV-4*1.0mm^2	m				
2	读卡器控制线缆	RVVSP-6*1.0mm^2	m				

2.　问题

（1）工程总概算由哪几部分组成？

（2）建设单位要求施工单位编制工程量清单的做法是否妥当？

（3）A 单位编制的工程量清单，格式是否正确？在哪些方面不符合规范要求？

3.　分析与答案

（1）工程总概算由以下几部分组成：人工费、材料费、施工机械使用费、施工措施费、规费、企业管理费、利润和税金，基本预备费，建设期贷款利息、建设期价格调整等。

（2）建设单位要求施工单位自行编制是不正确的。工程量清单是由招标人提供的文件，是招标文件的组成部分。按照《建设工程工程量清单计价规范》GB 50500—2013 的要求，招标工程量清单应由具有编制能力的招标人或受其委托具有相应资质的工程造价咨询人编制。

（3）格式不正确，表现在以下方面：

① 分部分项工程量清单计价表的格式不符合规范要求。按照《建设工程工程量清单计价规范》GB 50500—2013 的要求，分部分项工程量清单计价表的格式如表 13.1-2 所示。

表 13.1-2　分部分项工程和单价措施项目清单与计价表

工程名称　　　　　　　　　　　标段　　　　　　　　　　　第　页　共　页

序号	项目编码	项目名称	项目特征	计量单位	工程量	金额（元）		
						综合单价	合价	其中
								暂估价
		本页小计						
		合计						

② 对于综合单价，还有"综合单价分析表"，如表 13.1-3 所示。

表 13.1-3　综合单价分析表

工程名称							标段				第　页　共　页	
项目编码			项目名称			计量单位				工程量		

清单综合单价组成明细

定额编号	定额项目名称	定额单位	数量	单价				合价			
				人工费	材料费	机械费	管理费和利润	人工费	材料费	机械费	管理费和利润
人工单价			小计								
元 / 工日			未计价材料费								
清单项目综合单价											

材料费明细	主要材料名称、规格、型号	单位	数量	单价（元）	合价（元）	暂估单价（元）	暂估合价（元）
	其他材料费						
	材料费小计						

【案例 5】

1．背景

某飞行区技术指标为 4E 的运输机场扩建工程，主要包括：飞行区场道扩建工程、飞行区弱电改造工程及目视助航改造工程 3 个单项工程，建设单位编制了相应概算，分别为飞行区场道扩建工程 2.66 亿元，飞行区弱电改造工程 0.28 亿元，目视助航改造工程 0.72 亿元。3 家施工单位分别中标上述单项工程，并分别编制了施工图预算。施工过程中，因目视助航改造工程设计变更，增加造价 0.09 亿元。

2．问题

（1）建设单位编制概算的依据。

（2）投标人投标报价的依据有哪些？

（3）目视助航改造工程超出概算后，建设单位需怎么做，并说明原因。

（4）请列出施工图预算的编制依据和方法。

3．分析与答案

（1）民航建设工程中的场道工程、助航灯光设备安装工程和空管专业工程应分别执行《民用机场场道工程预算定额》《民用机场目视助航设施安装工程预算定额》和《民航空管专业工程概、预算编制办法及费用定额》。其中场道工程和助航灯光设备安装工程在执行定额时，按工程所在地造价主管部门发布的人工、材料、机械台班单价编制地区单位估价表，企业管理费、计划利润、规费、税金等取费按工程所在地造价部门的规定执行。空管专业工程按照《民航空管专业工程概、预算编制办法及费用定额》执行。

（2）投标人投标报价的依据：

①《民航专业工程工程量清单计价规范》MH 5028—2014。

② 国家或省级、行业建设主管部门颁发的计价定额和办法。

③ 工程设计文件及相关资料。

④ 与工程项目相关的标准、规范及技术资料。

⑤ 招标文件、招标工程量清单及其补充通知、答疑纪要。

⑥ 现场施工情况、工程特点及投标时拟定的施工组织设计或施工方案。

⑦ 企业定额。

⑧ 市场价格信息或工程造价管理机构发布的工程造价信息。

（3）建设单位应当重新报批调整可行性研究报告。超出部分为原概算的 12.5%。因为工程概算应控制在项目可行性研究报告估算范围内。如因特殊情况确实需要超出的，必须说明超出原因并落实超出部分资金来源。如果超出幅度在 5% 以上时，应当重新报批调整可行性研究报告。

（4）施工图预算的编制依据：

① 经批准和会审的施工图设计文件及有关标准图集。

② 施工组织设计或施工方案。

③ 建设工程预算定额。

④ 经批准的设计概算文件。

⑤ 地区单位估价表。

⑥ 建设工程费用定额。

⑦ 材料预算价格。

⑧ 预算工作手册。

施工图预算的编制方法有：单价法和实物法。

13.2　民航机场工程施工成本控制

复习要点

1. 施工成本分析方法

民用机场工程施工成本分析中多采用比较法、因素分析法、差额分析法和比率法，不同方法的选择取决于分析的目的、数据的可用性以及所需的详细程度。

（1）比较法是通过对比不同经济指标来分析目标的完成情况和产生差异的原因。

（2）因素分析法将成本的影响因素逐个替换，以分析各个因素对成本的影响程度。

（3）差额分析法是因素分析法的一种简化形式，它关注于分析不同因素与实际值之间的差额。

（4）比率法利用不同指标之间的比例来进行分析，在民用机场工程施工成本分析中，比率法可以应用于不同层面的比较。

2．施工成本控制措施

挣值法是通过分析项目目标实施与项目目标期望之间的差异，从而判断项目实施的费用绩效和进度绩效的一种方法。

常用的偏差分析方法有横道图法、表格法和曲线法。用横道图法进行费用偏差分析，是用不同的横道标识已完工作预算费用（BCWP）、计划工作预算费用（BCWS）和已完工作实际费用（ACWP），横道的长度与其金额成正比例。表格法将项目编号、名称、各费用参数以及费用偏差数综合归纳入一张表格中，并且直接在表格中进行比较。曲线法：在项目实施过程中，计划工作预算费用（BCWS）、已完工作预算费用（BCWP）、已完工作实际费用（ACWP）可以形成三条曲线。

实务操作和案例分析专项练习题

【案例 1】

1．背景

甲施工单位承建某运输机场扩建工程，其公司根据提供的资料，对该项目的施工成本进行了全面分析，寻求进一步降低成本的途径，同时增强项目施工成本的透明度和可控性。当成本目标出现差异时，及时采取成本控制措施加以管控。

2．问题

（1）民用机场工程施工成本分析方法包括哪些？

（2）对比不同经济指标来分析目标的完成情况和产生差异的原因。在民用机场工程施工成本分析中，可以采用哪些对比方式？

（3）施工成本控制措施一般采用什么方法，偏差分析如何表达？

3．分析与答案

（1）民用机场工程施工成本分析方法包括：比较法、因素分析法、差额分析法和比率法。

（2）对比不同经济指标来分析目标的完成情况和产生差异的原因。在民用机场工程施工成本分析中，可以采用以下对比方式：

① 实际指标与目标指标对比：比较实际成本与预期目标成本之间的差异，以了解是否超出了预期，并进一步分析差异的原因。

② 本期实际指标与上期实际指标对比：比较不同时间段内的实际成本，揭示成本的时间趋势和波动情况，有助于分析变化原因。

③ 与行业平均水平或先进水平对比：将成本与同行业其他项目的平均水平或先进水平进行比较，可以评估施工成本是否在合理范围内。

（3）施工成本控制措施一般采用挣值法，偏差分析采用横道图法、表格法和曲线法表达。

【案例 2】

1. 背景

某运输机场扩建工程，某月的实际成本降低额比目标值提高了 20.15 万元，资料如表 13.2-1 所示。

表 13.2-1　降低成本计划与实际对比表

项目	计划	实际	差异
目标成本（万元）	475	688	+213
降低率（%）	3	5	+2
成本降低额（万元）	14.25	34.4	+20.15

2. 问题

（1）试述差额分析法的基本理论。

（2）根据表中资料，用差额分析法分析目标成本和成本降低率对成本降低额的影响程度。

3. 分析与答案

（1）差额分析法是因素分析法的一种简化形式，它关注于分析不同因素与实际值之间的差额。这种方法可以用于确定各个因素对成本的影响大小，而无需进行连续的替换计算。

（2）分析目标成本和成本降低率对成本降低额的影响程度：

目标成本增加对成本降低额的影响程度：$(688-475)\times 3\% = 6.39$ 万元；

成本降低率提高对成本降低额的影响程度：$(5\%-3\%)\times 688 = 13.76$ 万元；

以上两项合计为：$6.39 + 13.76 = 20.15$ 万元。

【案例 3】

1. 背景

某空管工程按工程量清单计价，项目发承包双方签订了施工合同，工期为 6 个月。有关工程价款及支付条款约定如下：分部分项工程工程量清单计价合计 80 万元，单价措施项目清单计价合计 6 万元，总价措施项目费用 8 万元，其中安全文明施工费按分部分项工程和单价措施项目费用之和的 5% 计取，除安全文明施工费外的总价措施项目费用不予调整。其他项目清单计价合计 5 万元，规费按人、材、机费和管理费、利润之和的 5% 计取，增值税率为 11%。

施工期间分项工程计划和实际进度如表 13.2-2 所示。

表 13.2-2　施工期间分项工程计划和实际进度

分部分项工程量		第 1 个月	第 2 个月	第 3 个月	第 4 个月	合计
A	计划工程量（万元）	15	15			30
	实际工程量（万元）	10	10	10		30

续表

分部分项工程量		第1个月	第2个月	第3个月	第4个月	合计
B	计划工程量（万元）	5	10	5		20
	实际工程量（万元）	5	5	10		20
C	计划工程量（万元）		10	10	10	30
	实际工程量（万元）		5	10	15	30

在施工期间第 3 个月，发生一项新增分项工程 D。经发承包双方核实确认，其分部分项工程工程量清单计价为 20 万。

2. 问题

（1）该工程签约合同价为多少万元？

（2）截止到第 2 个月末，分项工程 B 的进度偏差为多少万元？分项工程 B 进度是提前还是滞后？

（3）新增分项工程 D 工程费为多少万元？最终工程结算价多少万元？

（计算过程和结果保留三位小数）

3. 分析与答案

（1）工程签约合同价为：$(80+6+8+5)\times(1+5\%)\times(1+11\%)=115.385$ 万元。

（2）分项工程 B 的进度偏差为：$(5+5)-(5+10)=-5$ 万元，滞后；

（3）分项工程 D 工程费：$20\times(1+5\%)\times(1+11\%)=23.310$ 万元；

最终工程结算价为：$(80+6+8+5)\times(1+5\%)\times(1+11\%)+20\times(1+5\%)\times(1+11\%)=138.695$ 万元。

【案例 4】

1. 背景

某运输机场扩建工程，通过招标选择某施工单位承建该工程，工程承包合同中约定的与工程价款结算有关的合同内容有：

（1）场道工程造价 800 万元。

（2）工程预付款为工程造价的 10%，从 3 月起分 4 次扣回。

（3）工程进度款按月结算。

（4）工程质量保修金为合同价的 1.5%。

承包商实际完成产值如表 13.2-3 所示。

表 13.2-3　承包商实际完成产值

月份	2 月	3 月	4 月	5 月	6 月
完成产值（万元）	100	200	200	200	100

2. 问题

（1）该工程预付款为多少？

（2）该工程各月结算工程价款各为多少？

3．分析与答案

（1）工程预付款为 800×10% ＝ 80 万元。

（2）各月结算工程款为：2月为100万元；3月份为：200−80÷4 ＝ 180 万元；4月份为：200−80÷4 ＝ 180 万元；5月份为：200−80÷4 ＝ 180 万元，6月份为：100−80÷4−800×1.5% ＝ 68 万元。

【案例5】

1．背景

某具有民航机场弱电一级资质的施工单位承担了某机场网络交换系统工程，该工程的分项工程主要有桥架安装、光缆施工、设备安装、软件安装、网络安全等。在工程施工过程中项目经理部发现某月的实际成本降低额比目标成本增加了，降低成本目标与实际成本对比资料以及成本降低率如表13.2-4所示。

表13.2-4 降低成本目标与实际对比表

项目	单位	目标	实际
预算成本	万元	112	134
成本降低率	%	3	4
成本降低额	万元	3.36	5.36

2．问题

（1）光缆施工的主要工序有哪些？降低光缆施工费成本的途径主要有哪些？

（2）民用机场工程施工成本分析中多采用哪几种方法？

（3）说明工程项目预算成本和成本降低率的差异分别是多少？

（4）根据表中资料，用"差额分析法"分析预算成本和成本降低率对成本降低额的影响程度。

3．分析与答案

（1）光缆施工的主要工序有：施工准备及预埋管道检查、光缆开盘测试、光缆敷设、光缆接续、测试。

降低光缆施工费成本的途径主要有：人工费控制、材料费控制、施工机械使用费控制。

（2）民用机场工程施工成本分析中多采用比较法、因素分析法、差额分析法和比率法。

（3）该工程项目：

预算成本差异：134−112 ＝ 22 万元；

成本降低率差异：4%−3% ＝ 1%。

（4）预算成本的增加对成本降低额的影响程度：（134−112）×3% ＝ 0.66 万元；

成本降低率提高对成本降低额的影响程度：（4%−3%）×134 ＝ 1.34 万元；

以上两项合计：0.66 ＋ 1.34 ＝ 2 万元。

其中，成本降低率提高是实际成本降低额比目标成本降低额增加的主要原因，所以应进一步寻找成本降低率提高的原因。

13.3　民航机场工程变更管理

复习要点

1. 民航建设工程概算调整条件

（1）国家政策性调整。

（2）经批准进行了重大设计变更。

（3）主要材料、设备价格上涨超出原批准概算。

（4）发生不可抗力的自然灾害。

（5）汇率变化。

2. 调整概算文件主要包括的内容

（1）调整概算汇总表。

（2）单位工程调整概算明细表。

（3）投资增加原因分析。

（4）有关附表及附件。

3. 重大设计变更的概念

民航建设工程设计变更分为重大设计变更和一般设计变更。有下列情形之一的属于重大设计变更：

（1）增加或减少单项工程项目内容的。

（2）影响到结构安全、使用安全、运行效率、系统性能的。

（3）单项工程设计变更后，投资超过该单项工程批准概算 5% 的。

除重大设计变更外的其他设计变更为一般设计变更。

实务操作和案例分析专项练习题

【案例 1】

1. 背景

某运输机场机坪扩建工程，由于初步设计和施工图设计均未考虑原有机坪下部排水沟延伸，为了解决原有机坪的排水功能，在新建机坪内设计变更 300m 排水沟延伸，增加排水工程单项，变更造成现有工程概算超出 20%。

2. 问题

（1）该变更属不属于重大设计变更，为什么？

（2）重大设计变更的情形包括哪些，需要提交哪些资料？

（3）有哪些原因，需对原批准概算进行调整？

3. 分析与答案

（1）属于，因为新增排水工程单项内容，超过概算 5%。

（2）重大设计变更的情形包括：

① 增加或减少单项工程项目内容的。

② 影响到结构安全、使用安全、运行效率、系统性能的。

③ 单项工程设计变更后，投资超过该单项工程批准概算 5% 的。

重大设计变更经项目法人审查后，向原设计审批部门提出变更申请，并提交以下申请材料：

① 设计变更申请书，包括：拟变更设计的工程名称、工程的基本情况、变更的主要内容及主要理由等。

② 与原批准项目的内容、规模、单价、概算等的对照清单（表）。

③ 重大设计变更的设计文件。

（3）下列原因（合同已约定的除外），致使工程实际投资与原批准概算发生变化，需对原批准概算进行调整：

① 国家政策性调整。

② 经批准进行了重大设计变更。

③ 主要材料、设备价格上涨超出原批准概算。

④ 发生不可抗力的自然灾害。

⑤ 汇率变化。

【案例 2】

1. 背景

某运输机场扩建工程，在新建 4 个滑行道道口时，建设单位考虑不停航施工时间受限，要求设计单位将原初步设计和施工图设计中两层水稳层取消一层，并抬高现有的土方高程；设计单位以重大设计变为由，拒绝了建设单位要求。

本次扩建工程采用单价合同计价模式，合同约定，当实际工程量增加或减少超过清单工程量时，合同单价予以调整，调整系数为 0.95 或 1.05；合同履行过程中，施工单位对清单工程量进行复核发现钢筋实际工程量为 5000t，钢筋清单工程量为 5600t；土方实际工程量 10000m³，土方清单工程量为 8000m³。施工单位向建设单位提交了工程价款调整申请。

2. 问题

（1）设计单位拒绝建设单位做法是否正确？为什么？

（2）施工单位的钢筋和土方工程价款是否可以调整？为什么？

3. 分析与答案

（1）正确，因为取消原设初步设计和施工图设计中原有结构层，影响到结构安全，属于重大设计变更，需要按照规定程序办理。

（2）钢筋可以调整：因为（5600－5000）/5600 ＝ 10.7% ＞ 5%；

土方工程可以调整：因为（10000－8000）/8000 ＝ 25% ＞ 5%。

【案例 3】

1. 背景

某空管项目，建设单位采用工程量清单方式招标，并与施工单位按《建设工程施工合同（示范文本）》签订了工程承包合同。施工承包合同约定：管理费和利润按人工费和施工机使用费之和的 40% 计取，规费和税金按人材机费、管理费和利润之和的 11% 计取。人工费平均单价按 120 元／工日计，通用机械台班单价按 1000 元／台班计，人员窝工、通用机械闲置补偿按其单价的 60% 计取，不计管理费和利润。各分部分项工程施工均发生相应的措施费，措施费按其相应工程费的 30% 计取，对工程量清单中采用材料暂估价格确定的综合单价，如果该种材料实际采购价格与暂估价格不符，以直接在该综合单价上增减材料价差的方式调整。

施工过程发生如下事件：

事件 1：施工前施工单位编制了工程施工进度计划（见图 13.3-1）和相应的设备使用计划，项目监理机构对其核对时，该工程的 B、E、I 工作均需使用一台特种设备吊装施工，施工承包合同约定该台特种设备由建设单位租赁，供施工单位无偿使用。

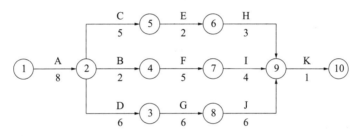

图 13.3-1 工程施工进度计划（单位：d）

事件 2：由于建设单位办理变压器增容原因，施工单位 A 工作实际开工时间比已签发的开工令确定的开工时间推迟了 5d，并造成施工单位人员窝工 135 个工日，通用机械闲置 5 个台班。施工进行后，建设单位对 A 工作提出设计变更，该变更比原 A 工作增加了人工费 5000 元、材料费 30000 元、施工机具使用费 2000 元，并造成通用机械闲置 10 个台班，工作时间增加 10d。A 工作完成后，施工单位提出如下索赔：① 推迟开工造成人员窝工、通用机械闲置和拖延工期 5d 的补偿；② 设计变更造成增加费用、通用机械闲置和拖延工期 10d 的补偿。

2. 问题

（1）事件 1 中，在图 13.3-1 所示施工进度计划中，受特种设备资源条件的约束，应如何完善进度计划才能反映 B、E、I 工作的施工顺序？

（2）事件 2 中，依据施工承包合同，分别指出施工单位提出的两项索赔是否成立，说明理由。A 工作设计变更可索赔费用数额是多少，可批准的工期索赔为多少天？说明理由。

（计算过程和结果保留 3 位小数）

3. 分析与答案

（1）进度计划如图 13.3-2 所示。

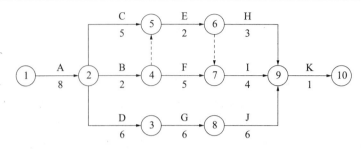

图 13.3-2　完善后的进度计划（单位：d）

（2）推迟开工造成人员窝工、通用机械闲置增加费用和拖延工期 5d 的补偿索赔均成立，因为开工时间推迟是建设单位造成的。

因设计变更造成增加费用、通用机械闲置和拖延工期 10d 的补偿索赔均成立，因设计变更为建设单位责任，且 A 为关键工作。

可索赔金额：$\{[5000+30000+2000+(5000+2000)\times40\%]\times1.3+10\times1000\times60\%\}\times1.11=64091.4$ 元。可索赔工期：10d。

【案例 4】

1. 背景

某新建民用机场设计年旅客吞吐量 1300 万人次。经招标，A 单位承担了离港系统和航显系统的深化设计与施工。施工过程中发生以下事件：

事件 1：A 单位在图纸深化设计时，发现招标文件中离港系统工程量清单遗漏了防火墙设备，于是建议按设计图纸增加与航显系统工程量清单中同型号的设备，并附注了该防火墙设备的报价。经建设单位同意，A 单位按监理工程师要求提交了相关工程价款的变更申请。

事件 2：建设单位向本省工程安全质量监督站申请了本次新建机场全部工程的质量监督。

事件 3：施工过程中，质量监督机构对 A 单位进行质量监督检查时，检查了以下事项：① 企业资质及人员配备情况；② 工程技术标准及施工图设计文件的实施情况；③ 执行国家有关规范、标准情况；④ 相关法律法规和技术资料的收集、整理情况。

2. 问题

（1）事件 1 中，A 单位应申请购买几台防火墙设备？说明理由。

（2）事件 1 中，如何确认工程变更申请中的设备价格？并写出此类项目工程变更价款的调整原则。

（3）指出事件 2 中建设单位存在的错误，写出正确的做法。

（4）事件 3 中，质量监督机构检查的主要事项还有哪些？

3. 分析与答案

（1）购买数量：两台。

理由：年旅客吞吐量 1300 万人次的机场离港系统属于 B 类系统，按规定离港系统应独立组网，采用双机热备冗余配置。

（2）设备价格：使用航显系统投标文件中同型号设备的价格。

调整原则：

① 已标价工程量清单中有适用于变更工程项目的，采用该项目的单价。

② 已标价工程量清单中没有适用但有类似于变更工程项目的，可在合理范围内参照类似项目的单价。

③ 已标价工程量清单中没有适用也没有类似于变更工程项目的，应由承包人提出综合单价，经发包人确认后执行。

（3）存在的错误：将民航专业工程向本省工程安全质量监督站申请质量监督。

正确做法：非民航专业工程质量监督应向本省工程安全质量监督站申请，民航专业工程质量监督应向所在地的民航地区管理局工程质量监督机构申请。

（4）质量监督机构检查的主要事项：

① 施工组织设计和（或）施工方案审批及执行情况；② 已完分项、分部工程及隐蔽工程的检验、验收情况；③ 施工过程中的质量问题整改和质量事故处理情况。

4. 解析

（1）《民用运输机场航站楼离港系统工程设计规范》MH/T 5003—2016规定：年旅客吞吐量 p 在 $4000 > p \geqslant 1000$ 万人次的机场，应选用 B 类离港系统，应独立组网，即网络交换设备、网络管理设备及主干接入设备均单独设立，且应通过网络安全设备－防火墙与其他业务网络连接；网络交换机应采用双机热备冗余配置。因每台网络交换机均需通过防火墙后才能与其他网络连接，故防火墙也需采用双机热备冗余配置，需购买两台。

（2）依据《民航专业工程工程量清单计价规范》MH 5028—2014规定，工程变更引起已标价工程量清单项目或其工程数量发生变化时，该项目单价的确定应按下列规定进行：

① 工程量偏差低于15%，且已标价工程量清单中有适用于变更工程项目的，采用该项目的单价。

② 已标价工程量清单中没有适用但有类似于变更工程项目的，可在合理范围内参照类似项目的单价。

③ 已标价工程量清单中没有适用也没有类似于变更工程项目的，应由承包人提出综合单价，经发包人确认后执行。

因两台防火墙增加的工程量远低于该工程量的15%，且决定选用与该项目中航显系统投标文件中同型号防火墙，故本项变更对应的单价确定方法应按上文规定（1）执行。

（3）为完成新机场的建设，需要开展多个工程建设项目。除机场场道工程、目视助航工程、民航专业弱电系统工程、民航空管工程等民航专业工程外，还有航站楼土建、机务维修设施基础建设、水暖电气设备安装等各类非民航专业工程。民航专业工程与非民航专业工程质量监督部门不同，非民航专业工程的质量监督由本省工程安全质量监督站负责，民航专业工程的质量监督由所在地的民航地区管理局工程质量监督机构负责。

（4）A单位承担的离港系统和航显系统工程施工属于民航专业工程，依据《运输机场专业工程建设质量和安全生产监督管理规定》，委托的质量监督机构可以采取随机抽查、联合检查、专项检查等方式对参建单位实施监督检查。

【案例 5】

1．背景

某施工单位在运输机场目视助航工程概算 1.3 亿元。施工过程中，建设单位要求预留 A-SMGCS 高级地面监视引导系统安装条件，具体内容以设计图纸为准，预计增加 0.08 亿元。

2．问题

（1）民航建设工程设计变更分为哪几类？

（2）上述变更属于哪一类变更？说明原因。

（3）该变更需要提交哪些申请材料？

3．分析与答案

（1）民航建设工程设计变更分为重大设计变更和一般设计变更。

（2）上述变更属于重大设计变更。因为满足下列情形之一的属于重大设计变更：

① 增加或减少单项工程项目内容的。

② 影响到结构安全、使用安全、运行效率、系统性能的。

③ 单项工程设计变更后，投资超过该单项工程批准概算 5% 的。

该变更投资为原概算的 6.15%，大于 5%，满足情形③，故属于重大设计变更。

（3）该变更属于重大设计变更，应提交的申请材料：

① 设计变更申请书，包括：拟变更设计的工程名称、工程的基本情况、变更的主要内容及主要理由等。

② 与原批准项目的内容、规模、单价、概算等的对照清单（表）。

③ 重大设计变更的设计文件。

第14章 施工安全管理

14.1 民航机场工程施工安全保障体系

微信扫一扫
在线做题 + 答疑

复习要点

1. 各参建单位的施工安全责任

（1）建设单位对专业工程建设项目安全生产负全面管理责任，应当设置安全管理机构或者配备专职安全生产管理人员，建立健全安全生产管理制度，组织开工前检查，组织开展项目安全风险管理，编制应急预案，组织应急演练和有关教育培训，组织安全检查。

（2）监理单位承担专业工程建设项目安全生产监理责任，应当对项目安全生产条件和施工单位的安全保证体系、施工组织设计、专项施工方案、安全生产管理人员配备等内容进行审核；应当按规定进行安全生产日常巡视检查，对危险性较大的工程以及其他规定要求的工程进行旁站和安全验收；组织或参加各类安全检查。

（3）施工单位对施工现场的安全生产负主体责任，应当设置现场安全管理机构，制定项目安全生产管理制度和操作规程，保障项目施工安全生产条件，落实项目安全生产责任制，配足项目专职安全生产管理人员，组织制定本合同段应急预案并定期演练；应当按规定组织开展各类安全自查，接受各类安全检查。

2. 安全检查的主要内容

（1）查思想。

（2）查管理。

（3）查隐患。

（4）查整改。

（5）查事故处理。

3. 应急预案

民航应急预案按照制定主体分为民航管理部门应急预案与企事业单位应急预案两大类：

（1）民航管理部门应急预案主要包括总体应急预案与专项应急预案。总体应急预案是各级民航管理部门开展应急处置工作的总体制度安排，专项应急预案是为应对涉及民航某一类型或几种类型的突发事件，或者协助和配合国家、地方人民政府及相关部门开展应急处置工作而预先制定的涉及多个部门职责的工作方案。

（2）民航企事业单位应急预案主要包括综合应急预案与专项应急预案，侧重于明确应急响应责任人、风险隐患监测、信息报告、预警响应、应急处置的具体程序和措施、应急资源调用原则等。

4. 危险性较大工程的安全管理

危险性较大工程的安全管理包括：前期保障、专家论证、现场安全管理等内容。

实务操作和案例分析专项练习题

【案例 1】

1. 背景

某运输机场扩建工程，建设单位、施工单位和监理单位分别建立了安全责任制，施工单位项目负责人组织，专职安全员及相关专业人员参加，定期进行并填写检查记录；对检查中发现的事故隐患下达隐患整改通知单；施工单位针对本工程编制了应急预案。

2. 问题

（1）施工单位安全责任是什么，包括哪些内容？

（2）施工单位安全检查的主要内容包括哪些？

（3）施工单位应急预案的编制应符合哪些基本要求？

3. 分析与答案

（1）施工单位对施工现场的安全生产负主体责任，应当设置现场安全管理机构，制定项目安全生产管理制度和操作规程，保障项目施工安全生产条件，落实项目安全生产责任制，配足项目专职安全生产管理人员，组织制定本合同段应急预案并定期演练；应当按规定组织开展各类安全自查，接受各类安全检查。

（2）安全检查的主要内容包括：

① 查思想：检查企业领导和员工对安全生产方针的认识程度，建立健全安全生产管理和安全生产规章制度。

② 查管理：主要检查安全生产管理是否有效，安全生产管理和规章制度是否真正得到落实。

③ 查隐患：主要检查生产作业现场是否符合安全生产要求，检查人员应深入作业现场，检查工人的劳动条件、卫生设施、安全通道，零部件的存放、防护设施状况、电气设备等。要特别注意对一些要害部位和设备加强检查。

④ 查整改：主要检查对过去提出的安全问题和发生生产事故及安全隐患是否采取了安全技术措施和安全管理措施，进行整改的效果如何。

⑤ 查事故处理：检查对伤亡事故是否及时报告，对责任人是否已经做出严肃处理。在安全检查中必须成立一个适应安全检查工作需要的检查组，配备适当的人力物力。检查结束后应编写安全检查报告，说明已达标项目、未达标项目、存在问题、原因分析，做出纠正和预防措施的建议。

（3）施工单位应急预案的编制应符合下列基本要求：

① 有关法律、法规、规章和标准的规定。

② 本地区、本部门、本单位的安全生产实际情况。

③ 本地区、本部门、本单位的危险性分析情况。

④ 应急组织和人员的职责分工明确，并有具体的落实措施。

⑤ 有明确、具体的应急程序和处置措施，并与其应急能力相适应。

⑥ 有明确的应急保障措施，满足本地区、本部门、本单位的应急工作需要。

⑦ 应急预案基本要素齐全、完整，应急预案附件提供的信息准确。

⑧ 应急预案内容与相关应急预案相互衔接。

【案例 2】

1. 背景

某运输机场扩建工程，施工单位在施工过程中因工人违章作业，导致 1 人死亡，1 人重伤，造成直接经济损失 500 万元，施工单位第一时间向有关单位汇报了事故情况，并开展组织了相关抢救，将伤者送往医院，对事发地进行封闭管控和保护。

2. 问题

（1）该起安全事故属于什么等级？为什么？

（2）事故发生后，需第一时间向政府相关部门报告事故情况，事故报告应包括哪些内容？

（3）事故隐患整改要执行"三定"的原则，"三定"指的是什么？

3. 分析与答案

（1）该起事故属于一般事故，因为根据《安全生产事故报告和调查处理条例》规定，3 人以下死亡，或者 10 人以下重伤，或者 1000 万元以下直接经济损失的事故属于一般事故。

（2）事故报告应包括以下内容：

① 发生事故的工程名称、工程规模。

② 事故发生的时间、地点。

③ 事故的简要经过、伤亡人数、直接经济损失和初步估计。

④ 事故原因、性质和初步判断。

⑤ 事故抢救处理的情况和已采取的措施。

⑥ 需要有关部门和单位协助事故抢救、处理的相关事宜。

⑦ 事故的报告单位、签发人的时间。

（3）事故隐患整改要执行"三定"原则指的是定整改责任人、定整改时间、定整改措施。

【案例 3】

1. 背景

甲施工单位承接某运输机场机坪扩建工程。在建设单位指定的地点建设施工临时设施，包括：生活区、办公区、钢筋加工厂、搅拌站等，整个临时用电设备有 40 台，总容量达到 400kW。甲施工单位按照规定编制了临时用电施工组织设计，并通过监理单位审核。

2. 问题

（1）在什么情况下编制临时用电施工组织设计？什么情况下编制安全用电技术措施和电气防火措施？

（2）临时用电施工组织设计的包括哪些内容？

（3）临时用电检查验收主要包括哪些内容？

3．分析与答案

（1）临时用电设备在 5 台及其以上或设备总容量在 50kW 及其以上者，应编制临时用电施工组织设计；临时用电设备不足 5 台和设备总容量不足 50kW 者，应编制安全用电技术措施和电气防火措施。

（2）临时用电施工组织设计的包括：

① 现场勘测。

② 确定电源进线、变电所或配电室、配电装置、用电设备位置及线路走向。

③ 进行负荷计算。

④ 选择变压器。

⑤ 设计配电系统。

⑥ 设计防雷装置。

⑦ 确定防护措施。

⑧ 制定安全用电措施和电气防火措施。

（3）临时用电检查验收主要包括：

① 接地与防雷。

② 配电室与自备电源。

③ 各种配电箱、开关箱。

④ 配电线路、变压器、电气设备安装。

⑤ 电气设备调试、接地电阻测试记录等。

【案例 4】

1．背景

某空管单位拟更新运营机场自动气象观测系统。在编制不停航施工方案后，项目经理计划邀请 5 名专家对该方案进行论证，计划邀请本项目建设单位中 2 位高级工程师，当地机场单位 2 位高级工程师和 1 名中级工程师。

2．问题

（1）是否要上报危大工程专项施工方案？

（2）专家组成员是否合理？

3．分析与答案

（1）需要报危大工程专项施工方案，不停航施工属于超过一定规模的危险性较大工程，需编制危大工程专项施工方案后还需要进行专家论证。

（2）专家组成员中本项目建设单位中 2 位高级工程师、当地机场单位 1 名中级工程师不合理，根据《民航专业工程危险性较大的工程安全管理规定（试行）》，专家组成员应当符合专业要求且人数不得少于 5 名，具有高级专业技术职称且有丰富的设计、施工或管理经验。危大工程所属项目参建各方的人员不得以专家身份参加专家论证会。

【案例 5】

1. 背景

A 施工单位通过招标投标方式中标某新建机场行李处理系统工程，成为施工总承包商。

项目开工前，监理机构编制了项目安全生产监理检查制度，规定每季度组织一次建设单位和施工单位参加的安全检查，检查内容包括施工单位基础管理检查和施工现场检查。

A 施工单位在开工前进行了施工安全自查，发现其防护用品采购时查验的内容不完善。

2. 问题

（1）监理机构编制的项目安全生产监理检查制度内容规定正确吗？如不正确，应怎样修改？

（2）监理机构组织定期安全检查时，对施工单位基础管理检查应包括哪些方面？

（3）施工单位采购劳动防护用品时，应当查验哪些内容？

3. 分析与答案

（1）不正确。依据《运输机场专业工程参建单位施工安全自查指南（试行）》规定，监理单位应每月至少组织一次建设单位和施工单位参加的安全检查。

（2）依据《运输机场专业工程参建单位施工安全自查指南（试行）》规定，监理机构组织定期安全检查时，对施工基础管理检查应包括如下方面：

① 安全生产条件。

② 安全生产管理制度。

③ 安全技术管理。

④ 事故隐患治理。

⑤ 分包队伍管理。

⑥ 档案管理。

（3）依据《民航专业工程劳动防护用品管理规范（试行）》规定，采购劳动防护用品时，应当查验如下内容：

① 劳动防护用品生产厂家（供货商）的生产、经营资格。

② 验明商品合格证明和商品标识。

③ 根据防护需求，要求劳动防护用品生产厂家（供货商）提供法定检验机构出具的检验报告。

【案例 6】

1. 背景

某单位中标某新建 4E 级机场目视助航设施工程项目，施工单位为确保工程顺利开工，开展了安全检查。

2. 问题

（1）施工单位开工前应开展哪些安全检查？

（2）安全自查主要包括哪些类型？

（3）施工的安全责任有哪些？

3. 分析与答案

（1）工程项目开工前，施工单位应当对安全生产条件落实情况、施工现场安全生产准备情况进行自查。

（2）安全自查主要包括：开（复）工前安全检查、定期安全检查、不定期安全检查、日常安全巡视检查。

（3）施工单位对施工现场的安全生产负主体责任，应当设置现场安全管理机构，制定项目安全生产管理制度和操作规程，保障项目施工安全生产条件，落实项目安全生产责任制，配足项目专职安全生产管理人员，组织制定本合同段应急预案并定期演练；应当按规定组织开展各类安全自查，接受各类安全检查。

【案例 7】

1. 背景

某单位中标某 4E 级机场目视助航设施工程改（扩）建项目，该项目为不停航施工。工程内容包括：滑行道中线灯、滑行道边灯、中间等待位置灯、隔离变压器箱、隔离变压器。

2. 问题

（1）施工单位应编制哪些危险性较大的工程专项施工方案，是否需要专家论证？

（2）简述危险性较大的工程专项施工方案审批程序？

3. 分析与答案

（1）施工单位应编制不停航施工专项方案，因不停航施工属于超过一定规模的危险性较大的工程，此方案需要专家论证。

（2）危大工程专项施工方案应当由施工单位技术负责人审查签字、加盖单位公章，并由总监理工程师审核签字、加盖执业印章后方可实施。超过一定规模的危大工程专项施工方案，在施工单位审查、总监理工程师审核后，施工单位还应当组织召开专家论证会，经建设单位审批后方可实施。

14.2 民航机场工程不停航施工管理

复习要点

1. 民航机场工程不停航施工管理

机场管理机构负责不停航施工期间的机场运行安全，各参建单位应当服从机场管理机构的统一协调和管理，落实不停航施工管理的有关要求。

机场不停航施工工程主要包括：飞行区土质地带大面积沉陷的处理工程，围界、飞行区排水设施的改造工程等；跑道、滑行道、机坪的改（扩）建工程；扩建或更新改造助航灯光及电缆的工程；影响民用航空器活动的其他工程。

2．民航机场工程不停航施工的特点

与正常条件下施工组织相比，不停航施工的主要特点：

（1）施工单位要加强与相关单位的协调与沟通，如每日进出场需与机场管理机构等部门联系。

（2）根据不停航施工的特点，如非连续、间断性作业、夜间施工、每班施工时间限定等，合理安排施工进度，各道工序必须紧凑，施工进度要快。要考虑特殊施工（铣刨接坡处理）所花费时间。

（3）加强施工现场管理，在夜间施工、平行与交叉施工、施工进度要求较快等不利条件下，做到机械设备、人员及工序的有效协调，使各个施工工序有序进行。

（4）根据不停航施工的特点，有针对性地制定施工质量管理措施，对施工质量严格控制。

（5）根据不停航施工的特点，制定严格的安全管理措施，确保航空器的飞行安全。

3．不停航施工的申请与批准

不停航施工由机场管理机构负责统一向机场所在地管理局申请。因不停航施工需要调整航空器起降架次、航班运行时刻、机场飞行程序和运行最低标准的，机场管理机构应当按照有关规定执行。不停航施工工程为超过一定规模的危险性较大的工程，需要遵守《民航专业工程危险性较大的工程安全管理规定（试行）》的规定。

4．不停航施工机场开放的条件

不停航施工对航空器飞行安全影响极大，每日机场开放条件极其严格，在施工期间，相关单位应在开航前组织有关方面检查当班区域是否具备开航条件，确保飞行安全。航空器起飞、着陆前 0.5h，施工单位应当完成清理施工现场的工作。

机场开航的条件是：

（1）道面上没有粘结的碎粒和污物，清扫干净。

（2）所有施工机械、设备、工具等退至安全地带。

（3）临时标志符合技术标准。

（4）施工现场符合《运输机场运行安全管理规定》中关于不停航施工管理的一般规定。

（5）若为"盖被子"工程，铺筑后的沥青层碾压密实，平整度好，临时接坡顺直，表面 3cm 以下温度不大于 50℃。

实务操作和案例分析专项练习题

【案例 1】

1．背景

某运输机场改（扩）建工程，建设内容包括：将现有机坪进行扩建，改造滑行道道口，新增 1 条排水沟和改建现有围界，机场管理机构向机场所在地管理局提交了不停航施工申请资料，不停航施工申请经审查批准后，各有关单位严格按照批准的不停航施工组织管理方案实施改扩任务。

2. 问题

（1）机场不停航施工工程主要包括哪些内容？

（2）机场管理机构向管理局申请不停航施工时，应当提交哪些材料？

（3）自受理不停航施工申请之日起，管理局应当多少日内做出许可决定？

3. 分析与答案

（1）机场不停航施工工程主要包括以下内容：

① 飞行区土质地带大面积沉陷的处理工程，围界、飞行区排水设施的改造工程等。

② 跑道、滑行道、机坪的改（扩）建工程。

③ 扩建或更新改造助航灯光及电缆的工程。

④ 影响民用航空器活动的其他工程。

（2）机场管理机构向管理局申请不停航施工时，应当提交以下材料：

① 不停航施工申请书。

② 初步设计批复或者行业审查意见。

③ 机场管理机构与工程建设单位和施工单位（或者工程总承包单位）签订的安全责任书。

④ 不停航施工组织管理方案。

⑤ 不停航施工期间的各类相关应急预案（如通信中断，电缆、光缆等线缆损坏，油气管道泄漏，航空器突发事件，火灾，特殊天气运行，车辆故障等）。

⑥ 调整航空器起降架次、航班运行时刻、机场飞行程序和运行最低标准的有关批准或者决定文件（如有）。

（3）自受理不停航施工申请之日起，管理局应当在15个工作日内做出是否予以许可的决定。15个工作日内不能做出决定的，经管理局负责人批准，可以延长10个工作日，并应当将延长期限的理由及时告知申请人。做出不予许可的书面决定的，应当说明理由。

【案例 2】

1. 背景

某运输机场机坪扩建工程，需扩建5万 m² 机场，迁改2000m 现有机坪围界，新建500m 机场排水沟，机场管理机构会同建设单位、施工单位、空中交通管理部门及其他相关单位共同编制了不停航施工组织管理方案；经批准后，建设单位立即安排施工人员进入隔离区进行施工。

2. 问题

（1）不停行施工期间，哪个单位承担安全管理责任？

（2）不停航施工组织管理方案应包括哪些内容？

（3）背景资料中，建设单位立即安排施工人员进行施工是否正确，为什么？

3. 分析与答案

（1）不停航施工期间，机场管理机构承担不停航施工期间的安全管理责任。

（2）不停航施工组织管理方案应包括以下内容：

① 工程内容、分阶段和分区域的实施方案、建设工期。

② 施工平面图和分区详图，包括施工区域、施工区与航空器活动区的分隔位置、围栏设置、临时目视助航设施设置、堆料场位置、大型机具停放位置、施工车辆和人员通行路线和进出道口等。

③ 影响航空器起降、滑行和停放的情况和采取的措施。

④ 影响跑道和滑行道标志和灯光的情况和采取的措施。

⑤ 需要跑道入口内移的，对道面标志、助航灯光的调整说明和调整图。

⑥ 对跑道端安全区、无障碍物区和其他净空限制面的保护措施，包括对施工设备高度的限制要求。

⑦ 影响导航设施正常工作的情况和所采取的措施。

⑧ 对施工人员和车辆进出飞行区出入口的控制措施和对车辆灯光和标识的要求。

⑨ 防止无关人员和动物进入飞行区的措施。

⑩ 防止污染道面的措施。

⑪ 对沟渠和坑洞覆盖要求。

⑫ 对施工中的飘浮物、灰尘、施工噪声和其他污染的控制措施。

⑬ 对无线电通信的要求。

⑭ 需要停用供水管或消火栓，或消防救援通道发生改变或堵塞时，通航空器救援和消防人员的程序和补救措施。

⑮ 开挖施工时对电缆、输油管道、给水排水管线和其他地下设施位置的确定和保护措施。

⑯ 施工安全协调会议制度，所有施工安全相关方的代表姓名和联系电话。

⑰ 对施工人员和车辆驾驶员的培训要求。

⑱ 航行通告的发布程序、内容和要求。

⑲ 各相关部门的职责和检查的要求。

（3）不正确，根据《运输机场运行安全管理规定》第二百三十四条规定，机场不停航施工经批准后，机场管理应当按照有关规定及时向驻场空中交通管理部门提供相关基础资料，并由空中交通管理部门根据有关规定发布航行通告；涉及机场飞行程序、起飞着陆最低标准等更改的，资料生效后，方可开始施工；不涉及机场飞行程序、起飞着陆最低标准等更改的，通告发布 7d 后方可开始施工。

【案例 3】

1. 背景

某运输机场扩建工程，经过 150d 的日夜奋战，终于完成本次扩建工程的不停航施工任务，建设单位为了后期项目的建设需求，运行期间，计划安排作业人员进入离跑道中心线 75m 以内预埋一条管线；本次不停航施工，施工作业人员和施工车辆严格遵守不停航施工规定，确保了建设任务的顺利完成。

2. 问题

（1）背景资料中，计划预埋管线是否妥当，为什么？

（2）不停航施工，机场开航的条件包括哪些？

3．分析与答案

（1）不妥当。首先，预埋管线内容不在批准的不停航施工许可范围之内；其次，在跑道有飞行活动期间，禁止在跑道端之外 300m 以内、跑道中心线两侧 75m 以内的区域进行任何施工作业。

（2）不停航施工，机场开航的条件包括以下内容：

① 道面上没有粘结的碎粒和污物，清扫干净。

② 所有施工机械、设备、工具等退至安全地带。

③ 临时标志符合技术标准。

④ 施工现场符合《运输机场运行安全管理规定》关于不停航施工管理的一般规定。

⑤ 若为"盖被子"工程，铺筑后的沥青层碾压密实，平整度好，临时接坡顺直，表面 3cm 以下温度不大于 50℃。

【案例 4】

1．背景

某机场已有 1 条 3200m 跑道，因客流量增长较大，计划在禁区外增加 1 条 3400m 跑道，配套建设仪表着陆系统、自动气象观测系统等工程。新增跑道及仪表着陆系统、自动气象观测系统施工时均不影响在用跑道。A 施工单位承接仪表着陆系统及自动气象观测系统工程，准备开工前各项手续。

2．问题

（1）新建空管工程是否涉及不停航施工，是否需要准备不停航施工方案？

（2）列举自动气象观测系统工程的 3 种设备。

3．分析与答案

（1）新建空管工程不涉及不停航施工。不需要准备不停航施工方案。

（2）前向散射仪、云高仪、雨量筒。

【案例 5】

1．背景

某机场已有 1 条 3200m 跑道，仅主降端配有仪表着陆系统，计划在次降端配套建设仪表着陆系统、自动气象观测系统等工程。A 施工单位承接仪表着陆系统及自动气象观测系统工程，在进行下滑台建设过程中吊装下滑铁塔的机械设备工作高度超过了内过渡面和复飞面。航向监控天线基础距跑道端约 220m。

2．问题

（1）下滑台铁塔施工应白天还是晚上施工？请说明理由。

（2）航向台监控天线基础施工在航班运行前需要做哪些措施？

3．分析与答案

（1）晚上施工。在跑道端 300m 以外区域进行施工的，施工机具、车辆的高度以及起重机悬臂作业高度不得穿透障碍物限制面。在跑道两侧升降带内进行施工的，施工机具、车辆、堆放物高度以及起重机悬臂作业高度不得穿透内过渡面和复飞面。施工机具、车辆的高度不得超过 2m，并尽可能缩小施工区域。

（2）在航空器起飞、着陆前 0.5h，施工单位应当完成清理施工现场的工作，包括填平、夯实沟坑，将施工人员、机具、车辆全部撤离施工区域。

【案例 6】

1．背景

甲是某运行中的机场机坪监控和机场围界报警系统工程的项目经理。

本项目需要在飞行区内侧土面区架设若干顶端装有摄像机的立杆。摄像机由施工单位供货。

事件 1：由于工期紧，且本工程大部分线缆埋设位置靠近围界。为保证进度符合计划工期要求，甲在施工组织设计中计划采用挖掘机械直接开挖电缆沟。此作业方法未获监理工程师认可。

事件 2：某个工作日，施工单位一位持有效身份证和临时飞行区通行证的司机驾驶材料供应商的车辆为现场运送光缆，欲从建设单位指定的车辆出入口进入飞行区，被安检员阻止。

事件 3：施工过程中，施工人员发现个别摄像机安装位置需要微调，于是打开镜头盖，通过观察获取的图像来挪动摄像机以确定最佳的立杆安装位置，被监理工程师发现后制止。

2．问题

（1）说明事件 1 中甲在施工组织设计中计划采取的作业方法存在的隐患。

（2）指出对架设的立杆有哪些相关要求。

（3）指出事件 2 中安检员阻止驾驶员及车辆进入的可能原因。

（4）事件 3 中，监理工程师制止施工单位人员的原因是什么？

3．分析与答案

（1）存在以下隐患：

① 可能挖断地下管线（线缆）。

② 挖掘机可能超高。

③ 挖掘机可能对围界附近的导航设备工作产生不良影响。

（2）对架设在飞行区的立杆有以下要求：

① 立杆高度应符合净空要求。

② 立杆应为易折件。

③ 立杆应安装避雷装置。

（3）事件 2 中可能的原因：

① 驾驶员未具备场内驾驶证。

② 车辆无通行证。

③ 车辆未配置相关安全提示装置（灯、标）。

（4）事件 3 中监理工程师阻止施工单位人员的原因是：在搬动、架设摄像机过程中，不得打开镜头盖。

4．解析

该项目是在运营中的机场内施工，属于不停航施工，故该施工应满足考试用书

"14.2 民航机场工程不停航施工管理"中的相关规定，施工活动不能影响机场的正常运行。同时，该施工区域位于接近飞行区围界的土面区，任何施工机具、车辆的高度不应穿透障碍物限制面，施工期间应保护好导航设施临界区、敏感区的场地。

（1）围界附近可能有预埋管线，如围界报警系统的电源线、信号电缆、光缆等，还可能有给水排水地下管网，未经探查直接开挖可能造成预埋线缆、管网被挖断。而且该施工在机场净空区范围内进行，挖掘机的高度不应超出机场净空面；挖掘机还可能干扰邻近围界的跑道的仪表着陆系统信号的传输，影响相关导航设备的正常工作。

（2）根据《民用机场飞行区技术标准》MH 5001—2021 相关规定，机场内设施应符合其净空要求，同时任何位于机场内的障碍物且为底部必须固定的设备和装置，应采用易折结构，故立杆高度应符合机场净空要求且为易折件。飞行区地面空旷，而作为用电设备的摄像头安装在立杆上端，位置较高易遭受雷击，立杆应加装避雷装置。

（3）依据"14.2 民航机场工程不停航施工管理"这一节中的相关规定，进入飞行区从事施工作业的车辆应具备车辆通行证，若驾驶员经过培训具备了机场内驾驶证，可自行驾驶车辆进入。若驾驶员不具备机场内驾驶证，应当由持有机场内车辆驾驶证的机场管理机构人员全程引领。进入飞行区的施工车辆的顶部应当设置黄色的旋转灯，并应当处于开启状态。

（4）为保证摄像机生成图像质量，镜头必须保证清洁。安装过程中，打开镜头盖会造成镜头表面污染，影响成像质量。正确的做法是在监控系统安装后，通电进行系统调试。

【案例 7】

1. 背景

某运行的运输机场扩建工程，包含以下单项工程：货库土建及安装工程，货机坪道面工程，目视助航工程，机坪照明及机务用电工程。施工前，机场管理机构组织各施工单位编制了本扩建工程的不停航施工组织管理方案，并经民航地区管理局审核批准。

2. 问题

（1）哪些单项工程应纳入不停航施工管理？

（2）不停航施工组织管理方案的编制，哪些单位应当参加？

3. 分析与答案

（1）货机坪道面工程，目视助航工程，机坪照明及机务用电工程应纳入不停航施工管理。

（2）除各施工单位外，机场管理机构应当会同建设单位、公安消防部门及其他相关单位和部门共同编制不停航施工组织管理方案。

【案例 8】

1. 背景

某 4E 级运输机场跑道延长 300m，施工单位 A 负责场道工程施工，施工单位 B 负责目视助航工程施工。施工前不停航施工组织管理方案已取得民航地区管理局批准。

事件 1：施工单位 A 和 B 按照不停航施工该组织管理方案要求分别编制了不停航施工方案，经公司技术负责人批准后开始了不停航施工。

事件 2：不停航施工申请经民航管理局同意后，随即要求施工单位入场施工，但机场管制单位未同意。

事件 3：根据不停航施工方案，需临时关闭部分跑道和滑行道。

2．问题

（1）请指出事件 1 中的错误，并说明。

（2）请指出事件 2 中机场管制单位不同意的理由。

（3）请列出事件 3 中不停航施工的一般规定的相关要求。

3．分析与答案

（1）事件 1 中不停航施工方案经公司技术负责人批准后开始了不停航施工是错误的。不停航施工属于超过一定规模的危险性较大的工程，不停航施工方案在施工单位审查、总监理工程师审核后，施工单位还应当组织召开专家论证会，经建设单位审批后方可实施。

（2）事件 2 中机场管制单位不同意的理由：

① 不停航施工批准后，机场管理机构应当按照有关规定向相关管制单位提供不停航施工信息。

② 不停航施工批准后，机场管理机构应当按照有关规定及时、准确、完整地向航空情报服务机构提供符合要求的航空情报原始资料。以航行通告形式发布的不停航施工相关信息，应当在航行通告生效时间 24h 以前提供原始资料。航空情报资料或者航行通告生效后，方可开始施工。

（3）事件 3 中不停航施工的一般规定的相关要求为：临时关闭的跑道、滑行道或其一部分，应当按照《民用机场飞行区技术标准》MH 5001—2021 的要求设置关闭标志。已关闭的跑道、滑行道或其一部分上的灯光不得开启。被关闭区域的进口处应当设置不适用地区标志物和不适用地区灯光标志。

【案例 9】

1．背景

某 4E 级运输机场跑道延长 600m，施工单位 A 负责场道工程施工，施工单位 B 负责目视助航工程施工。施工前不停航施工组织管理方案和不停航施工方案均按规定批准审核完毕。

事件 1：施工单位 B 为抢工期，申请在航空器活动期间，在跑道端之外 260m 处进行灯具安装工作。

事件 2：施工单位 A 临时焊接模板，被监理工程师制止。

事件 3：施工单位 A 道面施工完毕后用土工布进行遮盖，被监理工程师制止。

2．问题

（1）事件 1 中，施工单位的申请是否批准，为什么？

（2）事件 2 中，监理工程师制止行为是否正确，为什么？

（3）事件 3 中，监理工程师制止行为是否正确，为什么？

3．分析与答案

（1）事件1中，施工单位的申请不能批准。因为不停航施工的一般规定要求：在跑道有飞行活动期间，禁止在跑道端之外300m以内、跑道中心线两侧75m以内的区域进行任何施工作业。

（2）事件2中，监理工程师制止行为正确。因为不停航施工的一般规定要求：未经机场消防管理部门批准，不得使用明火，不得使用电、气进行焊接和切割作业。

（3）事件3中，监理工程师制止行为正确。因为土工布属于易漂浮物，不停航施工的一般规定要求：易飘浮的物体、堆放的材料应当加以遮盖，防止被风或航空器尾流吹散。

第 15 章　绿色建造及施工现场环境管理

15.1　绿色施工的基本规定及管理体系

微信扫一扫
在线做题 + 答疑

复习要点

1. 绿色施工的概念和基本要求

绿色施工是指通过科学的施工规划、合理的施工工艺、高效的施工管理和先进适宜的新技术、新材料、新设备、新工艺（以下简称"四新技术"）的应用，实现资源消耗低、环境影响小和以人为本的施工活动。机场绿色施工以施工过程作为管理对象，主要包括：环境保护、资源利用、施工设备的选择与使用等。

机场绿色施工应遵循因地制宜、统筹兼顾、资源节约、环境友好、以人为本的基本要求，施工中应推行工地建设、施工工艺和施工管理的标准化，推行材料、构（配）件加工的工厂化；优化施工组织和工艺流程，采用先进适宜的四新技术；开挖工程应核实既有地下管网，并做好保护或迁移工作；推行机场施工信息化管理，实现施工过程的实时监测、监控和可追溯性。

2. 民航机场工程绿色施工管理体系

工程项目应建立绿色施工体系，建设单位负责统筹组织，监理单位负责实施监督，施工单位具体实施，勘察设计单位和其他单位配合实施；应将机场绿色施工的相关内容分解到相应的管理目标中，将绿色施工嵌入管理体系，实行动态管理。

3. 民航机场工程绿色施工评价

绿色施工评价主要节点包括：施工准备、施工过程和施工验收。绿色施工宜由施工单位组织阶段性自评，或由建设单位、主管单位组织第三方机构进行评价，评价机构应按照申请方提交的报告、文件进行审查和现场核查，出具评价报告、确定等级。

绿色施工评价体系由各单项工程绿色施工评价表构成，评定结果为分值。绿色施工分为不合格、合格、优良三个等级。

实务操作和案例分析专项练习题

【案例 1】

1. 背景

某新建运输机场工程，为践行绿色施工，参建单位均按要求建立绿色施工管理体系，并基于自愿的原则，对施工准备、施工过程和施工验收等主要节点进行绿色施工评价。经过评定，本工程绿色施工为优良等级。

2. 问题

（1）绿色施工是指什么？

（2）绿色施工，施工单位的职责包括哪些内容？

（3）绿色施工评价的等级如何划分？

3．分析与答案

（1）绿色施工是指通过科学的施工规划、合理的施工工艺、高效的施工管理和先进适宜的四新技术的应用，实现资源消耗低、环境影响小和以人为本的施工活动。机场绿色施工以施工过程作为管理对象，主要包括：环境保护、资源利用、施工设备的选择与使用等。

（2）绿色施工，施工单位的职责包括：

① 建立以项目经理为第一责任人的绿色施工管理责任制。总承包单位对绿色施工负总责，专业分包单位对所承包工程的绿色施工承担第一责任，总承包单位承担连带责任。

② 设定绿色施工目标，建立绿色施工组织保障体系。

③ 编制绿色施工专项方案，开展绿色施工组织设计。

④ 根据绿色施工要求开展施工图纸会审和深化设计，工程技术交底应包含绿色施工内容。

⑤ 制定环境保护、职业健康与安全等突发事件的应急预案。

⑥ 组织绿色施工教育培训，提高施工人员的绿色施工意识。

⑦ 设置绿色施工公告栏，及时发布绿色施工动态信息。

⑧ 加强对绿色施工策划、施工准备、材料采购、现场施工与工程验收等过程的动态监控，定期开展自查、考核和评价工作。

⑨ 形成并保存绿色施工记录。

（3）绿色施工评价体系由各单项工程绿色施工评价表构成，评定结果为分值。绿色施工分为不合格、合格、优良三个等级，绿色施工总分在 60 分以下时为不合格，60 分（含）到 85 分之间为合格，85 分（含）以上时为优良。

【案例 2】

1．背景

施工单位承接了空管项目，包括：飞行区、航管楼内涉及的仪表着陆系统、自动气象观测系统、VHF、语音交换系统等工程。在签订施工合同时，建设单位与施工单位约定本项目需要绿色施工。在进飞行区内施工时，配备一辆排放量满足国标要求的车辆，同时配备了扫把、抽水泵。

2．问题

（1）列举 3 项民航机场工程绿色施工管理体系施工单位的职责。

（2）本工程中包含哪些绿色施工措施？

3．分析与答案

（1）施工单位的职责：

① 建立以项目经理为第一责任人的绿色施工管理责任制。总承包单位对绿色施工负总责，专业分包单位对所承包工程的绿色施工承担第一责任，总承包单位承担连带责任。

② 设定绿色施工目标，建立绿色施工组织保障体系。

③ 编制绿色施工专项方案，开展绿色施工组织设计。

④ 根据绿色施工要求开展施工图纸会审和深化设计，工程技术交底应包含绿色施工内容。

⑤ 制定环境保护、职业健康与安全等突发事件的应急预案。

⑥ 组织绿色施工教育培训，提高施工人员的绿色施工意识。

⑦ 设置绿色施工公告栏，及时发布绿色施工动态信息。

⑧ 加强对绿色施工策划、施工准备、材料采购、现场施工与工程验收等过程的动态监控，定期开展自查、考核和评价工作。

⑨ 形成并保存绿色施工记录。

（2）施工场地扬尘污染及扩散，如撤场时对汽车轮胎的清扫；节能与能源利用，如采用排放量满足国标要求的车辆；节水与水资源利用，如利用抽水泵现场取用排水沟水进行清扫。

【案例 3】

1. 背景

某新建民用机场，某施工单位中标航站楼安防监控系统和飞行区围界安防系统工程，建设单位在招标文件中明确绿色施工要求，施工单位按照设定绿色施工目标，建立绿色施工组织保障体系，编制绿色施工专项施工方案。经审核，监理单位要求施工单位绿色施工专项方案中完善关于扬尘污染、噪声污染和节能环保的措施。

2. 问题

（1）控制航站楼施工现场扬尘污染及扩散措施有哪些？

（2）控制噪声污染有哪些措施？

（3）节能环保的专项措施有哪些？

3. 分析与答案

（1）控制航站楼施工现场扬尘污染及扩散措施：

① 应根据用途对场内施工道路进行适宜的硬化处理，并定期洒水、清扫。

② 对裸露场地和集中堆放的土石方应采取覆盖、绿化或固化等措施。

③ 对易产生扬尘的材料和作业应采取遮挡、苫盖、洒水等降尘措施。

④ 对易产生扬尘的施工车辆应采取封闭措施，并在出口处设置车辆清洗设施。

⑤ 露天作业时，应根据天气预报及时调整作业计划；因天气原因易造成施工扬尘时应暂停施工作业。

⑥ 宜采取技术手段对工地扬尘进行监控。

（2）控制噪声污染措施：

① 合理安排施工时间。

② 使用低噪声、低振动的机械设备。

③ 既有机场改（扩）建应进行噪声动态监测。

④ 对产生噪声污染的作业，应采取减噪、隔声、吸声等措施。

（3）节能环保的专项措施：

① 应制定施工能耗控制指标，并纳入施工组织设计；应进行施工能源计量管理，

并建立记录台账；对能耗高的施工工艺应制定专项节能措施；应优先使用清洁能源，合理利用可再生能源；施工照明应配置可控制、可调节的节能灯具。

② 施工车辆和机械设备的配置、管理应符合下列要求：选择功率与负载相匹配的机械设备；使用国家、行业鼓励的节能、高效、环保产品；制定合理的作业计划，配备合适的施工机械，提高机械设备的使用率，减少空转率。

【案例 4】

1. 背景

某新建 4C 级机场目视助航设施工程项目，工程内容包括：新建 12 个 4C 机位，一条跑道长度 2800m、宽 45m、道肩 7.5m，机坪两端新建两条垂直联络道，跑道两端设置Ⅰ类精密进近灯光系统。建设单位在工程管理中大力推行绿色施工管理，制定了绿色施工管理体系。

2. 问题

（1）请简述绿色施工管理的基本要求。

（2）绿色施工管理体系中，各参建单位的职责是什么？

3. 分析与答案

（1）机场绿色施工应遵循因地制宜、统筹兼顾、资源节约、环境友好、以人为本的基本要求，施工中应推行工地建设、施工工艺和施工管理的标准化，推行材料、构（配）件加工的工厂化；优化施工组织和工艺流程，采用先进适宜的四新技术；开挖工程应核实既有地下管网，并做好保护或迁移工作；推行机场施工信息化管理，实现施工过程的实时监测、监控和可追溯性。

（2）建设单位的职责为：在招标文件中明确绿色施工要求；制定绿色施工管理规定；会同参建单位接受行政管理部门的监督、检查；组织参建单位开展绿色施工管理与评价工作。

监理单位的职责为：审核绿色施工专项方案或技术措施；开展绿色施工专项监督检查工作；定期或分阶段向建设单位提交绿色施工监理报告。

施工单位的职责为：

① 建立以项目经理为第一责任人的绿色施工管理责任制。总承包单位对绿色施工负总责，专业分包单位对所承包工程的绿色施工承担第一责任，总承包单位承担连带责任。

② 设定绿色施工目标，建立绿色施工组织保障体系。

③ 编制绿色施工专项方案，开展绿色施工组织设计。

④ 根据绿色施工要求开展施工图纸会审和深化设计，工程技术交底应包含绿色施工内容。

⑤ 制定环境保护、职业健康与安全等突发事件的应急预案。

⑥ 组织绿色施工教育培训，提高施工人员的绿色施工意识。

⑦ 设置绿色施工公告栏，及时发布绿色施工动态信息。

⑧ 加强对绿色施工策划、施工准备、材料采购、现场施工与工程验收等过程的动态监控，定期开展自查、考核和评价工作。

⑨ 形成并保存绿色施工记录。

勘察设计单位和其他单位的职责为：设计体现绿色理念，设计文件应涵盖绿色施工要求；配合各单位开展绿色施工。

15.2　施工临时设施现场环境管理

复习要点

1. 施工临时设施一般规定

（1）施工临时设施主要包括生产临时设施与生活临时设施，应统一规划、永临结合。

（2）应控制临时设施用地规模与范围，布局合理、紧凑。

（3）临时设施场地应稳定，并满足安全、防火、卫生、环保等要求；在场地条件允许的前提下，临时设施的地面标高不宜低于场地设计标高，防止出现积水洼地。

（4）主要施工道路和排水系统应遵循永临结合的原则，统一规划、提前建设。排水系统宜以自然排水为主、强制排水为辅；宜充分利用场内原有建（构）筑物，在安全可靠的前提下充分利用原有市政配套设施。

（5）生产临时设施与生活临时设施供电宜分路、单独计量；临时设施用水应集中、定点供应，并安装计量水表。

（6）应结合日照和风向等环境条件，合理布置临时设施建筑物，采用天然采光、自然通风、遮阳等被动式设计。

（7）应设置各种醒目的绿色施工、安全警示标识牌；临时设施场内应进行适宜绿化。

2. 生产临时设施现场管理

（1）生产临时设施场地宜设置在交通便利，供水、供电便捷且紧邻施工作业面的位置。

（2）临时变（配）电设施宜设置在施工用电量大的场地附近，减少线路损耗。

（3）场内水泥混凝土、沥青混凝土宜集中拌合，拌合站的设置与运行应满足国家、行业相关规定。

（4）应采取措施控制扬尘污染，并符合下列要求：宜在料场车辆进出口和卸料区配置喷淋或负压等降尘设备；不宜在现场生产集料和筛分。

（5）材料应集中、分类存放，设置醒目标识，采取保护措施。

（6）沥青存放场地应避免阳光直射，防止受热熔化；油料和化学药剂等存放应符合要求；电气设备应存放在清洁、通风、无腐蚀性气体的库房内。

3. 生活临时设施现场管理

临时办公与生活用房，应符合下列要求：采用经济、适用、美观、紧凑的标准化装配式结构；使用保温、阻燃、防雨、可循环利用的材料；生活区宜集中规划，统一设置厨房，集中供应生活用水。

生活临时设施内应加强环境卫生与排放管理，主要措施包括：① 应设置封闭式垃圾容器，分类收集垃圾，集中、定期清运；②生活污水应进行无害化处理，厨房污水应设置隔油池，应对排污系统进行定期、定点、定人清理和检测；③应实现雨污分流，并对污水排放路线及排放点进行标识与编号；④有条件时应设置水冲式厕所、淋浴间。

临时设施应选用节能型办公设备与灯具，并使用自动控制装置。

实务操作和案例分析专项练习题

【案例1】

1. 背景

某运输机场扩建工程，施工单位进场后，计划在建设单位批准的区域建设临时设施，施工单位现场踏勘发现，该区域地下有一条天然气管线，位于规划临设区的正上方；施工单位临时设施包括生产和生活，分开进行设置，建设严格按照国家、行业相关规定进行建设。

2. 问题

（1）背景资料中，批准的区域适不适合建设临时设施？为什么？

（2）施工临时设施的一般规定包括哪些内容？

（3）生活临时设施管理的主要措施包括哪些内容？

3. 分析与答案

（1）不适合。首先，根据规定，禁止任何单位和个人在5m范围盖房，在50m内修筑大型建筑和构筑物；其次，因为燃气管道是一种重要的设施，燃气管道的损坏和燃气泄漏，会影响燃气的正常输送，会造成严重安全隐患。

（2）施工临时设施的一般规定包括以下内容：

①施工临时设施主要包括生产临时设施与生活临时设施，应统一规划、永临结合。

②应控制临时设施用地规模与范围，布局合理、紧凑。

③临时设施场地应稳定，并满足安全、防火、卫生、环保等要求；在场地条件允许的前提下，临时设施的地面标高不宜低于场地设计标高，防止出现积水洼地。

④主要施工道路和排水系统应遵循永临结合的原则，统一规划、提前建设。排水系统宜以自然排水为主、强制排水为辅；宜充分利用场内原有建（构）筑物，在安全可靠的前提下充分利用原有市政配套设施。

⑤生产临时设施与生活临时设施供电宜分路、单独计量；临时设施用水应集中、定点供应，并安装计量水表。

⑥应结合日照和风向等环境条件，合理布置临时设施建筑物，采用天然采光、自然通风、遮阳等被动式设计。

（3）生活临时设施管理的主要措施包括以下内容：

①应设置封闭式垃圾容器，分类收集垃圾，集中、定期清运。

②生活污水应进行无害化处理，厨房污水应设置隔油池，应对排污系统进行定期、定点、定人清理和检测。

③ 应实现雨污分流，并对污水排放路线及排放点进行标识与编号。

④ 有条件时应设置水冲式厕所、淋浴间。

【案例 2】

1. 背景

甲施工单位承建了某运输机场扩建工程，进场后，安排建设生产和生活临时设施，由于机场提供的场地比较宽敞，建设的拌合站区域内设置了限速 30km/h 标牌，拌合楼和料场利用现有的塘渣面为基础，材料采用集中、分类存放，并采取措施进行保护。

2. 问题

（1）拌合站内车辆限速 30km/h 是否正确？现有料场基础是否需要硬化？

（2）拌合站的设置与运行除满足国家、行业相关规定外，还应符合哪些要求？

（3）材料的保护措施包括哪些内容？

3. 分析与答案

（1）不正确，拌合站内车辆速度宜不大于 15km/h；拌合楼、料场地面与场内道路应进行硬化处理。

（2）拌合站的设置与运行除满足国家、行业相关规定外，还应符合下列要求：

① 拌合站位置宜靠近主体工程施工区域，减少拌合料的运输距离。

② 拌合设备能力应符合施工需要，满足施工高峰期拌合料不间断供给。

③ 合理布局拌合站内的办公区、作业区、材料区及设备停放区，办公区与其他区域间应进行分隔，拌合站四周应设置一定高度的隔离设施。

④ 作业区宜采用不等高平面，由高往低分别设置砂石料场、拌合设备、蓄水池、沉淀池等。

⑤ 拌合楼、料场地面与场内道路应进行硬化处理。

⑥ 拌合设备和配料设备应设在封闭的拌合楼内，并配置除尘设备；卸料口应配备防喷溅设备，生产废渣或堆积物应及时清理，保持料口下方的清洁。

⑦ 拌合站内应设置混凝土泵车、罐车、运输车清洗专区和余料专区。

⑧ 应对沥青混合料拌合过程中产生的烟尘、粉尘进行净化处理。

⑨ 集料、结合料、水、添加剂等应采用电子自动计量；宜设置拌合数据传输系统、视频监控系统以及信息管理系统等。

⑩ 拌合站内车辆速度宜不大于 15km/h。

（3）材料应集中、分类存放，设置醒目标识，采取保护措施，主要包括：露天材料堆放场地应平整坚实，并设置排水坡度；水泥、外加剂和其他细颗粒材料应入库存放，在库外临时存放时应进行苫盖；金属材料应整齐码放并进行苫盖，防止生锈、腐蚀；非金属管道、衬里管道及部件的存放应限制堆码高度，并避免阳光直射和热源辐射。

【案例 3】

1. 背景

某施工单位中标某机场助航灯光升级改造项目，施工单位在建设生活临时设施时，发生如下事件：

事件1：施工单位使用防火等级为B级及以下彩钢板搭设生活临时设施。

事件2：生活临时设施统一排放雨水和污水。

2．问题

（1）事件1中，施工单位做法是否正确？请说明理由。

（2）事件2中，施工单位做法是否正确？请说明理由。

3．分析与答案

（1）事件1中，施工单位做法不正确，依据《建设工程施工现场消防安全技术规范》GB 50720—2011要求，建筑构件的燃烧性能等级应为A级。当采用金属夹芯板材时，其芯材的燃烧性能等级应为A级。

（2）事件1中，施工单位做法不正确，应实现雨污分流，并对污水排放路线及排放点进行标识与编号。

【案例4】

1．背景

某施工单位中标目视助航工程，因工程工期短，该施工单位计划建设一栋集办公、住宿、加工为一体的临时设施。

2．问题

（1）该施工单位临时设施建设是否符合要求，为什么？

（2）生活临时设施内环境卫生与排放管理的主要措施有哪些？

3．分析与答案

（1）不符合要求。生产和生活的临时设施应分开建设。

（2）生活临时设施内环境卫生与排放管理的主要措施包括：

① 应设置封闭式垃圾容器，分类收集垃圾，集中、定期清运。

② 生活污水应进行无害化处理，厨房污水应设置隔油池，应对排污系统进行定期、定点、定人清理和检测。

③ 应实现雨污分流，并对污水排放路线及排放点进行标识与编号。

④ 有条件时应设置水冲式厕所、淋浴间。

15.3　民航机场工程绿色施工实务

复习要点

飞行区工程、航站区工程、弱电系统工程、空管工程及不停航施工，在施工过程中应满足绿色施工相关要求。

1．飞行区工程绿色施工

飞行区工程主要包括：场道工程、目视助航工程和附属设施工程。飞行区工程应制定临时排水方案，备齐充足的防洪、排水器材，保证施工场地排水通畅、不积水、不漫流。

2．航站区工程绿色施工

航站区工程主要包括航站楼及与其结构或功能密切相连的建（构）筑物。航站区施工场地应设置高度不低于 1.8m 的封闭式硬质围挡，并在出口处设置车辆清洗设施；应采取扬尘污染控制措施。

3. 机场弱电系统工程

主要包括：航站区、飞行区、货运区及生产办公区等区域的弱电系统，主要工作内容包括：弱电系统的集成与深化设计、标准化与规范化、效能优化、施工配合、成品保护以及施工过程中的环境保护等。在机场弱电系统施工中，应通过合理确定需求、优化技术方案、规范施工流程与工艺、采用标准化产品等，提高系统的整体性能和运行效率。

4. 空管工程

主要包括：航管小区及塔台、场内通信工程与导航台站、场外导航台站等。项目应制定合理的运输计划，台站建筑材料宜集中运输；导航台站搬迁或改造时，宜充分利用既有建筑物、设施等；室外通信箱和电源箱宜就近设置，实现电井和基础的共用；室外设备的接地系统应采用接地极，在条件允许的前提下，室外地网宜连成一体；通往气象系统外部观测设备的步道，宜采用环保和防滑地坪；场内工程（航管小区与塔台、场内台站）建设应与其他工程同步进行；在台站设备安装前，应对周围电磁环境进行复核；应制定校飞工作预案，并对拟校飞科目按规定开展模拟演练，实现校飞一次通过。

5. 飞行区不停航施工

应合理掌握施工节奏，采取措施保障飞行安全、施工安全，并制定防尘降噪、施工垃圾处理等措施。

实务操作和案例分析专项练习题

【案例 1】

1. 背景

某新建运输机场，第一阶段建设主要内容为场道工程，其中挖填土方量为 6000 万 m^3（包括 40m 高边坡处理区域 1000 万 m^3），由于土石方量比较大，施工单位采取措施防止水土流失和进行扬尘管控，按规定对地表土进行处理。

2. 问题

（1）绿色施工，地表土处理规定包括哪些？

（2）减少土石方工程作业扬尘的措施包括哪些？

（3）防止水土流失的措施包括哪些？

3. 分析与答案

（1）绿色施工，地表土表处理规定：

① 根据地表土的性质与数量，统一规划、分类堆放耕植土，实现耕植土的零废弃。

② 污染土应按相关规定进行专门处理。工程应合理利用现场拆迁及施工中产生的建筑垃圾，填筑用工业废渣经检验合格方可使用。

（2）减少土石方工程作业扬尘的措施：

① 土石方作业粉尘易发区域应及时洒水降尘。

② 土石方运输车辆应采取封闭措施。

③ 在运行的飞行区、航站区等环境敏感区域附近进行土石方作业时，应采取洒水、覆盖等措施。

（3）防止水土流失的措施：

① 采取拦挡、削坡、护坡、截（排）水等保护措施。

② 合理安排施工作业时间，雨天不宜进行土石方作业。

③ 在崩塌、滑坡危险区和泥石流易发区，禁止取土、挖砂和采石。

④ 施工达到设计高程后，土面区应适时绿化。

⑤ 合理确定弃土区的位置，按设计要求进行弃土填筑，及时绿化，防止出现滑坡、泥石流和水土流失。

【案例2】

1. 背景

某运输机场扩建工程，由于本次扩建内容大部分为不停航施工，需要大型施工机械进出隔离区；施工时，可能存在扬尘风险；建设单位要求施工单位按照飞行区不停航绿色施工要求进行严格管控。

2. 问题

（1）飞行区不停航绿色施工，大型施工机械进出场应符合哪些要求？

（2）飞行区不停航绿色施工，应采取的扬尘控制措施主要包括哪些？

3. 分析与答案

（1）飞行区不停航绿色施工，大型施工机械进出场应符合的要求：

① 采用板车拖运。

② 配置起重设备。

③ 穿越跑道、滑行道和站坪时，应采取防护措施，防止对道面的损坏。

④ 设置专职人员对施工路线及时进行清扫。

（2）飞行区不停航绿色施工应采取的扬尘控制措施：

① 对施工区域及道路采取洒水降尘措施。

② 剔凿作业应采取遮挡或洒水等降尘措施。

③ 在施工场地进出口处设置车辆清洗设施。

【案例3】

1. 背景

甲施工单位承担某山区高填方机场建设任务，为了保障场区内交通需求，施工单位在山区合适区域修建8m宽的施工道路；填土区域施工时，为了运输方便和节约运费，甲施工单位在周边已滑坡的山角处取土，用于填方区域土方回填；在基础与道面工程施工阶段，甲施工单位按照飞行区工程绿色施工要求进行管控。

2. 问题

（1）山区高填方机场，施工道路如何布置？

（2）甲施工单位的取土位置是否合适，为什么？

（3）基础与道面工程施工阶段，飞行区绿色施工要求包括哪些？

3. 分析与答案

（1）山区高填方机场，宜将主要施工道路布置在填挖零线附近，以减少道路的改线和工程量。

（2）不合适，因为在崩塌、滑坡危险区和泥石流易发区，禁止取土、挖砂和采石。

（3）在基础与道面工程施工阶段，飞行区绿色施工要求包括：

① 水泥混凝土振捣等设备应采取减噪措施。

② 水泥混凝土道面切缝刻槽等工序应采取节水措施。

③ 水泥混凝土道面刻槽产生的灰浆应即时收集与处理，道面应及时进行清洗。

④ 道面切缝清理应采取吸尘方式。

⑤ 沥青混凝土道面施工应采取安全防护措施，防止施工人员烫伤、受有害气体侵害等。

⑥ 基础和道面施工中的废料应回收、处理。

【案例 4】

1. 背景

施工单位承接飞行区的仪表着陆系统工程。在签订施工合同约定绿色施工，制定环境与文明施工目标。在飞行区内仪表着陆系统工程施工时，采用方舱机房，设备拆除的包装物集中收集带出飞行区处理，飞行校验前利用无人机调试部分参数。

2. 问题

（1）简述场内通信工程及导航台站绿色施工要点。

（2）本工程中包含哪些绿色施工措施？

3. 分析与答案

（1）应根据项目总计划、气象条件，合理安排工期；与其他专业或系统施工交叉作业时应能有效衔接。

（2）无人机飞仪表着陆系统，应制定校飞工作预案，并对拟校飞科目按规定开展模拟演练，实现校飞一次通过。

应对施工过程中的建筑垃圾、余料和包装材料等进行回收、处理与再利用。

采用预制的方舱机房，减少建筑垃圾。

【案例 5】

1. 背景

某机场航站楼改造工程，招标文件要求将原有的 10 条登机桥全部更新换代，某施工单位中标此登机桥工程，该工程为不停航施工。建设单位要求施工单位按照绿色施工的要求合理掌握施工节奏，采取措施保障运行安全、施工安全，并制定防尘降噪、施工垃圾处理等措施。施工单位制作了绿色施工方案，并对施工中需使用的大型施工机械制定了专项措施。

2. 问题

（1）航站楼附近作业满足的绿色施工要求有哪些？

（2）按照绿色施工的要求，施工单位对施工过程中的废弃物应采取哪些措施？

3. 分析与答案

（1）在航站楼附近作业应符合下列要求：

① 对施工噪声、有害气体、固体废弃物等采取控制措施。

② 设置醒目的安全警示标识，并根据需要加设围栏或带有反光标识的警示锥或警示带等、经主管部门批准的硬隔离或软隔离，且采取防止大风或飞机尾流吹袭的措施。

（2）按照绿色施工的要求，施工单位对施工过程中的废弃物等应采取以下措施：

① 回收利用设备包装废弃物，并与设备厂家建立回收机制。

② 对于含有有毒物质成分或易对环境造成污染的破损设备（部件）和材料，应进行回收管理。

【案例 6】

1. 背景

某机场扩建国内航站楼工程，招标文件要求按《绿色航站楼标准》MH/T 5033—2017 的要求达到绿色施工的要求，某施工单位中标行李处理系统工程，并按相关要求进行了深化设计和绿色专项方案的编制。

2. 问题

（1）施工单位按照《绿色航站楼标准》MH/T 5033—2017，应提出哪些合理的意见？

（2）行李处理系统与哪些外部系统有通信接口的要求？

（3）简要描述行李处理系统的节能实现方式。

3. 分析与答案

（1）施工单位按照《绿色航站楼标准》MH/T 5033—2017，应提出如下合理的意见：

① 推广使用自助行李托运设备，提升值机效率。

② 应合理设计航站楼行李输送系统，尽可能减少运距，并选用节能的机电设备。

③ 通过智能化技术与绿色航站楼其他技术的有机结合，无航班时行李处理系统节能运行。

（2）行李处理系统与下列外部系统有通信接口的要求：离港系统；信息集成系统；时钟系统；视频监控系统；安全检查设备；消防报警系统。

（3）系统设定在设备空运行后，如果上游设备进入节能状态停止运行，或一段时间内不再有行李被输送到达，该设备应停止运行进入节能状态。系统应能调整节能时间的设定，即最后一件行李被输送出设备后，节能时间内不会再有行李被输送到达，设备进入节能状态，直至上游设备末端光电开关被触发，设备才顺序启动。

【案例 7】

1. 背景

某新建运输机场助航灯光工程，飞行区指标为 4C，施工单位根据工程特点编制了绿色施工方案。

2．问题

本工程绿色施工要求有哪些？

3．分析与答案

本工程绿色施工要求：

（1）目视助航设备基础制作、管线预埋、电缆入孔井制作等工作应先于基础及道面施工进行。

（2）隔离变压器箱（设备）基础及电缆入孔井宜进行批量浇筑。

（3）在半刚性基层或混凝土中进行剔凿作业时，不宜干式作业，同时应防止湿式作业形成的泥浆直接排入土面区。

（4）埋设电缆管应根据每段管路长度选择标准管长，适当调整电缆入孔井位置，使管路长度等于标准管长的倍数，减少废管量。

（5）灯光一次电缆在隔离变压器之间宜交替连接，避免单根电缆段过长，不易寻找故障点；同一回路的两条单芯电缆宜穿在一根保护管内敷设。

（6）合理制定电源系统调试方案，备用柴油发电机组与电源系统调试宜同步进行，柴油发电机组带载调试与灯光回路调试相结合，减少带载调试时间；避免调试完成前开亮全部灯光系统。

（7）在高杆灯灯具安装固定前，应合理设置每个灯具的投射方向和角度；应减少调试次数，在调试完成前应减少开常亮灯。

（8）电缆头制作产生的废料应及时回收；电缆保护管余料应及时回收和利用。

【案例8】

1．背景

某运输机场助航灯光改建工程，飞行区指标为4C，为不停航施工。工程内容主要为：灯光电缆直埋敷设、二次电缆切槽敷设。用到的机械主要有自卸货车、挖掘机、切缝机、发电机等。

2．问题

（1）本工程采取的扬尘措施有哪些？

（2）列出大型施工机械进出场的要求。

3．分析与答案

（1）采取的扬尘措施：

① 对施工区域及道路采取洒水降尘措施。

② 剔凿作业应采取遮挡或洒水等降尘措施。

③ 在施工场地进出口处设置车辆清洗设施。

（2）大型施工机械进出场的要求：

① 采用板车拖运。

② 配置起重设备。

③ 穿越跑道、滑行道和站坪时，应采取防护措施，防止对道面的损坏。

④ 设置专职人员对施工路线及时进行清扫。

第16章　实务操作和案例分析综合练习题

【案例1】

1. 背景

某机场拟安装语音通信交换系统，以实现空中交通管制地空、地地语音通信的功能。某施工单位承接了该工程项目。

2. 问题

（1）简述语音通信交换系统的主要组成，以及各主要组成部分的安装位置。

（2）语音通信交换系统调试的主要参数有哪些？

（3）空管工程在施工过程中，应如何与土建工程配合？

3. 分析与答案

（1）空管语音通信交换系统由中央处理子系统、外部接口、席位、监控维护子系统、内部分配线架五部分组成。中央处理子系统、外部接口、内部分配线架等通常放置于航管楼设备机房内，监控维护子系统终端常设置于航管楼设备监控机房。席位面板设施通常设置于区域管制室、终端（进近管制室）、塔台管制室等席位上。

（2）系统调试主要有：开机加电启动功能、配置数据及维护终端功能、席位基本功能、有线通话功能、席位无线通话功能、系统冗余或切换功能测试。

（3）空管工程在土建工程建设期间，就要进场与其密切配合施工，确认空管专业设计与建筑结构、装饰装修、建筑给水排水及采暖、建筑电气等分部工程的接口确认。特别是预埋管线、电缆桥架、供电、通信线路进出建筑通道与建筑各专业的协调，避免因为专业冲突引起的质量缺陷。预留预埋、屋面天线基础、室内设备基础、室内电缆沟（槽）应在装饰装修专业实施前完成。

【案例2】

1. 背景

某机场进行仪表着陆系统更新改造，单项合同额为1800万元。A施工单位中标该工程，设备安装完成后，建设单位组织相关单位对该系统进行飞行校验。

2. 问题

（1）飞行校验分为哪几类，投产校验后的符合性飞行校验属于其中的哪一类？

（2）A施工单位需要具备什么资质？

（3）简述地面调机人员进行飞行校验工作时需准备的工具器材。

3. 分析与答案

（1）飞行校验分为投产校验、监视性校验、定期校验、特殊校验四类。投产校验后的符合性飞行校验属于监视性校验。

（2）需要具备民航空管工程及机场弱电系统工程专业承包二级资质。

（3）地／空通信电台、平面通信电台、保障车辆、仪器仪表、调校计算记录工具、天线位置调整的必要工具等。

【案例 3】

1. 背景

某机场进行场道工程施工，造价 6000 万元人民币，开工前编制了应急预案。

某日在边坡工程施工中，因边坡失稳导致 5 死 12 伤。事故发生后，事故现场的有关人员立即向本单位负责人报告；单位负责人接到报告后 1.5h，将事故情况报所在地民航地区管理局、地方应急管理及其他有关部门。

2. 问题

（1）根据《民航专业工程施工安全事故报告和调查办法（试行）》，此次事故属于什么等级的事故？说明原因。

（2）各级民航管理部门综合应急预案内容主要包括哪些部分？

（3）指出上述事故处理程序的不合理之处，并说明原因。

（4）应急预案编制的步骤有哪些？

3. 分析与答案

（1）此次事故属于较大事故。根据《民航专业工程施工安全事故报告和调查办法（试行）》，较大事故，是指造成 3 人以上 10 人以下死亡，或者 10 人以上 50 人以下重伤，或者 1000 万元以上 5000 万元以下直接经济损失的事故。

（2）主要包括：工作原则、组织机构、预案体系、事故分级监测预警、应急处置、应急保障、培训、演练和评估等。

（3）单位负责人接到报告后 1.5h 将事故情况报所在地民航地区管理局、地方应急管理及其他有关部门不合理。原因：应当在 1h 内上报事故情况。

（4）应急预案编制的步骤包括：成立工作组、收集资料、危险源与风险分析、应急能力评估、应急预案编制、应急预案评审与发布。

【案例 4】

1. 背景

某机场飞行区指标为 4D，其目视助航工程施工内容包括：标志、标志物、标记牌等。甲施工队承接了该项目。

2. 问题

（1）列出标记牌安装的流程。

（2）标记牌安装的主控项目有哪些？

（3）标记牌安装的一般项目有哪些？

3. 分析与答案

（1）标记牌安装的流程：

① 标记牌测量放线。

② 灯箱、预埋件及保护管安装。

③ 基础混凝土浇筑。

④ 标记牌底座、易折件安装。

⑤ 线缆敷设。

⑥ 牌面信息检查、标记牌安装。

⑦ 电气连接。

⑧ 拴绳安装。

（2）主控项目：

标记牌位置、牌面内容、朝向、发光颜色、易折性及拴绳应符合设计文件的要求；标记牌混凝土基础的外形尺寸、强度应符合设计文件的要求；标记牌牌面亮度应均匀，不应有目视可以察觉到的明显的明暗差别；标记牌应做好接地。

（3）一般项目：

标记牌的电气接线应牢固可靠；标记牌密封圈的沟槽应保持清洁，密封圈位置应正确；标记牌应与滑行道中线成直角，或按设计要求设置。沿滑行道供两个方向使用的标记牌应与滑行道中线成直角，只供一个方向使用的标记牌可以有一个约 75° 的角度，使之清楚易读。标记牌的紧固件应齐全、安装牢固，进出线保护管口应封堵严密；标记牌至边线的距离允许偏差为 ±50mm。牌面与中线的角度允许偏差为 ±2°，纵向距离允许偏差为 ±300mm；多牌面标记牌的顶部标高应相同，相邻牌顶高差应不大于 2mm，总高差应不大于 5mm，牌面平整度应不大于 1mm/m。

【案例 5】

1. 背景

甲单位承接了某新建机场场道工程的施工项目，内容为跑道道面工程，合同工期为 180 天，合同额为 12000 万元，其中安全生产费用 100 万元，合同签订后发生了如下事件：

事件 1：项目开工前，建设单位支付了安全生产费用预付款。

事件 2：快速出口滑行道基础施工时，甲单位项目经理因故缺席，安排项目安全员和项目质量员到现场履职。

事件 3：施工期间，3 车沥青混合料被雨淋湿。

事件 4：水泥混凝土道面的施工程序为：A →混合料拌合与运输→道面混凝土铺筑→B。

2. 问题

（1）事件 1 中，建设单位至少应付多少安全生产费用预付款？说明理由。

（2）事件 2 中，安排项目安全员和项目质量员到现场履职是否合理？说明理由。

（3）事件 3 中，沥青混合料应做如何处理？

（4）指出事件 4 中 A 和 B 代表的内容。

3. 分析与答案

（1）应支付 50 万元。原因：合同工期在一年以内的，建设单位预付的安全生产费不得低于该费用总额的 50%。

（2）不合理。《建设工程施工合同（示范文本）》（或相关规范）规定：项目经理因特殊情况授权其下属人员履行其某项工作职责的，该下属人员应具备履行相应职责的能力，并应提前 7d 将上述人员的姓名和授权范围书面通知监理人，并征得发包人书面同意。故甲单位项目经理因故缺席，安排项目安全管理员和项目质量管理员现场履职不合理。

（3）应按报废处理。

（4）A——模板支设；B——养护及灌缝。

【案例 6】

1. 背景

某机场新建跑道，跑道及道肩的结构形式如表 16-1 所示。建设单位通过公开招标，确定 A 施工单位中标，沥青混凝土道面施工采用全幅摊铺。本工程不停航施工管理方案获得民航地区管理局批准。

表 16-1　跑道及道肩的结构形式

结构层次	材料
上面层	SMA13
中面层	AC20
下面层	AC25

施工过程发生如下事件：

事件 1：本工程采用自卸卡车运输沥青混合料，卡车司机把车斗停放在卸料口正下方，熄火装料。

事件 2：有部分工作在航站楼附近作业。

事件 3：沥青混合料摊铺后进行了压实。

事件 4：沥青混凝土道面施工完成后，检查了道面上面层的平整度。

2. 问题

（1）事件 1 中，卡车司机的做法是否正确？请说明原因。

（2）事件 2 中，应采取哪些绿色施工措施？

（3）事件 3 中，可采用哪些压实机械？

（4）事件 4 中，检查频度及单点检验评价方法是什么？

3. 分析与答案

（1）不正确。原因：卸料时，卡车宜前后移动以减少沥青混合料的离析。

（2）① 对施工噪声、有害气体、固体废弃物等采取控制措施；② 设置醒目的安全警示标识，并根据需要加设围栏或带有反光标识的警示锥或警示带等经主管部门批准的硬隔离或软隔离设施，且采取防止大风或飞机尾流吹袭的措施。

（3）可采用静力式钢轮压路机；轮胎压路机；振动压路机。

（4）每 2000m^2 测一点，接缝处单杆评定。

【案例 7】

1. 背景

在某机场场道工程不停航施工过程中，土方开挖时意外遇到了特殊性土、暗坑等不良地质作用。设计文件没有对此情况做出处理要求，施工单位内部讨论后确定了处理方案。监理工程师得知该情况后，拒绝对该工序签字。经检验，该工程存在质量问题。

2. 问题

（1）监理工程师的做法是否合理？请说明理由。

（2）不停航施工作业结束后，监理工程师应检查哪些内容？

（3）工程质量问题处理的依据是什么？

3. 分析与答案

（1）合理。理由：开挖如遇特殊性土或暗坑、暗穴等不良地质作用，应按设计要求进行处理，设计文件无处理要求时应报建设单位、监理单位和设计单位确定处理方案。

（2）① 道面的清洁情况；② 所有施工相关人员撤离施工现场；③ 所有施工机械、设备、工具、材料等退至指定位置；④ 临时标志设置是否符合有关规定和技术标准。

（3）进行工程质量问题处理的主要依据有：质量问题的实况资料；具有法律效力的，得到有关当事各方认可的工程承包合同、设计委托合同、材料或设备购销合同以及监理合同或分包合同等合同文件；有关的技术文件、档案和相关的建设法规。

【案例 8】

1. 背景

某机场施工单位中标一项机场弱电工程，施工单位编制了该弱电工程的施工组织设计。施工组织设计包含工程概况和特点、总体施工部署、专项施工方案在内的一系列内容。监理工程师对施工组织设计进行了审查。

2. 问题

（1）总体施工部署包含哪些内容？

（2）在弱电工程专项施工方案中，应如何明确与其他专业的工作界面？

（3）监理工程师应组织审查施工组织设计的哪些主要内容？

3. 分析与答案

（1）总体施工部署包含：① 工程施工的规划；② 工程项目的施工方案；③ 工程施工组织安排；④ 工程施工的准备。

（2）应做到：① 在工程计划初期，与土建、电气、机械等其他专业进行充分沟通，确定工作界面，确保施工顺利进行；② 与土建协调基础设施的布局，为弱电系统设备提供合适的安装位置；③ 与电气专业协调电源供应和配电系统，确保弱电系统稳定供电；④ 与机械专业协调通风、空调等环境条件，确保设备正常工作。

（3）监理工程师应组织审查施工组织设计的以下主要内容：编审程序；施工进度、施工方案及工程质量保障措施；资金、劳动力、材料、设备等资源供应计划；安全技术措施；施工总平面图。

【案例 9】

1. 背景

我国西北某新建机场为湿陷性黄土高填方机场，施工过程中发生了以下事件：

事件 1：施工单位对湿陷性黄土进行地基处理。

事件 2：施工时进行了道面区高填方地基表面沉降监测。

2. 问题

（1）事件 1 中，针对湿陷性黄土有多少种处理方式？分别应怎么做？

（2）事件 2 中，监测时间与周期如何确定？

3. 分析与答案

（1）一般有以下三种处理方式：

① 将道面土基范围内的湿陷性黄土全部或部分换出，换填非湿陷性土壤或用石灰土分层回填（换土法）。

② 在碾压密实的湿陷性黄土土基上设一层石灰土，防止雨水渗入到下层土基（垫层法）。

③ 将 100～400kN 的重锤提到 6～40m 自由落下，并如此反复夯击，使土的密度增大。强夯有效深度为 3～6m。过去在湿陷性黄土地区建民航机场基本都是强夯法。

（2）开始监测的前 3d，宜每天监测一次；半个月内，宜每 3d 监测一次；一个半月内，宜每周监测一次；一个半月后，可每半个月监测一次。

【案例 10】

1. 背景

某建设单位在机场空管工程施工中，在与当地政府签订协议时，由于没有提供当地的地形情况，在设施安装时遇到困难，导致工期延误、费用增加，故向当地政府提出了索赔。

2. 问题

（1）索赔需要满足的条件有哪些？

（2）工期索赔的依据主要包括什么？

（3）索赔费用计算方法共有几种，分别是什么？

3. 分析与答案

（1）① 与合同相比较，已造成了实际的额外费用或工期损失；② 造成费用增加或工期损失的原因不属于施工单位的行为责任；③ 造成的费用增加或工期损失不是应由施工单位承担的风险；④ 施工单位在事件发生后的规定时间内提交了索赔的书面意向通知和索赔报告。

（2）工期索赔的依据主要包括：施工日志；气象资料；建设单位或监理工程师的变更指令；合同规定工程总进度计划；对工期的修改文件，如会议纪要、来往信件；受干扰的实际工程进度；影响工期的干扰事件。

（3）索赔的计算方法有三种，分别如下：

① 分项法。该方法是按每个索赔事件所引起损失的费用项目分别计算索赔金额的一种方法。

② 总费用法，又称总成本法。就是当发生多次索赔事件后，重新计算出该工程的实际总费用，再从这个实际总费用中减去投标报价时的估算总费用，计算出索赔余额。

③ 修正总费用法。修正总费用法是对总费用法的改进，即在总费用计算的原则上去掉一些不合理的因素，使其更合理。

【案例 11】

1. 背景

我国东部某机场拟按绿色施工的要求进行建设。在施工过程中发生了以下事件：

事件 1：施工单位采取措施控制噪声污染。

事件 2：为追赶工期，施工单位在雨天进行土石方作业。

2. 问题

（1）机场绿色施工应遵循什么基本要求？

（2）控制噪声污染的措施有哪些？

（3）在雨天进行土石方作业是否妥当，为什么？

3. 分析与答案

（1）机场绿色施工应遵循因地制宜、统筹兼顾、资源节约、环境友好、以人为本的基本要求。

（2）控制噪声污染的措施主要包括：① 合理安排施工时间；② 使用低噪声、低振动的机械设备；③ 既有机场改（扩）建应进行噪声动态监测；④ 对产生噪声污染的作业，应采取减噪、隔声、吸声等措施。

（3）不妥当。因为这可能会引起水土流失。

【案例 12】

1. 背景

某机场场道施工过程中严格实行施工质量控制。施工完成后，施工单位进行了自检自验。

2. 问题

（1）自检体系的组成有哪些？

（2）工程质量自检应在何时进行？

（3）自检自验应依据哪些文件执行？

3. 分析与答案

（1）自检体系的组成有以下几个部分：

① 项目经理部下应设质量安全部，在项目经理和总工程师的领导下负责工程质量的检测、验收。

② 工地试验室作为工程施工自检体系的核心部门，在质量检测科领导下工作。

③ 工程自检人员包括：项目经理、总工程师、责任工程师、质量检查人员、试验人员、检测人员、记录人员和内业人员等。

（2）工程质量自检应在提出竣工预验收之前完成。

（3）自检自验应依据：① 上级主管部门的有关工程竣工的文件和规定；② 业主与施工单位签订的合同（包括：合同条款、规范、工程质量清单、设计图纸、设计变更等）；③ 国家及行业的施工验收规范。

综合测试题（一）

一、单项选择题

1. （ ）是从内水平面周边起向上和向外倾斜的一个面。
   A. 锥形面
   B. 进近面
   C. 过渡面
   D. 复飞面

2. 使用某机场飞行区的各类飞机中，最大翼展为 30m，则该机场的飞行区指标 Ⅱ 为（ ）。
   A. A
   B. B
   C. C
   D. D

3. 跑道的宽度主要与（ ）有关。
   A. 飞行区指标 Ⅱ
   B. 主起落架外轮外侧边之间的距离
   C. 使用该跑道飞机的最大重量
   D. 跑道的厚度

4. C、D、E、F 类民用机场土基 0～1.2m 范围内密实度要求达到（重型击实）（ ）。
   A. 95%
   B. 96%
   C. 97%
   D. 98%

5. 下列地基处理方式中，（ ）适用于处理淤泥质土、淤泥、冲填土等饱和黏性土地基。
   A. 换填垫层
   B. 注浆加固
   C. 预压地基
   D. 压实地基

6. （ ）主要用于向机组人员和旅客提供卫星电话、传真，以及向航空公司提供用于航空运营管理的数据通信服务。
   A. 地空数据链通信
   B. VHF/HF 地空数据链系统
   C. 航空广播业务
   D. 航空移动卫星业务

7. （ ）主要用于进近管制，用于探测以机场为中心、半径 110～150km 范围内的各航空器的活动情况。
   A. 空管远程一次监视雷达
   B. 空管近程一次监视雷达
   C. 场面监视雷达
   D. S 模式二次监视雷达

8. 自动气象观测系统应具备存储（   ）以上气象实时数据、报文等信息的功能。
   A．三个月   B．半年
   C．一年   D．两年

9. 导航台太阳能供电的储能电池容量，应根据该地区日照统计中的（   ）确定。
   A．连续出现阴雨天气的天数   B．连续晴天的天数
   C．出现阴雨天气的总天数   D．出现晴天的总天数

10. 以下（   ）不属于机场信息集成系统的扩展功能。
    A．协同决策管理   B．指挥调度管理
    C．空侧活动区运行监控管理   D．运行统计分析

11. （   ）台广播功率放大器至少应配置 1 台备用单元。
    A．5   B．6
    C．7   D．8

12. 数据共享是实施机场协同决策的（   ）。
    A．基础   B．目标
    C．手段   D．途径

13. 机房信息弱电工程的硬件中，（   ）采用嵌入式监控服务器，它既可独立运行，也可以向远程监控站提供监控服务。
    A．监控中心   B．远程监控站
    C．现场前端监控管理中心   D．监控模块

14. 跑道入口标志应由一组尺寸相同、位置对称于跑道中线的纵向线段组成，入口标志的线段应从距跑道入口（   ）m 处开始，线段的总数应按跑道宽度确定。
    A．3   B．4
    C．5   D．6

15. 对不能通过无线电通信获得着陆信息的机场，驾驶员着陆信息中，（   ）是重要的目视助航设备。
    A．风向指示器   B．立式跑道入口灯
    C．进近灯   D．目视进近坡度指示器

16. 滑行道系统复杂时，宜将相对固定使用的滑行路线以滑行道编组形式表示并编号，编号应以英文（   ）加阿拉伯数字构成。
    A．CODE   B．ROUTE
    C．LINE   D．PATH

17.《中华人民共和国民用航空法》适用于（　　　）机场。

    A. 民用（不包括临时机场）　　　B. 军用

    C. 临时机场　　　　　　　　　　D. 军民合用

18. 运输机场工程中的 B 类工程指的是机场飞行区指标为（　　　）的工程。

    A. 4E（含）以上　　　　　　　B. 4E（含）以下

    C. 4D（含）以上　　　　　　　D. 4D（含）以下

19. 总监理工程师应担任过（　　　）项及以上民航专业工程的专业监理工程师或总监理工程师代表或总监理工程师职务。

    A. 2　　　　　　　　　　　　　B. 3

    C. 4　　　　　　　　　　　　　D. 5

20.《运输机场专业工程施工单位安全管理人员管理办法（试行）》所称的施工的单位安全管理人员主要包括：施工单位主要负责人、项目负责人和（　　　）三类人员。

    A. 技术负责人　　　　　　　　B. 施工人员

    C. 兼职安全生产管理人员　　　D. 专职安全生产管理人员

二、多项选择题

21. 以下选项中，（　　　）应在升降带两端设置跑道端安全区。

    A. 飞行区指标 I 为 3 的仪表跑道　　B. 飞行区指标 I 为 1 的仪表跑道

    C. 飞行区指标 I 为 2 的仪表跑道　　D. 飞行区指标 I 为 2 的非仪表跑道

    E. 飞行区指标 I 为 4 的非仪表跑道

22. 基层受自然因素的影响不如面层强烈，但必须有足够的（　　　）。

    A. 刚度　　　　　　　　　　　B. 强度

    C. 水稳性　　　　　　　　　　D. 耐久性

    E. 抗冻性

23. 航空情报质量管理制度应当确保航空情报的（　　　）。

    A. 可追溯性　　　　　　　　　B. 精确性

    C. 可靠性　　　　　　　　　　D. 清晰度

    E. 完整性

24. 气象观测场面积应当为（　　　）。

    A. 12m×12m　　　　　　　　　B. 16m×16m

    C. 25m×25m　　　　　　　　　D. 20m×20m

    E. 28m×28m

25. 弱电信息系统具有（   ）等特点。
    A. 智能化
    B. 安全化
    C. 信息化
    D. 绿色化
    E. 自动化

26. 围界入侵探测系统主要性能指标有（   ）等。
    A. 报警次数
    B. 漏警率
    C. 平均误警数
    D. 系统报警响应时间
    E. 定位偏差

27. 机位安全线是设置在飞机（   ）的多段折线。
    A. 机头
    B. 机身
    C. 机尾
    D. 机翼中间
    E. 机翼两侧

28. 精密进近坡度指示系统应分为（   ）。
    A. 简易精密进近坡度指示系统
    B. 非精密进近坡度指示系统
    C. 精密进近坡度指示系统
    D. Ⅰ类精密进近坡度指示系统
    E. Ⅱ精密类进近坡度指示系统

29. 运输机场选址由（   ）审批。
    A. 中国民用航空局
    B. 国务院
    C. 全国人大常委会
    D. 中央军委
    E. 当地政府部门

30. 根据《民用运输机场公共广播系统检测规范》MH/T 5038—2019，民用运输机场（含军民合用机场民用部分）的公共广播系统检测范围一般应包括（   ）等。
    A. 控制设备
    B. 管理工作站
    C. 功放设备
    D. 自助终端
    E. 呼叫站

三、实务操作和案例分析题

【案例1】

1. 背景

某新建机场飞行区指标为4D，场道工程的合同估算价为18000万元。建设单位允许两个施工单位联合共同投标。其中，A、B两家施工单位情况如下。

A施工单位情况：

（1）企业资产：净资产6500万元。

（2）企业主要人员：技术负责人具有 12 年从事工程施工技术管理工作经历，且具有机场场道工程相关专业高级职称。

（3）企业工程业绩：近 5 年独立承担过单项合同额 5000 万元以上的机场场道工程 2 项，工程质量合格。

B 施工单位情况：

（1）企业资产：净资产 5500 万元。

（2）企业主要人员：技术负责人具有 15 年从事工程施工技术管理工作经历，且具有机场场道工程相关专业高级职称。

（3）企业工程业绩：近 5 年独立承担过单项合同额 3000 万元以上的机场场道工程 3 项，工程质量合格。

2. 问题

（1）两家施工单位是否具备一级承包资质标准？

（2）A、B 单位组成的联合体是否可以承担该新建机场场道工程的施工，为什么？

（3）B 施工单位可承包的场道工程范围是什么？

【案例 2】

1. 背景

某民用机场进行扩建，工程项目包括：场道工程、助航灯光工程、空管工程和航站楼弱电工程，工程总概算的费用情况如表 1 所示。

表 1　工程总概算的费用情况

费用（万元）	场道工程	空管工程	弱电工程	助航灯光工程
建筑工程费用	4000	200	—	600
安装费用	—	50	100	150
设备购置费用	—	400	500	700
设计变更增加工程费用	400			
土地征用及拆迁补偿费	1900			
建设单位管理费	100			
建设期贷款利息	300			
勘察设计费	100			
监理费	50			
工程质量监督、招标投标管理费	50			
防洪措施费	300			

2. 问题

（1）本工程概算中，"工程费用"由哪几项组成？计算其费用总额。

（2）本工程概算中，"其他费用"由哪几项组成？计算其费用总额。

（3）本工程概算中，"基本预备费"由哪几项组成？计算其费用总额。

（4）列出本工程静态部分费用组成和动态部分费用组成，计算本工程总概算额。

【案例3】

1. 背景

某新建机场建设施工过程中，场道工程施工图设计做了重大修改且需要重新绘制，空管工程、目视助航工程的部分施工图设计做了小的变更，航站楼弱电系统工程施工图设计未做变更。

施工结束后，施工单位和有关部门分别对工程进行了自检、自验。

2. 问题

（1）简述自检体系的组成。

（2）场道工程、空管工程和弱电系统工程竣工图分别应如何绘制？

（3）施工单位需要提供哪些通用部分竣工资料？

【案例4】

1. 背景

某新建机场一分项工程施工网络进度计划如图1所示。

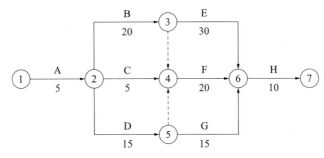

图1   施工网络进度计划图

（注：网络图中所注各项工作持续时间为最短时间，不可压缩，假设每日施工计划完成量相等）

网络进度计划执行情况：

第15天，A、C工作全部完成，B工作已完成50%，D工作已完成60%；

第25天，A、C、D工作全部完成，B工作已完成90%，G工作已完成30%。

2. 问题

（1）指出该网络图中的关键路线及总工期。

（2）根据第15天各项工作的完成情况判断整个工期是否延误，并说明原因。

（3）根据第25天各项工作的完成情况判断整个工期是否延误，并说明原因。

（4）根据网络计划执行情况，判断第25天F工作是否可以开始，并说明原因。

【案例5】

1. 背景

某施工单位承担一民用机场跑道道面工程不停航施工。施工期间，机场每日正常开放时刻是07：00。

施工过程中，施工单位采取了扬尘控制措施。

某日施工机械发生故障，经处置，施工人员、机具设备、工具、车辆在 06：35 全部撤离了施工区域。

2．问题

（1）扬尘控制措施有哪些？

（2）施工机械故障日机场能否开放？

（3）为保证机场每日正常开放运行，施工单位在开放前应完成哪些工作？

（4）列举水泥混凝土道面面层施工过程中的质量控制重点。

【答案】

一、单项选择题

1．A；   2．C；   3．B；   4．B；   5．C；   6．D；   7．B；   8．C；

9．A；   10．D；   11．C；   12．A；   13．C；   14．D；   15．A；   16．B；

17．A；   18．D；   19．A；   20．D

二、多项选择题

21．A、B、C、E；   22．C、E；   23．A、B、D、E；   24．B、C；

25．A、E；   26．B、C、D、E；   27．A、B、E；   28．A、C；

29．B、D；   30．A、C、E

三、实务操作和案例分析题

【案例1】

（1）A 单位具备一级承包资质标准，B 单位不具备一级承包资质标准。

（2）答：不可以；理由：按规定，两个以上不同资质等级的单位实行联合共同承包的，应当按照资质等级低的单位的业务许可范围承揽工程。A 单位承包资质等级为一级，B 单位承包资质为二级，A、B 公司组成的联合体资质条件只能为二级，二级资质不符合招标文件要求的资质条件。

（3）B 施工单位符合二级资质标准，可承担飞行区指标为 4E 以上，单项合同额在 2000 万元以下技术不复杂的飞行区场道工程的施工；或飞行区指标为 4D，单项合同额在 4000 万元以下的飞行区场道工程的施工；或飞行区指标为 4C 以下，单项合同额在 6000 万元以下的飞行区场道工程的施工；各类场道维修工程。

【案例2】

（1）本项目中，工程费用由场道工程、助航灯光工程、空管工程和航站楼弱电工程的建筑工程费用、安装工程费用、设备购置费用组成，则其费用总额为：4000 + 650 + 600 + 1450 = 6700 万元。

（2）本项目中，其他费用由土地征用及拆迁补偿费、建设单位管理费、勘察设计费、监理费、工程质量监督费、招标投标管理费等组成，则其他费用总额为：1900 + 100 + 100 + 50 + 50 = 2200 万元。

（3）本项目中，基本预备费由设计变更引起的工程费用和防洪措施费组成，则其费用总额为：400 + 300 = 700 万元。

（4）① 本项目中，静态部分费用由工程费用，其他费用和基本预备费组成，动态部分费用由建设期贷款利息组成；② 工程总概算额＝工程费用＋其他费用＋基本预备费＋建设期贷款利息＝ 6700 ＋ 2200 ＋ 700 ＋ 300 ＝ 9900 万元。

【案例 3】

（1）① 项目经理部下应设质量安全部，在项目经理和总工程师的领导下负责工程质量的检测、验收。② 工地试验室作为工程施工自检体系的核心部门，在质量检测科领导下工作。③ 工程自检人员包括：项目经理、总工程师、责任工程师、质量检查人员、试验人员、检测人员、记录人员和内业人员等。

（2）① 场道工程：由项目专业技术人员负责绘制，并在图的右下角注明原图编号，经审核无误后，加盖竣工章作为竣工图。② 空管工程：由项目专业技术人员将所改内容改在原蓝图上，并在蓝图醒目处汇总标出变更单号，或在原蓝图上加贴修改通知单，加盖竣工章后作为竣工图。③ 弱电系统工程：由项目专业技术人员在施工图上加盖竣工章后作为竣工图。

（3）竣工技术文件说明；竣工技术文件目录；图纸会审记录；技术交底记录；开工报告；材料设备开箱交接检查记录；设计变更；材料设备质量证明；隐蔽工程验收记录；中间施工验收证书；竣工报告；竣工验收证书；单位工程质量评定表；竣工技术文件移交书；特殊工种上岗证复印件；竣工图；施工日志和施工技术总结。

【案例 4】

（1）关键线路：①→②→③→⑥→⑦；总工期：65d。

（2）可不延误。理由：第 15 天，D 工作没有如期完成，B、C 工作进度正常，由于 D 工作为非关键工作，具有机动时间，如果后续各项工作正常进行，整个工程的工期可不延误。

（3）延误。理由：第 25 天，B 工作没有如期完成，由于 B 工作为关键工作，关键工作延误，将导致整个工期延误。

（4）不能开始。理由：根据网络进度计划，F 工作必须在 B、C、D 三项工作全部完成后才能开始，而第 25 天，B 工作还没有结束，故 F 工作不能在第 30 天开始。

【案例 5】

（1）扬尘控制措施主要包括：① 对施工区域及道路采取洒水降尘措施；② 剔凿作业应采取遮挡或洒水等降尘措施；③ 在施工场地进出口处设置车辆清洗设施。

（2）该日不能正常开放。

（3）机场开航的条件是：① 道面上没有粘结的碎粒和污物，清扫干净；② 所有施工机械、设备、工具等退至安全地带；③ 临时标志符合技术标准；④ 施工现场符合《运输机场运行安全管理规定》中关于不停航施工管理的一般规定；⑤ 若为"盖被子"工程，铺筑后的沥青层碾压密实，平整度好，临时接坡顺直，表面 3cm 以下温度不大于 50℃。

（4）① 材料选择与验收；② 混凝土配合比设计；③ 施工工艺控制；④ 浇筑质量控制；⑤ 平整度和坡度控制；⑥ 养护措施。

综合测试题（二）

一、单项选择题

1. 某机场年旅客吞吐量为 3000 万人次，则该机场属于（　　）。
   A. 超大型机场 　　　　　　　　　　B. 大型机场
   C. 中型机场 　　　　　　　　　　　D. 小型机场

2. 跑道方位主要取决于（　　）。
   A. 飞机起降最繁忙季节的风向 　　　B. 机场所在地的纬度
   C. 当地的常年主导风向 　　　　　　D. 周围的地形地质条件

3. （　　）是航站区的主体建筑。
   A. 航站楼 　　　　　　　　　　　　B. 站坪
   C. 交通设施 　　　　　　　　　　　D. 跑道

4. 刚性道面面板主要在受（　　）的条件工作。
   A. 剪切 　　　　　　　　　　　　　B. 压
   C. 扭转 　　　　　　　　　　　　　D. 弯拉

5. 钢筋网围栏的金属部分防腐年限不少于（　　）年。
   A. 5 　　　　　　　　　　　　　　　B. 6
   C. 7 　　　　　　　　　　　　　　　D. 8

6. 地基增强系统选址阶段的基准数据测量以（　　）坐标系表示。
   A. WGS-84 　　　　　　　　　　　　B. CGCS2000
   C. GCJ02 　　　　　　　　　　　　　D. BD09

7. （　　）的主要探测和测量对象包括：降水、热带气旋、雷暴、中尺度气旋、湍流、龙卷风、冰雹、融化层等，并具备一定的晴空回波的探测能力。
   A. 风温廓线雷达 　　　　　　　　　B. 多普勒天气雷达
   C. 自动气象观测设备 　　　　　　　D. 百叶箱

8. （　　）所提供的服务对象主要是 6000m 以上高度运行的航空器。
   A. 区域管制 　　　　　　　　　　　B. 进近管制
   C. 机场管制 　　　　　　　　　　　D. 雷达管制

9. 民用航空自动气象观测系统应当具有通过（   ）发送报文的功能。
    A. 民航数据通信网   B. 国际航空电信协会通信网
    C. 航空固定电信网   D. 民航卫星通信网

10. 对于年旅客吞吐量小于 100 万人次的机场，其主运行系统的服务器系统和存储系统至少应采用（   ）。
    A. 负载均衡冗余措施   B. 双机热备冗余措施
    C. 冷备冗余措施   D. 单机热备冗余措施

11. 分散式安检系统的主要前端设备是（   ）。
    A. 单通道安检机   B. 双通道安检机
    C. CT 探测系统   D. X 光机

12. 当传输距离不大于 3km 时，广播传输线路宜采用（   ）传送广播功率信号。
    A. 光缆   B. 同轴线缆
    C. 五类线缆   D. 双绞线

13. AMR 集群系统主要由 AMR 本体、（   ）、辅助系统组成。
    A. 定位系统   B. 控制系统
    C. 信息传输系统   D. 机械运动系统

14. 跑道边线标志应设在跑道两端入口之间的范围内，但与其他跑道或滑行道交叉处（   ）。
    A. 应予以中断   B. 不应中断
    C. 视运行需求确定是否中断   D. 对是否中断不做要求

15. 简易进近灯光系统应由一行位于跑道中线延长线上，并尽可能延伸到距跑道入口不小于（   ）m 处的灯具。
    A. 360   B. 420
    C. 720   D. 900

16. 隔离变压器安装应按下列程序进行（   ）。
    A. 制作一次、二次电缆头；连接灯光回路和灯具；可靠接地；电气性能测试及外观检查
    B. 电气性能测试及外观检查；可靠接地；制作一次、二次电缆头；连接灯光回路和灯具
    C. 电气性能测试及外观检查；制作一次、二次电缆头；可靠接地；连接灯光回路和灯具
    D. 电气性能测试及外观检查；制作一次、二次电缆头；连接灯光回路和灯具；

可靠接地

17. 施工加密平面控制点（网）的测量精度应符合《工程测量标准》GB 50026—2020 中（　　）导线测量或同精度等级的规定。

A．一级　　　　　　　　　　　　B．二级

C．三级　　　　　　　　　　　　D．四等

18. 民航行政机关委托的质量监督机构中，从事监督检查的专业技术人员数量不少于质量监督机构职工总数的（　　）。

A．60%　　　　　　　　　　　　B．65%

C．70%　　　　　　　　　　　　D．75%

19. 科学确定并严格执行合理的工程建设周期，实施全过程的进度管控是（　　）单位的质量责任。

A．建设　　　　　　　　　　　　B．监理

C．施工　　　　　　　　　　　　D．设计

20.《民用机场高填方工程技术规范》MH/T 5035—2017 适用于最大填方高度和填方边坡高度不大于（　　）m 的高填方工程的勘测、设计、施工、检测和监测。

A．120　　　　　　　　　　　　B．140

C．160　　　　　　　　　　　　D．180

二、多项选择题

21. 填土地基应检测密实程度和均匀性，以（　　）手段为主。

A．无损检测　　　　　　　　　　B．标准贯入

C．静力触探　　　　　　　　　　D．室内试验

E．动力触探

22. 空中交通管制根据管制手段分为（　　）。

A．程序管制　　　　　　　　　　B．进近管制

C．雷达管制　　　　　　　　　　D．终端管制

E．机场管制

23. 自动化系统的功能调试包括（　　）等。

A．监控状态检查　　　　　　　　B．人—机操作界面

C．检查告警是否已经打开　　　　D．所有节点的磁盘使用率

E．上报串口配置

24. 终端管制中心席位包括（　　）等。

A．程序管制席　　　　　　　　　B．主任席

C. 搜寻援救协调席　　　　　　　D. 非侵入区监控席

E. 飞行计划处理席

25. 航显系统配置应遵循（　　　）原则进行设备选型。

A. 可操作性　　　　　　　　　　B. 可靠性

C. 先进性　　　　　　　　　　　D. 可维护性

E. 经济性

26. 常用的 UPS 供电方案有（　　　）。

A. UPS 单机供电　　　　　　　　B. $N+1$ 并机系统

C. 分布式冗余　　　　　　　　　D. 双系统冗余

E. 主从机串联

27. 以下（　　　）应为红色。

A. 机位安全线　　　　　　　　　B. 翼尖净距线

C. 廊桥活动区标志线　　　　　　D. 各类栓井标志

E. 行人步道线标志

28. 跑道中线灯的灯具必须从跑道入口到末端按下列纵向间距设置：Ⅱ类精密进近跑道上为（　　　）m。

A. 7.5　　　　　　　　　　　　　B. 15

C. 20　　　　　　　　　　　　　D. 25

E. 30

29. 以下（　　　）等属于参建单位接受的过程监督检查所包括的内容。

A. 建设单位："新技术、新工艺、新材料、新设备"的管理情况

B. 勘察、设计单位：勘察和设计变更、后续服务、有关设计技术问题解决的情况，不良地质防治建议

C. 监理单位：质量责任制和安全生产责任制的建立情况，监理人员资格、专业、数量及到位情况

D. 施工单位：质量和安全生产管理机构、质量责任制和安全生产责任制、质量和安全生产管理制度的建立情况

E. 试验检测单位：开展试验检测活动的条件

30. "四新技术"指的是（　　　）。

A. 新理念　　　　　　　　　　　B. 新技术

C. 新设备　　　　　　　　　　　D. 新材料

E. 新工艺

三、实务操作和案例分析题

【案例1】

1. 背景

我国南方多雨地区，某机场进行不停航施工。项目进行过程中，发生了以下事件。

事件1：正式施工前，施工单位按要求进行了水泥混凝土试验段施工，试验段完成后，施工单位准备按原定进度计划开工，不料开工后遇上连续14d中小雨天气，导致工程延误14d。对此，施工单位向监理方提出索赔工期14d。

事件2：施工单位在施工过程中，发现该地区水土流失较为严重。

事件3：施工单位向监理单位提交了竣工预验收申请。

2. 问题

（1）试验段施工需要注意哪些事项？

（2）事件1中，施工单位的索赔是否合理？请说明原因。

（3）事件2中，为防止水土流失，施工单位可以采取哪些措施？

（4）事件3中，若竣工预验收结果为合格，勘察、设计单位和监理单位应出具哪些报告？

【案例2】

1. 背景

某机场扩建，空管建设内容包括：加装无方向性信标、新建空管二次雷达和甚高频设备各一套，项目总概算为2800万元。

事件1：经公开招标，确定A公司为该工程承包商，合同额2600万元。

事件2：本工程机场近距无方向性信标台通常设于跑道中心线延长线上，距跑道着陆端800m，机场远距无方向性信标台设于跑道中心线延长线上，距跑道着陆端9000m。

事件3：甚高频设备安装完成后，施工单位对其进行了调试。

事件4：当设备安装调试完成后，建设单位提出飞行校验申请。

2. 问题

（1）事件1中，给出A公司承担本工程最低资质要求，并说明理由。

（2）事件2中，无方向性信标安装位置是否合理？说明理由。

（3）列举3项甚高频调试的内容及其对应的主要调试参数。

（4）飞行校验应当按照什么次序安排？本工程空管二次雷达飞行校验属于哪一类校验？

【案例3】

1. 背景

某新建民用机场规划年旅客吞吐量为300万人次。经招标，A单位承担了该机场弱电系统的深化设计与施工任务。在施工过程中发生以下事件。

事件1：A单位在施工过程中产生了设备包装废弃物，以及易对环境造成污染的破损设备（部件）和材料。

事件2：A施工单位向建设单位提出广播系统的第三方检测申请。

事件3：A单位的部分自检记录如下：① 子钟日走时累计误差为1s；② 出入口控制系统的报警信号能在控制中心显示，响应时间为2.5s；③ 隐蔽报警系统的报警记录及其相关的图像、声音数据等报警信息的保存时限为100d。

2. 问题

（1）该机场的安全保卫等级是多少？

（2）事件1中，A单位应如何做好环境保护？

（3）事件2中，A单位申请第三方检测前，应完成哪些工作？补充哪些资料？

（4）事件3中，逐项判断自检记录相应项目是否合格，并说明理由。

【案例4】

1. 背景

某机场铺筑水泥混凝土道面，该工程为不停航施工。由于任务紧，工期短，建设单位直接委托了具有相应施工资质的机场场道工程施工单位，并签订了施工合同，在合同中约定了有关工程的质量、进度、经济条款，其中也包括安全生产费用相关条款。施工单位为尽快能实施上述项目，立即按相关要求准备好不停航施工申请资料，并报送民航主管部门审批，同时按要求编制了不停航施工管理实施细则。

机场关闭时间为23：00—次日06：00，该工程施工项目及每班所需时间如表1所示。

表1　施工项目及每班所需时间

次序	施工项目	内容	所需时间（h）
1	A	施工准备	2
2	B	钢筋网安装 摊铺混合料 振实	3
3	C	做面、接缝施工	1
4	D	清理现场	1

注：① A项目结束前1h，B项目才能开始；

② A、B项目结束后，C项目才能开始；C项目结束后，D项目才能开始。

2. 问题

（1）确定B项目的最迟必须开始时间和D项目的最迟必须结束时间。

（2）按B项目最早可能开始时间，编制每日施工进度计划横道图。

（3）指出上述题目里具体操作中的不妥之处，并说明正确做法。

（4）指出安全费用相关条款的内容。

【案例5】

1. 背景

某施工单位承担一机场场道工程的施工，承建内容包括：岩土工程、道面工程、排水工程等。该机场场道土基为膨胀土，设计要求跑道面层拉毛平均纹理深度大于

0.6mm，而后进行刻槽。

　　此外，该项目还涉及超过一定规模的危大工程专项施工。为此，施工单位组织召开了专家论证会。

2．问题

（1）针对膨胀土，可采取哪些处理措施？

（2）道面刻槽的主要目的是什么？

（3）专家论证会的主要审核内容有哪些？

（4）为防止混凝土出现干缩裂缝，施工过程中可采取哪些措施？

【答案】

一、单项选择题

1．B；　　2．C；　　3．A；　　4．D；　　5．D；　　6．A；　　7．B；　　8．A；

9．C；　　10．C；　　11．B；　　12．D；　　13．B；　　14．A；　　15．B；　　16．D；

17．B；　　18．C；　　19．A；　　20．C

二、多项选择题

21．B、C、E；　　　22．A、C；　　　　23．B、C、D；　　　24．B、D、E；

25．A、C、D、E；　　26．A、B、C、D；　　27．A、C、D；　　　28．A、B、E；

29．A、B；　　　　　30．B、C、D、E

三、实务操作和案例分析题

【案例1】

（1）试验段施工应注意：① 试验段不宜位于工程关键部位。② 试验段施工应明确试验区域、试验工程量、拟采取的施工工艺技术等。③ 在试验段施工过程中，应做好各项记录，检验试验段的施工工艺技术是否达到设计要求及国家现行标准的规定，总结并形成报告。

（2）不合理。原因：在南方多雨地区，长时间下雨是一个有经验的承包商可以预见和防范的风险，因此14d工期损失属于施工单位应承担的风险，索赔不合理。

（3）① 采取拦挡、削坡、护坡、截（排）水等保护措施；② 合理安排施工作业时间，雨天不宜进行土石方作业；③ 在崩塌、滑坡危险区和泥石流易发区，禁止取土、挖砂和采石；④ 施工达到设计高程后，土面区应适时绿化；⑤ 合理确定弃土区的位置，按设计要求进行弃土填筑，及时绿化，防止出现滑坡、泥石流和水土流失。

（4）勘察、设计单位出具工程质量检查报告；监理单位出具竣工预验收报告和工程质量评估报告。

【案例2】

（1）需要民航空管工程及机场弱电系统工程专业承包一级资质。理由：一级资质可承担各类民航空管工程和机场弱电系统工程的施工，二级资质可承担单项合同额2000万元以下的民航空管工程和单项合同额2500万元以下的机场弱电系统工程的施工。该项目合同额已超过2000万元。

（2）不合理。理由：机场近距无方向性信标台通常设于跑道中心线延长线上，距跑道着陆端 900～1200m。

（3）甚高频调试的内容和主要参数如下（回答三个即可）：

① 发射滤波器组指标测试：信道号、频率、插入损耗、阻带损耗、反向损耗、反向隔离度。

② 接收滤波器组指标测试：信道号、频率、插入损耗、阻带损耗、反向损耗。

③ 发射机测试：信道号、频率、频偏、设置功率、工作状态、自检测试、载波功率（单机）、载波功率（发射滤波器组）、调制度、失真度、主备机切换。

④ 接收机测试：信道号、频率、工作状态、自检测试、静噪门限、灵敏度（接收滤波器组）、失真度、主备机切换。

⑤ 天线测试：驻波最大值、驻波最小值。

⑥ 监控系统测试：主备机切换、交直流显示、BIT、故障告警功能。

（4）飞行校验应当按照飞行校验种类的优先次序安排。飞行校验种类的优先次序由高至低依次为特殊校验、定期校验、监视性校验、投产校验。本工程空管二次雷达飞行校验属于投产校验。

【案例 3】

（1）该机场的安全保卫等级为二类。

（2）① 回收利用设备包装废弃物，并与设备厂家建立回收机制；② 对于含有有毒物质成分或易对环境造成污染的破损设备（部件）和材料，应进行回收管理。

（3）还应完成工作包括：基础设施完备、系统工程安装调试完成、与其他系统联调完成；应补充资料包括施工工程技术资料和自验资料。

（4）① 合格；理由：子钟日走时累计误差不大于 1.5s。② 不合格；理由：报警信号应能在控制中心显示，响应时间应不大于 2s。③ 合格；理由：隐蔽报警系统的报警记录及其相关的图像、声音数据等报警信息的保存时限应不少于 90d。

【案例 4】

（1）B 项目最晚必须开始时间为次日 00：30，D 项目最迟结束时间为次日 05：30。

（2）横道图如图 1 所示。

施工项目	23：00—00：00	00：00—01：00	01：00—02：00	02：00—03：00	03：00—04：00	04：00—05：00	05：00—06：00
A	▬▬▬	▬▬▬					
B		▬▬▬	▬▬▬				
C				▬▬▬	▬▬▬		
D						▬▬▬	▬▬▬

图 1　横道图

（3）① 建设单位直接委托施工单位不妥，按规定应通过工程招标来确定施工单位；② 由施工单位准备不停航施工申请资料并报民航主管部门审批不妥，应由机场管理机构来实施；③ 由施工单位编制不停航施工管理实施细则不妥，应由机场管理机构来编制。

（4）安全生产费用相关条款包括：支付方式、使用要求、调整方式等。

【案例5】

（1）① 换土至稳定水位以下；② 在膨胀土土基面层上面铺 0.3～0.4m 手摆片石或石渣代替基层或下基层；③ 道面基层与水泥混凝土之间设沥青混凝土或其他防水隔离层，道肩两侧土面区 8～12m 土的压实度与道槽土方相同；④ 适当加大道面两侧土质区域的横向坡度，尽量减少表面雨水下渗；⑤ 道面混凝土应配制高抗渗混凝土，接缝材料应选择聚硫、硅酮类等与混凝土粘结牢固、寿命长的灌缝材料，土基上不存水、不膨胀。

（2）当下雨时，可快速排除跑道表面水，避免道面表面形成水膜，从而减小跑道摩擦系数降低的程度。

（3）专家论证会的主要审核内容包括：① 专项施工方案是否完整和可行；② 专项施工方案计算书和验算依据是否符合有关标准规范；③ 安全施工的基本条件是否满足现场实际情况。

（4）① 在夜间风力较小时进行水泥混凝土面层作业；② 在混凝土中掺高效减水剂，降低水灰比；③ 及时锯缝、覆盖并加强养护；④ 条件允许时，在混凝土中掺聚酯类纤维，提高混凝土自身抗裂性能。

网上增值服务说明

为了给一级建造师考试人员提供更优质、持续的服务，我社为购买正版考试图书的读者免费提供网上增值服务。**增值服务包括**在线答疑、在线视频课程、在线测试等内容。

网上免费增值服务使用方法如下：

1. 计算机用户

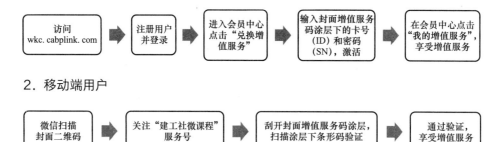

2. 移动端用户

注：增值服务从本书发行之日起开始提供，至次年新版图书上市时结束，提供形式为在线阅读、观看。如果输入卡号和密码或扫码后无法通过验证，请及时与我社联系。

客服电话：010-68865457，4008-188-688（周一至周五9：00—17：00）

Email：jzs@cabp.com.cn

防盗版举报电话：010-58337026，举报查实重奖。

网上增值服务如有不完善之处，敬请广大读者谅解。欢迎提出宝贵意见和建议，谢谢！